脱原子力社会の選択

新エネルギー革命の時代

増補版

HASEGAWA Koichi
長谷川公一

A Choice for a Post-Nuclear Society: The Age of New Energy Revolution
Revised edition

新曜社

To Rod and Connie Gardner,
and all those who wish to build and realize a Post-Nuclear Society

写真

ランチョ・セコ原子力発電所（1989年6月7日朝）
撮影　Dick Schmidt　提供　Ⓒ The Sacramento Bee

目次

第2部　カリフォルニア、ヨーロッパそして日本

装幀　日高眞澄（アトリエ・ルリエ）

増補まえがき
――「もう一つのチェルノブイリ」を待たねばならなかったのか

三月一一日一四時四六分

大地震が起きた二〇一一年三月一一日一四時四六分、あなたはどこで何をしていただろうか。

国道四五号線を石巻市中心部から少し西に行ったところにある宮城県石巻市立女子商高の時計は、おそらく津波が押し寄せた時刻なのだろう、一五時四五分で止まったままだ。

四月中旬、大学院生らと福島県北の新地町から宮城県の南三陸町まで、直線距離にして約一五〇キロあまり被災地域を走ってみたが、沿岸部はほぼどこも壊滅状態だ。メディアでは報じられない県北のリアス式海岸の小さな入り江も、入り江ごとに壊滅状態といっていい。石巻市中心部のように、北上川を逆流した津波の氾濫によるダメージも大きい。あらためて津波のエネルギーの大きさ、すさまじさを痛感した。千葉県北部から青森県三沢市付近まで、海岸線約二千キロにわたってこの惨状が連続するのだ。

実際の戦場を見たことはないが、沿岸部の被災の状況は「戦場」のイメージにもっとも近い。基礎だけ残して多くの木造家屋はぶっちぎられたように流され、鉄筋の建物は、鉄筋だけが残されている。自動車が横転し、あるいはぺしゃんこにつぶされている。関西方面への出張の際によく利用していた仙台空港周辺も、空港の建物だけを残して、景色が一変していた。隣接する集落が丸ごと消えて、建物の名残とがれきだけが残っている。戦場と異なるのは、陶器のかけらだとか、布団だとか、アルバムだとか、生活の断片ががれきの中から見え隠れしていることだ。

三月一一日一四時四六分の地震とその後の津波の襲来までは続いていた日常が、突然寸断され、暗転したことを思う。平凡な喜怒哀楽、家族の会話、仕事場での談笑。永遠に続くように思われて、そのことを疑いもしなかった昨日までの幸せが押し流され、失われたことを思って立ち尽くす。

三月一一日のこの時間の以前と以後で、日本はすっかり変わってしまった。「第二の敗戦」である。

私自身は、この日早めに大学から戻って、仙台市の西北の丘陵部にある自宅二階の書斎でパソコンに向かっていた。妻は出かけており、小学五年生の息子は学校だった。

最初に少し横揺れがあり、たちまちどんどん揺れが大きくなっていった。窓の外では電線が大きく何度もたわみ、鳥の群れもあわてふためいて旋回している。本が書棚からどんどん落ちてきた。家が壊れる、と思う。大きな揺れが収まらない。今まで経験したことのないすごい地震だ。愕然とする。書棚の本やファイル類はあらかた落ちて、たちまち腰ぐらいの高さになった。私は、一月中旬に右脚を怪我し、杖をつかないと歩けない状態だった。杖を頼りに、本の上を踏みながら、書斎を脱出した。たくさんの本が積み重なったせいで、足場は意外に安定していた。両側に本棚のある廊下も本の山だった。余震が続くなか、何とか一階に降りた。一階でも書棚の本が多数落ちていた。

余震の大きな揺れがなかなか収まらない。しばらく茫然とした。映画でも見ているみたいだ。震源地はどこか。停電しているので、車庫の車のラジオでニュースを聞いた。津波への注意を繰り返している。三陸沖が震源地とわかった。息子の同級生のおかあさんが来て、自分の子と一緒に連れ帰ってあげると申し出てくれた。やがて息子が学校から無事戻ってきた。ランドセルも外靴も学校に置いたまま、非常時用の紅白帽を被って内履きのズックで帰ってきた。クラスの女の子は泣き叫んでいたという。

妻はなかなか戻らず、携帯電話もつながらない。一七時すぎ頃、ようやく戻ってきた。仙台駅東口の事務所で地震に遭い、教えられた迂回路をとおり、停電のため信号機のない道をおそるおそる運転してきたという。ともかく家族三人無事で良かった。

暗くなってきたので、ろうそくを付け、たまたま前日に買ってあったカステラを夕飯代わりに食べた。宮城県沖地震がいつかは来ると覚悟はしていたが、とうとう、こういうかたちで来たのか、と思った[1]。その夜は、断続する余震におびえながら、手回しの充電式ラジオで断片的にニュースを聞いた。どうやら、途方もないことが起こったようだ。

二階の寝室の窓から、仙台港あたりで火災が起きているのが見えた。

被害の大きさと深刻さに愕然としたのは、翌朝七時頃に地元紙の河北新報の朝刊が届いて以降である。こんななかでも朝刊が届いたことに感動した。「宮城震度7大津波」という大見出しで、M8・8国内最大とあった。一面の写真では、名取市南部が津波で水没し、仙台市内のビール工場の貯蔵タンクが倒れていた。福島第一原発の一、二号機で「原子力緊急事態を宣言」とあったことが気になった。

一号機の「水素爆発」を知ったのは、一二日の一六時過ぎ頃か、前述の息子の同級生の、今度はおとうさんが教えに来てくれたからである。とんでもないことになったと思った。一号機の建屋が吹き飛んだ衝撃的な映像をテレビで目にしたのは、翌一三日朝、電気が復旧し、ライフラインがそろっている山形市の実家に身を寄せてからである。

「もう一つのチェルノブイリ」を待たねばならなかったのか

一九九九年に発表した「原子力発電をめぐる日本の政治・経済・社会」という論文の中で、（原子力に批判的な運動が高揚するためには）「『もう一つのチェルノブイリ』を待たねばならないのだろうか」と私は記した[2]。原子力発電に関する講演でも、何度か、日本の原子力政策の転換のためには、もう一つのチェルノブイリ事故が必要なのだろうか、と訴えてきた。一九九六年に本書『脱原子力社会の選択』を刊行して以来のささやかな警告は、福島第一原発の事故によって不幸にも現実のものとなった。

本書の二六三頁にも、「阪神淡路大震災、もんじゅ事故を警鐘として、女川三号機以下、今後着工予定のすべての原発建設計画を一時的に凍結し、あらためて二一世紀の日本にふさわしいエネルギー供給のあり方を根底から問い直すべきではないか」と記した。

「原発にとって大地震が恐ろしいのは、強烈な地震動による個別的な損傷もさることながら、平常時の事故と違って、無数の故障の可能性のいくつもが同時多発することだろう。とくに、ある事故とそのバックアップ機能の事故の同時発生、たとえば外部電源が止まり、ディーゼル発電機が動かず、バッテリーも機能しないというような事態がおこりかねない」。地震学者石橋克彦氏が一九九七年に提起した「原発震災」の論文の一節だが[3]、福島原発事故はまさにこのような事態の連鎖となった。石橋氏は、〇八年の論文ではさらに明確に次のように「原発震災」を規定していた。「地震によって原発の大事故（核暴走や炉心溶融）と大量の放射能放出が生じて、通常の震災（地震災害）と放射能災害が複合・増幅し合う人類未体験の破局的災害のことである。そこでは、震災地の救援・復旧が強い放射能のために不可能になるとともに、原発の事故処理や住民の放射能からの避難も地震被害のために困難をきわめて、無数の命が見殺しにされ震災地が放棄される」[4]。これもまた福島第一原発事故で現実化したことである。福島原発事故は決して想定外ではなく、このようなかたちで警告されていたのである。

なお石橋氏は、福島第一原発事故について、田中三彦氏の指摘をふまえて、津波の影響よりも、むしろ一号機では激しい地震動によって配管の破断ないし破損が起こり、二号機では圧力抑制室の破損が生じた可能性を重視すべきだとして、地震動の過小評価によって耐震安全性が確保されていなかった疑いが濃厚だとしている[5]。

石橋氏らもたびたび警告してきた過酷な「原発震災」が起こってはじめて政策転換の是非が本格的に論議されるようになるということは、わが国は、歴代のわが政府は、何と、知的でないのだろうか。過去の経験や諸外国の経験から謙虚に学び、起こりうる可能性を「予見」して、対策を立てることにこそ、知性があろう。

ふるさとを追われて

震災後五〇日以上経った五月二日現在、全国一六万六六七一人の避難者のうち、半数の八万三四一〇人は福島県の避難者、つまり原発事故による避難者である（消防庁のまとめ[6]）。県人口二〇二万人の約四・二％が避難を余儀なくされていることになる。このほかに、飯舘村などのように、二〇キロ圏外で、新たに「計画的避難区域」に指定され、五月末までに避難を求められている人びとが一万五〇〇〇人とされる。一〇万人に近い人びとがいつ戻れるかわからない避難生活を強いられている。しかも、津波の被災地と異なって、近隣への集団的な避難や移転が難しい。生活再編への不安も大きい。

岩手県からの県外避難者は四六四人、宮城県からは二五八三人だが、福島県からは計四四道府県に三万三八五三人が避難している[6]。多いのは、新潟・埼玉・東京など、比較的近い九都県七四五ヶ所に、二万三六八八万人が避難している。一ヶ所平均三二人だ。一〇世帯程度か。さらに三五道府県一六六二ヶ所に、一万一六五人が避難している。親戚や知人を頼ってだろう、一ヶ所平均六人、二世帯程度の割合である（五月三日現在、福島県災害対策本部発表[7]）。このようにバラバラの避難を余儀なくされている。

過小評価が招いた苦難の人体実験

五月二日、福島市内に勤務する知人が四月一ヶ月の線量計の値を示してくれた。外回りの多い仕事のためか、簡易な線量計だったが、累積で0・329ミリシーベルトもあった。このままだと、四ヶ月間の外部被曝量だけで、一般公衆の年間被曝線量限度の1ミリシーベルトを超える値である。

放射線は五感で知覚できない。100ミリシーベルト未満の低線量の曝露では、将来のがん発症率が高まるかどうか、明らかな証拠がない。食生活や喫煙など、他の要因もかかわるために、放射線の影響かどうかを特定できないからだ。人工放射線の被曝に、これ未満なら健康への影響がないという「しきい値」があるかどうか、低線量でも直線的にがん発症率が増え、しきい値はないとみるのか、専門家の間でも見解は分かれる。放射能への感受性の高い胎児や幼児の場合には、危険性はさらに高まる。直接の被曝以外に、放射線被害をめぐる子ども自身や親などの心理的ストレスの問題もある。「風評被害」を嘆くのはやさしいが、しかし「風評被害」と合理的な警戒との線引きはきわめて難しい。専門家の間でもリスク評価をめぐって見解が分かれているからだ。

福島第一原発事故は、事故から五〇日以上が経っても、収束までの期間がなお見えない、予断を許さない非常事態が続いている。国際原子力機関（IAEA）や国際放射線防御委員会（ICRP）がこれまで想定してきたのは、大事故でも一週間から一〇日程度で放射能の放出が収まるような事態である。放射能に高濃度に汚染された水の漏洩と放出による海洋汚染とともに、いつ収束するかわからない世界初の人体実験的な状況のまっただなかに私たちはある（図1）。

いつ収束するのか、希望的観測として、東京電力が工程表として示した九ヶ月という努力目標的な期間があるだけだ。五月はじめの現時点でも、正確にはいつ収束するのか、避難を命じられた住民がいつ帰れるか誰もわからない。

そもそも原子力安全委員会の防災指針は八〜一〇キロまでの避難範囲しか想定してこなかった。ＪＣＯ事故などをふまえて、二〇〇七年五月に改訂したが、その折もＩＡＥＡが、五〜三〇キロの緊急防護措置計画範囲を提案しているにもかかわらず、日本では「十分な裕度を有している」として形だけの見直しにとどめてしまった[8]。

今回の事故で、避難指示が後手後手に回り、対象区域が泥縄的にどんどん拡大していったのは、そもそも一〇キロまでの避難範囲しか想定してこなかった過小評価が招いたつけでもある。

政府は、一一三億円をかけて開発・運用し、放射性物質の拡散を予測する「緊急時迅速放射能影響予測ネットワークシステム」（ＳＰＥＥＤＩ）の予測結果の公表（図1参照）をためらうなど失態を繰り返した[9]。早期に図1を公表し、的確な指示を出していたら、飯舘村のような二〇キロ圏外のホットスポットに住む住民の無用な被曝は避けえた可能性が高い。

敗戦責任　誰の敗北か

今回の震災はしばしば「敗戦」にたとえられる。問題は誰の敗北か、である。

それぞれの主体が、それぞれの関係者が、この震災と原発事故に関して、自らの責任を明らかにすべきだろう。決して「総懺悔しよう」というのではない。「総懺悔」によって、各自の責任を希釈しようというのではない。

図 1　一歳児の内部被曝積算線量

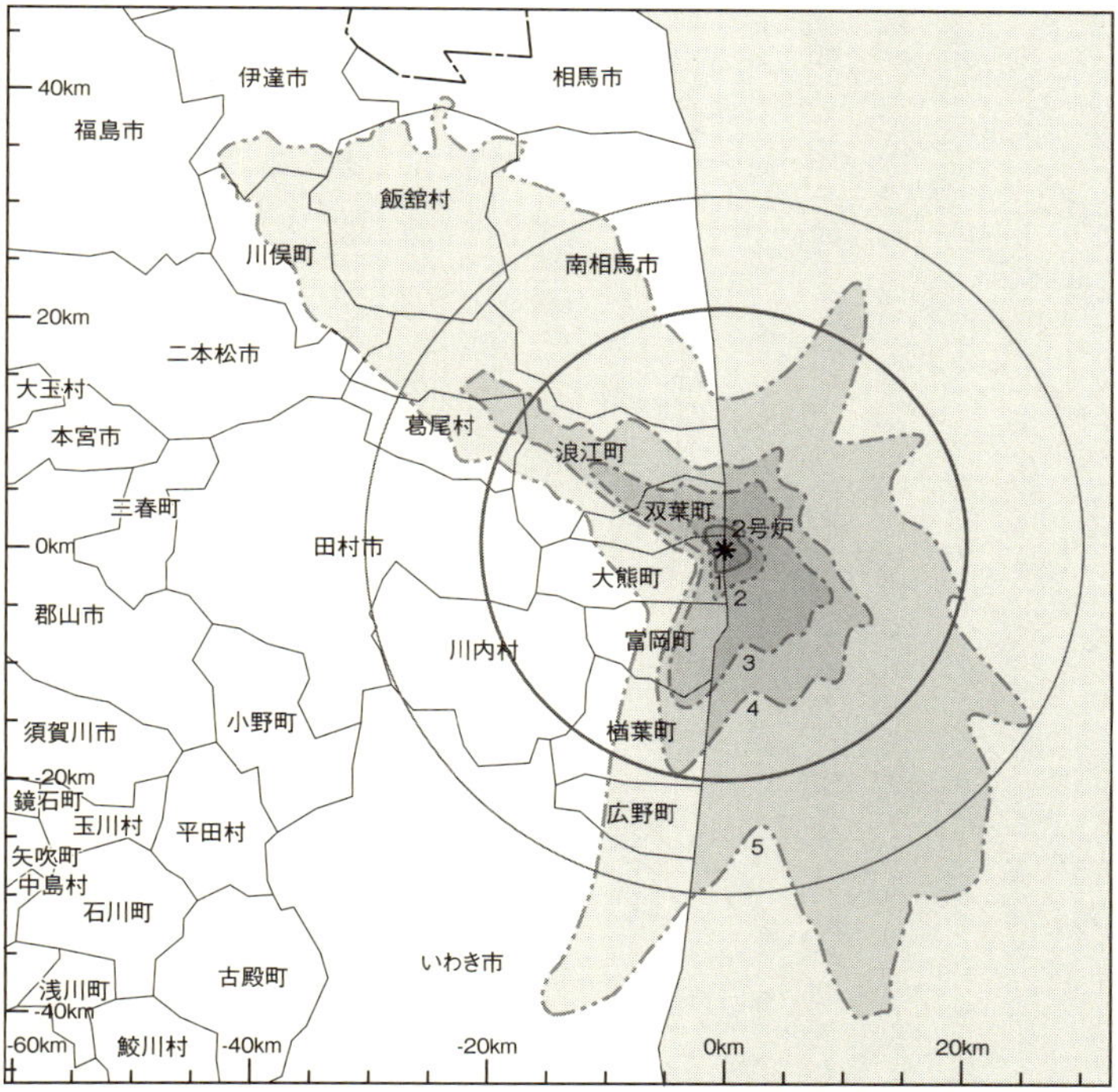

内部被ばく臓器
等価線量の積算線量
（3月12日6:00～4月24日0:00
までのSPEEDIによる試算値）

内部被ばく臓器等価線量

日時＝ 2011/03/12 06:00 -
2011/04/24 00:00 の積算値
領域　：　92km × 92km
核種名　＝　ヨウ素合計
対象年齢　＝　1 歳児
臓器名　＝　甲状腺

【凡例】線量等値線（mSv）
1= 10000
2= 5000
3= 1000
4= 500
5= 100

（出典）原子力安全委員会（http://www.nsc.go.jp/mext_speedi/0312-0424_in.pdf）

戦争責任のように、今回の震災と原発事故に関して、それぞれに「敗戦責任」があるのではないか。自らが、どのようにかかわってきたのか、どのように無力であり、どのように「不作為」であったのか、どのように責任を引き受けるのか、ということがまず問われるべきなのではないか。

自民党の政治家からは、核燃料サイクルに反対してきた河野太郎氏をのぞいて、これまでの原子力政策に関して何ら反省の言葉が聞こえてこないが、一九五〇年代から原子力政策を推進してきた最大の責任は、五〇年以上にわたって政権党であり続けてきた自民党にある。

周到な準備も実力もないままに「政権交代」「生活第一」「政治主導」という幻想を掲げ、それに自らが酔い、政策転換を果たせなかった、政権与党・民主党の敗北でもある。

二〇〇九年九月の政権交代に国民がもっとも期待したのは、何よりも政策転換だったはずである。先進国の中では例外的にきわめて硬直的なエネルギー政策が四〇年以上にわたって続いてきたがゆえに、とりわけエネルギー政策の転換への国民的な期待は大きかったのではないか。しかしながら、衆院選マニフェストにはわずか一行「安全を第一として、国民の理解と信頼を得ながら、原子力利用について着実に取り組む」と述べていただけである。原子力利用についての理解と信頼がひろがっていないにもかかわらず、民主党政権は、原発技術の輸出をはじめ原子力推進姿勢を強めてきた。原子力推進政策についても、国民を欺いたのである。原子力偏重のエネルギー政策からの転換も、国民の期待が肩すかしをくった代表例といえるのではないか。

原子力工学や放射線医学の研究者の大半が「原子力ムラ」の一員であることを、今回の震災をめぐるメディア報道は、はしなくも明らかにしたが、彼ら以外の大学、大学関係者の責任も小さくはない。社会科学においても、原子力発電について批判的な著作を発表してきた研究者は非常に少ない。口では批判的で懐疑的なことを言うが、論文として、学術的な著作として発表してきた研究者はきわめて限られている。とくに政治学者、法学者、経済学者の場合はである。電力会社への遠慮、国策への遠慮等々。一種の自己規制が働いてきたのだろう。長いものには巻かれろ、という事大主義があったのではないか。

メディア、とくにマスメディアの責任も大きい。たとえば、今回何重にも露呈した原子力安全・保安院と原子力安全委員会の機能不全、あまたの過小評価やご都合主義、またその構造的背景たる「原子力ムラ」のなれ合いやもたれ合いを、福島原発事故以前にどれだけ論じてきただろうか。

震災発生以来今日まで、福島第一原発事故に至った構造的な背景をふまえて、これまでの原子力政策についての紙面のあり方、報道のあり方を批判的に自己検証した新聞や放送局があるだろうか。巨大な広告主である電力会社に対する遠慮や迎合はなかったのか。全国紙、地方紙、それぞれに自己検証が必要なのではないか。マスメディアも、「原子力ムラ」から独立していたのだろうか。「原子力ムラ」を黙認し、あるいは支えてきたのではないか。

むろん、一九九六年の巻原発住民投票における新潟日報、核燃料サイクル施設をめぐる東奥日報、JCO事故を被爆地広島の視点から受け止めた中国新聞[10]の報道に代表されるように、地方紙の長年にわたる地道な報道が光っている例もある。全国紙の地方版の連載から生まれた原発ルポルタージュも、優に一〇冊を超えるのではないか。

しかし全国紙それぞれの全国版の紙面は、全体としてどうだったのだろうか。とくに経済面や科学面はどうだっただろうか。

日本を変えよう

日本の原子力推進政策は、一九六〇年代以来、この五〇年間基本的に変化していない。この五〇年間の社会の激変、国際社会の変化にもかかわらず、きわめて硬直的な政策が続いてきた。

今回の福島第一原発事故がどのような政策転換に結びつくのかも、決して予断を許さない。

一九四五年八月一五日がそうであったように、二〇一一年三月一一日を境に、日本は生まれ変わらなければならない。ただ「がんばろう」ではない。必要なのは、「日本を変えよう」、「エネルギー政策を変えよう」だ。

この「原発震災」から社会全体が何を学ぶのか、知性と創造力と決断力が今こそ問われている。

どん底から未来の選択へ

どん底からの再生。本書の第3章までは、地域住民に半ば見放され、解散寸前とも目されたアメリカ合州国・カリフォルニア州のサクラメント電力公社の再生の物語である。

本書をとおして再度訴えたいのは、カリフォルニア州サクラメントの人びとが二二年前の一九八九

（平成元）年に住民投票というかたちで、トラブル続きだった原子力発電所の閉鎖を選択し、その後、エネルギーの効率利用と自然エネルギーの活用を柱に経営再建に成功したように、「脱原子力」は、社会がみずから選択し、選びとるものだということである。

どういうエネルギーを選びとるのかは、単純にエネルギー資源の多寡に依存するのではなく、社会の側の選択の問題である。民主主義、議会、政治家のリーダーシップ、裁判所、企業、メディア、研究者、社会運動、環境運動等々をはじめとする社会のあり方、市民社会の動向と深くかかわっている。エネルギー自給率の低さが、自動的に原子力発電への依存率を規定するのではない。しかも本書で繰り返し述べたように、原子力発電の社会的コストは、社会的監視機構がどのように機能しているのかに依存する。カリフォルニアやドイツが育ててきたような市民電力公社という可能性もある。自然エネルギーは社会が育てるものでもある。

三月一一日の大震災を生き延び、「原発震災」をまのあたりにした私たちは、どういう未来を選択すべきだろうか。本書であらためて提起したい。

註

1 三月一一日の本震と宮城県沖地震との関係はまだ明確ではない。震災直後は、想定されてきた宮城沖地震と本震は異なるという説が有力だったが、四月二六日開催の地震予知連絡会では、宮城県沖地震の震源域は、三月一一日の本震により破壊された可能性が高いとの見解が示された。

2　長谷川公一「原子力発電をめぐる日本の政治・経済・社会」（一九九九、三三〇頁）。
3　石橋克彦「原発震災―破滅を避けるために」（一九九七、七二三頁）。
4　石橋克彦「原発に頼れない地震列島」（二〇〇八、五六・五七頁）。
5　石橋克彦「福島原発震災の論理的帰結は日本列島の全原発の閉鎖だ」（二〇一一）、田中三彦「福島第一原発事故はけっして〝想定外〟ではない」（二〇一一）。
6　警察庁発表は、避難者一二万六一二〇人としているが、これは避難所に避難している人の数であり、親戚宅などに自主避難している人、避難先が不明の人を含んでいない。そのため、消防庁発表の数字より約四万人少ない（ともに五月二日現在）。新聞は警察庁発表の避難者数を載せているが、消防庁発表の一六万六六七一人の方がより実情に近いと判断した。
7　福島県災害対策本部ウェブサイトによる（http://www.pref.fukushima.jp/j/index.htm　二〇一一年五月三日閲覧、以下同じ）。
8　末田一秀「防災指針の抜本的見直しを！」（http://homepage3.nifty.com/ksueda/bousaisisin.html）
9　ＳＰＥＥＤＩの試算結果二枚分は、三月二三日にようやく原子力安全委員会から公表された。毎日の拡散予測が発表されるようになったのは、四月二五日以降である。政府と東京電力からなる福島原子力発電所事故対策統合本部は五月二日、ＳＰＥＥＤＩによる未公表の予測結果が約五千件にのぼると発表し、今後はすべて公表するとした。
10　東奥日報のウェブサイト、Ｗｅｂ東奥は、「むつ小川原開発・核燃料サイクル施設」の特設サイトで、これまでの関連記事等を提供している（http://www.toonippo.co.jp/kikaku/kakunen/index.html）。とくに二〇〇〇年一月から八月まで断続的に掲載された「巨大開発三〇年の決算」全四三回は、新聞労連の表彰を受けた。中国新聞の「被曝と人間」（http://www.chugoku-np.co.jp/abom/00abom/ningen/index.html）も参照。

プロローグ　一九八九年六月の稲妻

（1）原子炉停止命令

特別な朝

一九八九年六月はじめ、世界の耳目は北京の天安門にそそがれていた。四月中旬以来の学生らの民主化要求デモの高まりに対して、六月四日未明、戒厳部隊が天安門広場を武力制圧、学生・市民に多数の死傷者が出、抗議行動は全国に拡大した。六月六日には軍同士の銃撃戦がはじまり、内戦の危機が報じられた。しかし鄧小平の支配体制はゆるがず、八日には李鵬首相が秩序回復を宣言、九日以降知識人や学生指導者らの連行、逮捕が本格化した。民主化運動は二ヶ月足らずで強権的に沈静化を余儀なくされた。

ちょうどその頃。六月七日（水曜日）、アメリカ合州国カリフォルニア州の州都サクラメント市も特別な朝を迎えていた。前日に実施された住民投票の結果、市の中心部から約四二キロメートル南東にあるサクラメント電力公社ランチョ・セコ（Rancho Seco）原子力発電所の閉鎖が決定し、この日の朝八時、原子炉の運転を停止する命令が下ったのである。

この朝が特別であることを象徴するかのように、夜明け、六月のサクラメントには珍しく雷雨があった。四月から九月までの約半年間は、乾季で雨はめったにふらない。しかも雷雨である。「住民投票で敗北、セコ原発閉鎖作業開始」の大見出しとともに翌六月八日のサクラメント・ビー紙（The Sacramento Bee）の一面をかざったのは、ベテラン写真部員ディック・シュミットが六月七日六時前に撮影した稲妻を背に巨大なクーリングタワー（冷却塔）から最後の蒸気を吹き上げるランチョ・セコ原発の写真である（口絵、写真1）。

「ザ・ビー」（「蜂」の意）の愛称で親しまれる地元紙サクラメント・ビー紙本社の編集局のドアを開けると、入り口右手にこの写真が大きく飾られている。「とても珍しい夏の雷だった。ちょうど陽がさしはじめる頃だった。二〇ミリの広角レンズで、二〇〇メートルぐらい離れたところから、三脚を使って三~四秒ぐらいの露出でねらった。フィルム一本ぐらい撮った。五時三〇分から六時くらいの間だね。嵐、あたり一面の雲、稲妻、最後の蒸気、とてもシンボリックだった。社からは特別ほうびはもらってないが、こんなに大きなパネルにしてもらったのは二七年間勤めていてはじめてだよ」[1]。シュミットは撮影時の状況をいまも克明に覚えている。

この朝の稲妻はむろん偶然にすぎない。けれどもそれがシンボリックな稲妻であることは誰も否定できまい。一四年間稼働してきた原子力発電所が住民投票によって閉鎖されるというのは、世界的にもたいへん珍しい事態である。全米ではじめてのことであり、その後も例をみない。

開票結果の第一報となった六月七日の紙面では、著名な消費者運動のリーダー、ラルフ・ネーダーの率いる全米の反原発団体「パブリック・シティズン（クリティカル・マス）」が、「合州国における原子力時代の「終わりのはじまり」」とコメントしている。全国的な原発批判派の連絡組織は、「全米の原子

写真1　1989年6月8日のサクラメント・ビー紙一面「住民投票で敗北，セコ原発閉鎖作業開始」（The Sacramento Bee提供）

FINAL

SPORTS / D1
In control, calm Frank Robinson shuns old impatience

SCENE
The Housewives of Art finally get their due

The Sacramento Bee

© 1989 THE SACRAMENTO BEE　THURSDAY, JUNE 8, 1989　FOUNDED 1857 • VOLUME 265 • 25¢

Vote fallout – Seco begins shutdown

Bee/Dick Schmidt
Steam from Rancho Seco's cooling towers adds fluff to spring thunderclouds at dawn Wednesday, after the nuclear plant failed to weather a political storm. By week's end, it will begin a long, silent vigil.

力問題の「ワーテルローの戦い（the Waterloo）」として長く記憶されるだろう」という勝利宣言を出した。ワーテルローはナポレオンがイギリス軍に敗れ、以後敗走を続ける転機となった有名な戦いである。日本風に言えば「関ケ原」の戦いに勝利せりというコメントである。

住民投票をうけて原発が閉鎖された朝の稲妻は何を象徴するのだろうか。本書のテーマはこの問いにある。

わたしたちが歴史をつくった

サクラメント市民はどんな思いでこの朝を迎えたのだろうか。

「ほっとした。市民の力で自分たちの電力公社をコントロールできた。電気料金も安全も、今度こそ自分たちが握っている」市民グループＳＡＦＥ（Sacramentans for Safe Energy（安全なエネルギーをもとめるサクラメント市民）の略称）のリーダー、弁護士マイケル・レミのこの朝の感慨である（図０・１）。

「安堵感」「満足感」「勝利感」「達成感」。事故の不安からも、閉鎖をもとめてきた長いたたかいからも解放されるという解放感と安心感。同原発の閉鎖に努力してきた市民運動家たちは、筆者のアンケートにほぼ共通にこのように記している[2]。「子どもたちを起こして新聞の見出しを見せた。「とうとう勝った。民主主義だもの、おまえたちもパワーをもてるんだよ。おかあさんたちが歴史をつくったんだ」」四児の母の回答である[3]。

図0・1「ドラゴンはついに倒れたり」市民運動リーダーの勝利宣言
（John Kloss提供）

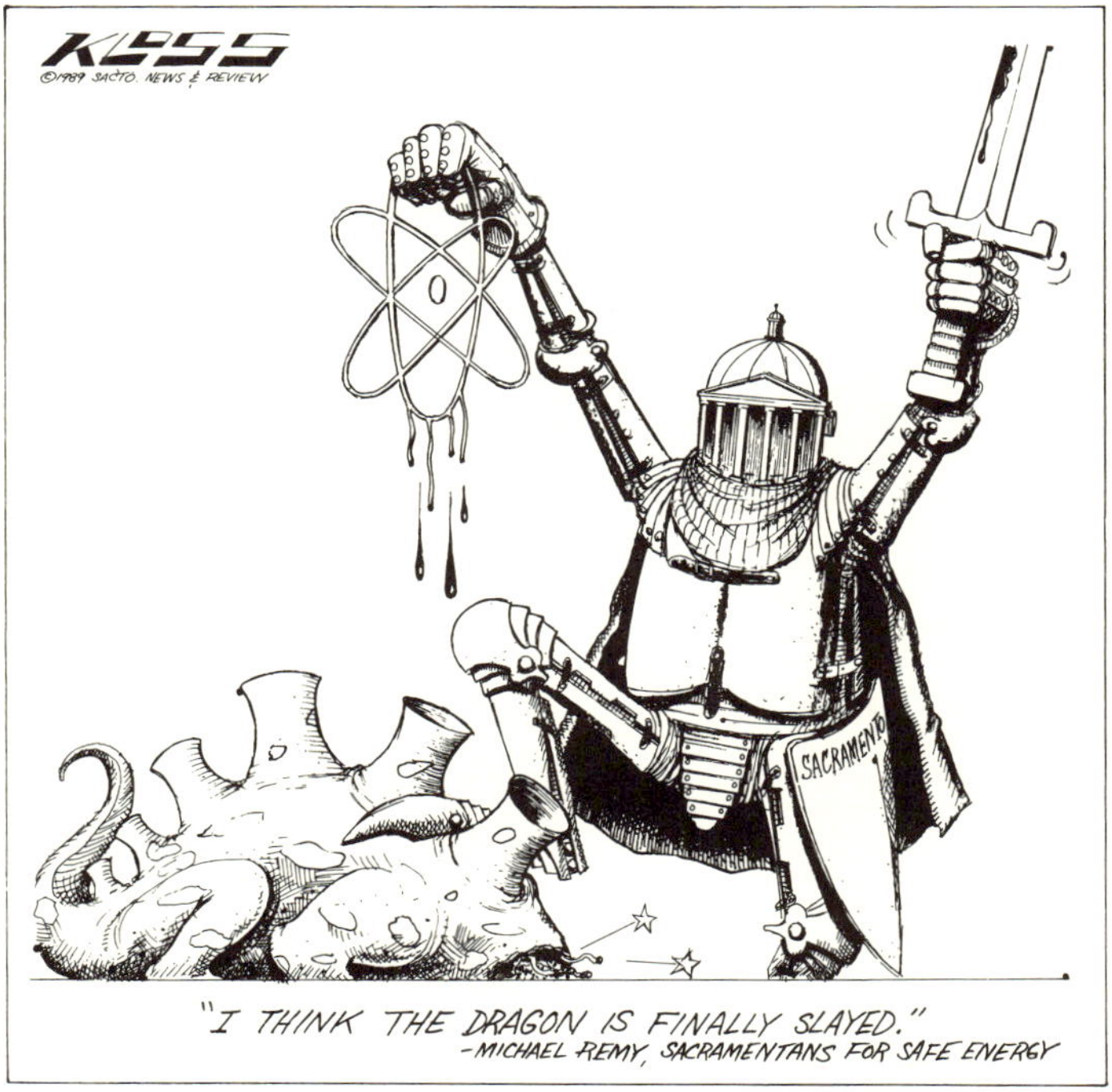

一九九三年春、筆者は二年ぶりに再訪して電話帳をチェックしているとき、ある頁がなくなっていることを確認して感慨を覚えずにはいられなかった。一九九一年版以降のサクラメント・カウンティの電話帳（一年に一度改訂される）には、八九年版まではあった、緊急時の避難上の注意点、避難の経路を記した「原子力非常時インフォメーション」の頁がないのである。何事につけ「寝た子を起こすな」式の発想の強い日本の行政とは異なっ

て、アメリカ原子力規制委員会（ＮＲＣ）は原子力の防災情報の提供に熱心であり、原子力施設の周辺区域の電話帳にこのような避難情報の掲載を義務づけている。原子力非常時インフォメーションの頁がなくなったことは、この地域が安全と安心を取り戻したことの何よりの証左である。

「私はこんな詩をつくったのよ」活動家たちのなかで、草の根的な女性を代表するマーサ・アン・ブラックマンは、インタビューが終わりに近づいた頃、微笑みながら次のような詩をうたいだした[4]。

たった一〇年でできたこと

何マイルも向こうから風の歌にのって少女のもとにやってきた
それはひそかな警告だった
動物たちが災いの匂いをかぎつける日まで、木々はささやき続けた
少女もそれを聞いた、ともだちのカラスが告げにきたから
ほかの鳥たちも集まってきた
風にのって飛ぶから、鳥たちは最初に知った
彼女が聞いたのは、「聞け、そして語れ、語れ、語れ」という声
生き物たちは集い来て、頭を垂れて、秘密を知った
悟っただけではない

聞こえぬぐらいの小さなささやきを聞いたものすら
岩のようにじっとしていたわけではない
静かに、しかし絶えることなく、警告は続いた
こころをうつ　ささやき、ざわめきの一〇年の調べ
変化は起こった、風が歌ったように
いまやふたたび甘い風の歌が聞こえる
これがたった一〇年でできたこと

クリスチャンの彼女は、スリーマイル原発事故の直後、まるでジャンヌ・ダルクのように「天の声」を聞いて、ランチョ・セコ原発の閉鎖をもとめる運動に一〇年間没頭してきたのである。六月七日の朝は雨あがりで、太陽がいっぱいだった。緑はもえて花は咲き乱れ、木々も木の葉も草々からも「ありがとう」って感謝されてるみたいだった。彼女の述懐である。

（2）「新エネルギー革命」の夜明け

電力公社は生き残れるのか

他方、原発閉鎖を余儀なくされたサクラメント電力公社[5]（ＳＭＵＤ、スマッドと読む）は大きな難

題を抱えていた。否決の場合にそなえて、代わりの電力を周辺の電力会社から購入する長期契約がすでに結ばれていたから、当面電力不足の心配はなかった。緊急の課題は経営再建である。住民投票の議案は、正式には「一九八九年六月六日以後、サクラメント電力公社がランチョ・セコ原子力発電所を運転することを認めるという同電力公社条例案は、採用されるべきか」というものだった。主語はサクラメント電力公社SMUDである。投票率四〇％で、賛成四六・六％、反対五三・四％で条例案は否決された。投票結果は、電力公社の経営能力、原発の運転・管理能力への不信感の表明でもあった。住民はトラブル続きの同原発に失望するとともに、同原発をめぐってゴタゴタ続きの電力公社の経営自体にうんざりしていたのである。

住民投票によって原発の閉鎖に追い込まれた電力公社がはたして生き残れるのか。それとも周辺の全米一、二を争う大きな民営の電力会社に吸収されてしまうのか。八九年六月当時サクラメント電力公社は存亡の瀬戸際まで追いつめられていた。

原発閉鎖を契機に二一世紀の電力会社のモデルに

しかしそれからわずか三年で、サクラメント電力公社は全米でもっとも注目を集める電気事業者として、ニューヨーク・タイムズ紙など全米主要紙にたびたび報道されるまでに至った。一九九〇年六月に就任した新総裁ディビッド・フリーマンの指揮のもとで、エネルギー利用の効率化と再生可能エネルギーの利用にもっとも積極的に取り組む電力サービスとして高い評価を受けている。一九九二年の全米公営電力協会賞はじめ受賞も数多い。電力公社は原発を閉鎖したことによって、経営再建と組織の再生に劇的に成功したのである。

原発を閉鎖していなければ政争と混乱が続き、サクラメント電力公社の再生はありえなかっただろう。原発の閉鎖は、その後に続くサクラメント電力公社の賢明な選択の第一歩だった。

電力公社はただよみがえっただけではない。地域社会からの信頼の回復に成功したうえに①環境負荷を最小にし、②電力サービスのコストを切り下げながら、③顧客には最大のエネルギー・サービスを提供し、④顧客との間にコミュニティ意識をつくりだすことに成功した二一世紀の電気事業者のモデルと評価されているのである[6]。ソフト・エネルギー・パスの提唱者エイモリー・ロビンズもまた「サクラメント電力公社は全米をリードしている」と絶賛している[7]。ワールドウォッチ研究所のフレイビン、レンセン『エネルギー大潮流』（一九九四＝一九九五）でも高い評価を得ており、内橋克人『共生の大地』（一九九五）はじめ、同電力公社の取り組みが日本で紹介されるケースも年々増えている[8]。

原発を閉鎖して以降の、サクラメント電力公社の再生の物語は、電力サービスと電気事業者の未来像を提示しているのである。電力の大量消費を前提とした、石油・石炭などの化石燃料と核燃料に依存する大規模発電から、エネルギーの効率利用と風力・太陽光発電などの再生可能エネルギーの時代へ、「新エネルギー革命」と呼ばれる大転換がはじまっている。

一九八九年の意味――「新エネルギー革命元年」

しかもサクラメントおよびカリフォルニアのみならず、本書第4章第3節で述べるように、ドイツ、イギリスで原子力政策と電力政策の大変革がはじまったのも一九八九年である。ドイツの再処理工場の建設中止、イギリスの電力民営化決定などである。ランチョ・セコ原発が閉鎖された一九八九年は、「新エネルギー革命元年」ともいうべきエポック・メーキングの年である。

一七八九年がフランス革命によって長く記憶されているように、二〇世紀末の意味を後世の歴史家が総括しようとするとき、一九八九年がその有力なエポックになるだろうことは間違いあるまい。

日本ではこの年のはじめに「昭和」から「平成」に年号が替わった。そのせいもあって、八九年以前とそれ以降の不連続性、八九年以降の激変はわれわれの同時代的感覚になじみやすい。実際、昭和の最後の一〇年間の首相は鈴木善幸・中曽根康弘・竹下登の三人のみであるのに対し、平成になってから八年、竹下・宇野・海部・宮沢・細川・羽田・村山・橋本と首相はすでに八人である。八九年を境目とした政治的・社会的激変は国内外で顕著である。

冒頭の八九年六月の中国・天安門事件、一〇月から一二月にかけての「東欧革命」、一一月のベルリンの壁崩壊、ヨーロッパにおける東西冷戦の終焉、秋からの地球環境問題の顕在化など、八九年は世界史的大事件が続いた年である。二一世紀の社会のあり方を予兆させるような事態が急速に可視化し浮上した年である。

これらの大変動の背景に情報化社会の進展と通信革命があることはよく指摘される。ファクシミリ、衛星放送、パソコン通信やインターネットの発達などが、中央集権的な情報のコントロールを陳腐化し、世界は一体性を急速に強めてきた。

第二の力は、市民の力である。東欧・ソ連の「民主化」革命は「市民社会」の実現をめざそうとした革命でもあった。国際的にはＮＧＯ・ＮＰＯが、政府と企業に対抗し、緊張感をたもちつつその機能を補い、これらをチェックする第三の勢力として大きな力をもちはじめている。

そしてこれらとともに、もうひとつの革命、「新エネルギー革命」が進行しつつある。

稲妻は何を告知するのか──再び八九年六月七日朝

一九八九年六月七日朝の稲妻は、ランチョ・セコ原発に対する敗北の告知であり、草の根の市民の力が巨大な原子力産業に一撃を加えたという、この物語の一面を象徴するかのようだ。しかしそれはこの物語の半面にすぎまい。「早朝の」稲妻は、エネルギー政策と電力会社の経営政策の大転換を、新しい時代の「夜明け」を告げているのではないか。原子力発電所を性急に全廃することもしないが、安全性や経済性に著しく問題のある原子炉を個別に審査検討して閉鎖すべきものから閉鎖し、新増設は中止する。このような商業用原子炉が漸減する「非原子力化（de-nuclearization）」[9]の時代がはじまっている。それは、「脱原子力（post-nuclearization）」の社会、すなわち原子力発電所を全廃した社会を近未来の射程に入れた歩みである。これまでは「脱原発」はやや曖昧にムード的に使われてきたきらいがある。しかしこのように現実化、具体化しつつあるからこそ、「脱原子力」とその移行期としての「非原子力化」、この二つの概念の明確化が必要である。電力の大量消費こそがゆたかな社会をつくる、経済力を強化するという神話から、カリフォルニアは、デンマークやドイツは脱却しつつある。

このような大転換がなぜ、いかにして、どのような社会的・政治的背景のもとで可能となったのか。裏返せば、日本の電力・原子力政策は、「資源小国」であることを大義名分として、なぜ、硬直的で時代の潮流から取り残されようとしているのか。本書は、このような問題意識のもとで、サクラメント電力公社のケーススタディを中心に、電力サービスの市民的コントロールと非原子力化・脱原子力化へと向かう政策転換の動きを、カリフォルニア州とアメリカ合州国およびヨーロッパの市民社会的文脈のなかで考察した社会学的研究である。

本研究を企画したのは、そもそも私が一九八八年以来、日本の原子力問題、核燃料サイクル施設問題の共同研究を続けてきたからである[10]。サクラメントで、イギリスのセラフィールドで、フランスのラアーグで、ドイツのフライブルクで、ストックフォルムで、調査旅行を続けながら、つねに私の念頭にあったのは宮城県女川町と青森県六ヶ所村の現状と硬直的な日本の原子力政策である。

そして日本・東アジア

現在日本で稼働中の商業用原子炉は「もんじゅ」を含んで五一基。政府の計画では、二〇一〇年までにさらに一〇〇万キロワット級換算で二七基相当分を運転開始予定であり、阪神淡路大震災があらわにした、この活断層だらけの地震列島に、七八基もの原子炉がひしめく予定である。政府や電力会社は、十分に自覚的ではないようだが、政府の計画どおりにすすめば、日本は二〇一〇年代半ばまでに、アメリカ、フランスを抜いて世界最大の原発大国になる公算が高い。一九九五年末現在中国では三基、韓国では一一基、台湾では六基の原発しか稼働していないが、これらの地域で二〇一〇年時点で稼働中の原発は総計六一基（一〇〇万キロワット級換算）となる見通しである。予定どおり実現すれば日本と東シナ海周辺は計一三七基相当分が稼働する世界最大の原発地帯となる（第5章表5・3参照）。このままの道を歩めば二一世紀の日本が、世界でもっとも原子力災害のリスクの高い地域となることは疑いない。

韓国・中国など東アジア諸国の原子力推進政策のモデルは日本である。日本の脱原子力への政策転換は、東アジアの原子力政策の転換の契機となり、世界の脱原子力化と地球温暖化対策とを大きく加速させることになる。

チェルノブイリ事故からちょうど一〇年。この間進行しつつある世界の原子力政策の大転換に、日本はどうして目を塞ぎ、そこから学ぼうとしないのだろうか。なぜ日本は一九七〇年代半ばまでの古い枠組みに固執し続けているのだろうか。近年、中央集権的な官僚主導型の行財政の機能不全がいたるところで表面化している。九五年一二月の「もんじゅ事故」とその後の対応が露呈したように、原子力政策・電力政策の硬直性と秘密主義、政策決定過程の閉鎖性もまたその典型例である。

二一世紀前半の電力政策のモデルは、エネルギー利用の効率化と再生可能エネルギー、天然ガスをキィー・ワードとしてすでに提出されている。原子力の時代は、確実に終焉に向かっている。いま日本政府と電力会社にもとめられているのは、「資源小国」からの発想の転換と大胆な方向転換の決断である。

第1部　サクラメント電力公社の危機と再生

大電力カーニバル（1895年7月，サクラメント）

第1章　われらが電力公社

第1節　州都サクラメント

（1）もうひとつのワシントン

カリフォルニアの「杜の都」

太平洋への北の玄関口、サンフランシスコ市からハイウェーの80号線を北東に向かう。高層ビル群を横目に、ゴールデンゲイト・ブリッジを遠望しながらベイ・ブリッジを渡ると、緑ゆたかな大学街バークレー市である。まもなくサンフランシスコ湾は視野から外れ、一五分も走り続ければ、沿道の住宅もハイウェー上の車もまばらになり、のどかで牧歌的な田園風景がひろがりだす。一一月から四月までの雨の多い季節ならば緑が美しいが、他の季節には褐色の乾いた大地がただただひろがっている。スパニッシュ風の地名を次々と走り過ぎていく。

美しいけれどやや大味で単調な田園風景にいい加減食傷してきた頃、カリフォルニア大学農学部などのある田園都市デービスを過ぎる。少しずつ路上の車がにぎわいだし、やがて都市らしい高層ビルのシルエットが次第に大きくなり、にわかに近づいてくる。大きなタワー・ブリッジをとおってサクラメント・リバーを渡ると、正面にキャピトル（州議事堂）が白く輝いている。カリフォルニア州の州都サクラメント市のシンボルである。サンフランシスコ市から直線距離で一二〇キロ、ハイウェーを走って一五〇キロ、約二時間弱の距離である。九一年春、九三年春、九五年夏と、私はこうしてサクラメント詣でを何度も繰り返した。

カリフォルニアの地図を見てみよう（図1・1）。シェラネバダ山脈と西側のコースト山脈に囲まれ、南はロサンゼルスの北方に至る全長約七〇〇キロ余りの長大な盆地がセントラル・ヴァレーである。この北半分がサクラメント・ヴァレーであり、これを潤すかのように、サンフランシスコ・ベイ（湾）から右腕のごとく伸びでているのが、サクラメント・リバーである。州の最北部のマウント・シャスタに源流を発し、全長五一五キロ、州内最長の河川である。サクラメント（Sacramento）の市名の由来も、スペイン語の「聖なる秘蹟（Holy Sacrament）」を意味するこの河にある。サクラメント・リバーはこの一帯の揺籃期には唯一の交通手段であり、やがて潅漑事業によって農業用水を提供し、サクラメント・ヴァレーに文字どおり天の恵みを与え続けてきた。この大河に、シェラネバダ山脈に発するアメリカン・リバーが交わるところ、それがヴァレーの中心、サクラメント市である。

ロサンゼルスやサンフランシスコ、サンディエゴ、サンノゼなど、州内の他の大都市がいずれも太平洋に面した臨海都市やベイ・エリアの都市であるのに対して、サクラメント市は川沿いに発達したカリフォルニア州の内陸部最大の都市である。

シェラネバダ山脈を遠望するサクラメント市は、「杜の都」（The City of Trees）を自認する人口三七万人（一九九〇年国勢調査、以下ではとくに注記のない限り人口などは九〇年の国勢調査データに依拠

図1・1　カリフォルニア州とサクラメント・カウンティ

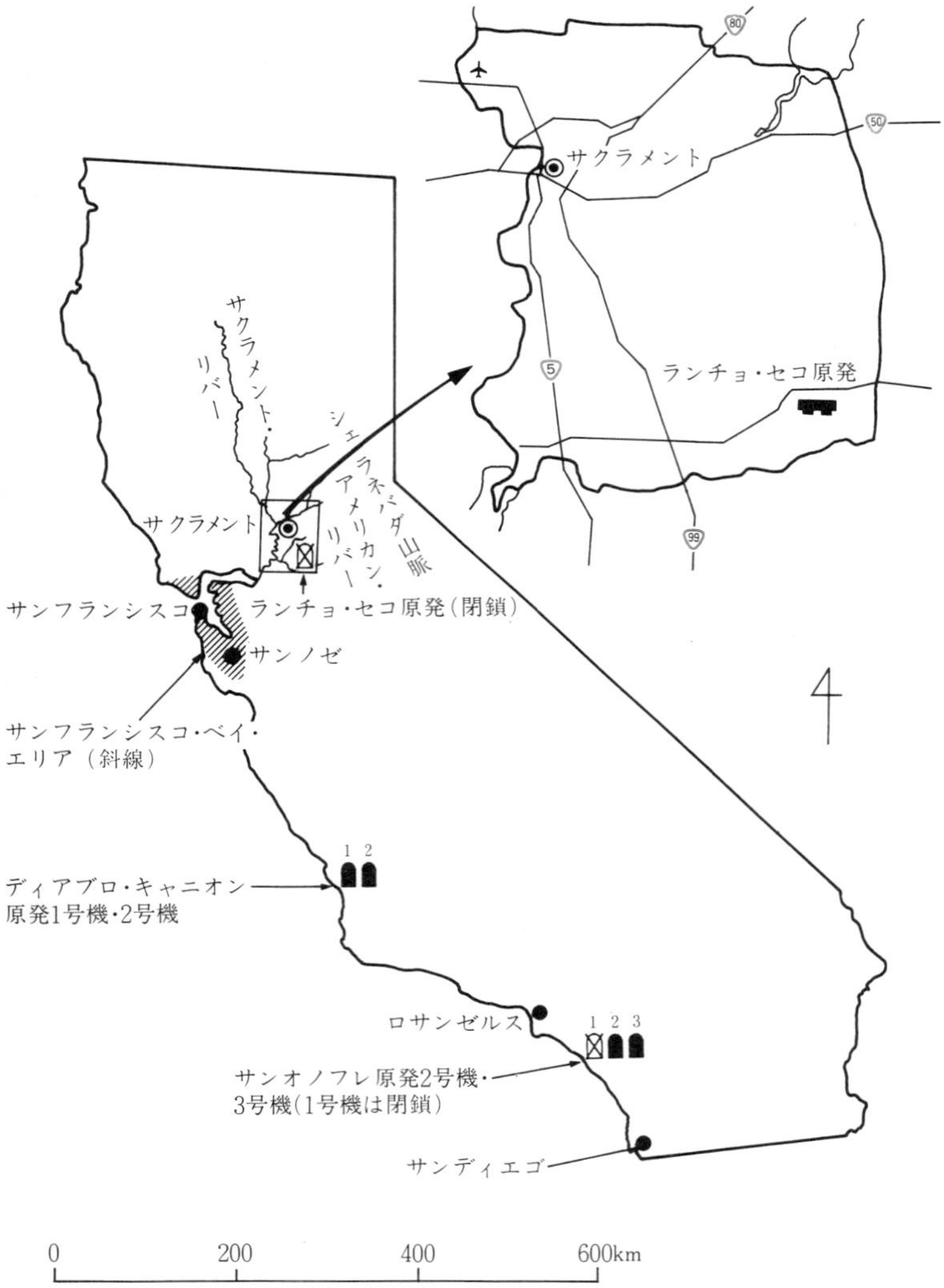

する）の緑の美しい静かな街である。全米でも有数の樹木の多い都市である。最上級の修辞と何事につけランキングの好きなアメリカのことゆえ、人口あたりの樹木の数は、全米の都市で随一とも、世界の都市ではパリについで第二位とも、地元紙ははやしたてている。むろん正確なところはわからない。

北緯三八度三五分、日本の仙台市ぐらいの緯度だが、気候は温暖で、気温が零下を下回ることはめったにない。盆地ゆえに、夏の日中は華氏一〇〇度つまり摂氏三八度近い高温になるものの、日本の夏と異なって乾燥しており、夜は過ごしやすい。

恵まれた気象条件や自然環境と、サンフランシスコ・ベイ・エリア（湾岸地域）に比しての地価の安さ、半額近い住宅価格などからサクラメント付近は八〇年代膨張が著しかった。市域の人口も都市圏人口も、八〇年から九〇年の一〇年間で三四〜五％という高い伸び率を示した。都市圏人口一五二万人は、州内では、ロサンゼルス、サンフランシスコ・ベイ・エリアに次ぐ大きさである。けれどもサンフランシスコやバークレーが深夜まで喧噪が絶えないのに対して、行政都市のこの街では、夕方六時ともなれば都心の繁華街でも車や人の流れはめっきり少なくなり、ひっそり静まりかえる。都心のマクドナルドのハンバーガーショップでさえも夕方六時で閉店してしまうほどである。

全米最大の州のポリティカル・センター

「スティト・キャピトゥー（州都）」、力を込めてこう口にする人びとのもの言いには日本の県庁所在地のイメージをはるかに超える誇らしげな響きがある。州都、カリフォルニアの政治の中心であること、それがこの街を理解する、この街でのできごとを理解する、そして本書の物語を理解する第一のカギである。連邦政府の力が強まった今日もなお、アメリカは合州国（United States）であり、地方分権の伝統と制度は強固に根づいている。例えば祝日すらも州ごとに若干異なるように、州の自立性はきわめて強い。

カーター、レーガン、クリントンと、最近の四人の大統領のうちブッシュをのぞく三人が州知事出身者である。有能な州知事は有力な大統領候補者でもある。州知事としての成功は、ホワイトハウスへの道に直結している。そして新大統領とともにスタッフが大幅に入れ替わるアメリカでは、知事の側近にとっても、州政府での成功は、ホワイトハウスへの道を意味している。政治的な野心が渦巻いているのが、そしてそれを隠そうとしないのがアメリカの州都である。

ましてカリフォルニア州は、面積は約四一万平方キロで日本の一・一倍、人口は一九六〇年以来全米最大だが、九〇年には二九七六万人を数え（八〇年比、二五％増）、カナダ一国の総人口二六五〇万人をはるかにしのぐに至っている。国内総生産（ＧＤＰ）に相当する州の総生産（ＧＳＰ）は年間七〇〇〇億ドル（八九年）、日本全体のＧＤＰの約三分の一にも達し、イギリス、イタリアに匹敵する規模の経済力である。工業生産でも、野菜や果樹の生産でも全米第一位であり、航空・宇宙・電子産業など先端産業のメッカでもある。国内でもっとも有力な州がカリフォルニア州である。ニューヨーク都市圏に次いで大きなロサンゼルス都市圏、第四位のサンフランシスコ・ベイ・エリアを抱え、ノーベル賞受賞者を一五人以上も輩出してきたことを誇るバークレー校や、ロサンゼルス校（ＵＣＬＡ）などからなるカリフォルニア大学、私立のスタンフォード大学など世界的な大学を抱えている。

とくに第二次大戦後の、発展の著しいカリフォルニアの力の大きさは、その政治力にもあらわれている。戦後の大統領のうち、ニクソンはカリフォルニア州選出の上院議員だったし、レーガンは元カリフォルニア州知事である。民主党の側でも、レーガンの後任の知事となったジェリー・ブラウンは、八〇年代を通じて民主党の有力な大統領候補の一人であり、九二年の大統領予備選挙でもクリントンの最大のライバルだった。

カリフォルニアの州都、サクラメントの重みは、州のこうした巨大な経済的、政治的、社会的影響力のゆえに他の州都をはるかにしのぐものがある。

アメリカの州都の多くは、連邦議事堂とよく似たつくりの州議会の議事堂をもっている。そのことが象徴するように、州都は小さなワシントンであり、ワシントンでもサクラメントでも、議事堂（capitol）は首都（capital）のシンボルでもある。議員や官僚らに対して直接的な働きかけをおこない、立法過程や政府の政策決定過程に影響を与えようとする活動が「ロビー活動」だが、さまざまな圧力団体がロビー活動のために、またそのための情報収集活動のために、首都や州都にオフィスを構えている。

一八五四年以来カリフォルニア州の州都であり続けてきたサクラメント市の最大の産業は官庁業務であり、第二の産業が弁護士活動である。サクラメント都市圏の被雇用者に占める公務員の割合は、七〇年代はじめには四〇％近くにも及び、企業立地が進んだ現在でもほぼ三〇％を維持している。

（2）カリフォルニア・ドリーム

一八四八年ゴールド・ラッシュ

カリフォルニアの、またサクラメントの第一の発展の契機は、一八四八年一月二四日にサクラメントの八〇キロ北東のコロマで偶然金が発見され、この年五月から五二年にかけて一大ゴールド・ラッシュが巻き起こったことである[1]。アメリカにとって幸運だったのは、それまでメキシコ領だったカリフォルニアを対メキシコ戦争に勝利した結果、ネバダやアリゾナ、ユタなどとともに合州国領に編入することになったのが、金発見の九日後だったことである。金発見のニュースは約四ヶ月間、関係者の間に秘されていたのである。カリフォルニアなどの割譲で、アメリカは、のちに編入されるアラスカやハワイなどをのぞいて、ほぼ現在に近い領土をもつことになった。ゴールド・ラッシュを契機に、カリフォルニアの人口は急増し、フロンティアをもとめて西部開拓へ向かう西漸運動にはいよいよ拍車がかかった。東インド艦隊司令長官ペリーが浦賀に来航し、日本に開国を迫るのは一八五三年だが、その背景にあったのは太平洋にまで達した西漸運動である。

そもそも一八三九年、現在のサクラメントに白人として最初に入植したのはドイツ系スイス人、ジョン・サターである。かれは、サンフランシスコ湾からサクラメント・リバーをさかのぼり、アメリカン・リバーがこれに合流するあたりに砦を築き、一帯を「ニューヘルヴェティア（新しきスイス）」と呼び、傭兵を雇い、農業を基盤とする独立の帝国を夢見ていた。サクラメントの創設のはじまりである。金は、サターがコロマにつくらせた建設間近の製材所付近で、建築にあたった大工の棟梁ジェームズ・マーシャルによって偶然発見されたのである。ジョン・サターの息子は、金発見後の混乱のなかで、ニューヘルヴェティアをサクラメント・リバーにちなんでサクラメントと改名した。

サター自身が土地を失い、没落したことをはじめ、ゴールド・ラッシュは多くの悲喜劇を生むことになるが、四八年五月金発見のニュースが伝えられると、それまで人口六〇〇人の小さな港町だったサンフランシスコに世界中から金探しが押し寄せ、一年後にサンフランシスコの人口は五〇倍、三万人にふくれあがった。一八五〇年三一番目の州に昇格したときのカリフォルニア州の人口は九万三千人にすぎなかった（同年のサクラメントの人口は七千人）が、一八六〇年には四倍の三八万人にも達している。

勝海舟や福沢諭吉らが咸臨丸で三七日がかりで太平洋を横断し、サンフランシスコに到着するのは、ゴールド・ラッシュ騒ぎが一段落した一八六〇年だった。当時のサンフランシスコは、なおゴールド・ラッシュの余韻さめやらぬアメリカ合州国の新興都市だったのである。

サンフランシスコとともにゴールド・ラッシュのにわか景気の恩恵をうけたサクラメントは、一八五四年州都となった。

移住者の夢

カリフォルニアとサクラメントを理解する第二のカギは、このゴールド・ラッシュ以来の移住者の街であるということである。新天地に成功の夢をもとめる「移民の国」、アメリカ合州国のなかでも、カ

写真2　ロバート・クロス教授

写真3　ジョン・クロス（弟）

リフォルニアとサクラメントは、きわめてドラマティックな移住者の物語をもっている。
「教育のある移住者（educated migrants）だよ」カリフォルニア州立大学サクラメント校で労働社会学や環境社会学を担当するロバート・クロス教授は、私がサクラメントと他州の州都との違いをたずねると、こう力説した（写真2）。「私自身もそうだが、あいつもこいつもカリフォルニア生まれじゃない。例えばこの階の教授陣のほとんどは、カリフォルニア出身者じゃない。キャンパス全体がよそものの集まりだ。お金はないが、教育は受けている。教育があるから、分別がある。われわれはよそから来てここに住むことを、ここで生きることを自分の意思で選んだんだ。定住志向が強いから、サンフランシスコのようなコスモポリタンの大都会とは違

う。コスモポリタンは定住しない、根無し草だ。ジョン・サター?、そう、かれが最初の教育ある移住者だったといってもいい」。風刺漫画家で社会学の非常勤講師でもある、弟のジョン・クロス（写真3）が補足した。「ここに来るとき、移住者たちは考える。カリフォルニアは「黄金の国」だ。ゆたかな土地、ゆたかな街、そこには黄金のチャンスがあるはずだ」そしてかれはさらにつけ加えた。「こういう美しい夢をぶっこわすのが、トラブル続きのランチョ・セコ原発だったというわけだ」。

アメリカでは「エディトリアル・カートゥーン（editorial cartoon）」と呼ばれる社会時評的な風刺画がさかんだが、サクラメント・ビー紙やフリー・ペーパーを飾ったジョンの風刺画は「ランチョ・セコ原発を閉鎖せしめた」と評されているほどである。かれの好意で本書に何点か掲載させていただいた。他の社会学者によるものだが、風刺画などを分析材料に原発のイメージと世論の変化も研究されている[3]。

ゴールド・シーカーたち

「カリフォルニアはほとんど人心を狂気に駆り立てた。あらゆる階級の人々がすばらしいカリフォルニアへと押し寄せつつある。新聞は連日、金持ち連中がカリフォルニア行きの資金作りのために資産を売りに出す広告で一杯だ。わが国の最良の階層の教育ある若者たちが、海路カリフォルニアへ出発していく。詩人、哲学者、弁護士、ブローカー、銀行員、商人、農場主、牧師、誰もがゴールド・ラッシュにとりつかれている」一八四九年一月のニューヨーク・ヘラルド紙の記事である[4]。

西部劇などをとおして、金探し人（ゴールド・シーカー）に関して私たちが抱いてきたステロタイプは、山師でならずものの無頼漢といった類のものだが、「教育のある若者たち」が多かったことは、カリフォルニア・ゴールド・ラッシュのその後を考えるうえでの重要なポイントである。カリフォルニアでゴールド・ラッシュ前後から新聞がよく発達したことはその一つの証左である。一八五九年のサンフランシスコでは、すでに一二紙もの日刊紙が発行されていた。プロローグに登場した、サクラメント・ビー紙の創刊も一八五七年にさかのぼる。

サクラメントに最初に電気をもたらしたリバモアや、一八五〇年代にサンフランシスコで世界ではじめてデニム地のブルー・ジーンズを売り出した、リーヴァイズ（Levi's）の創設者リーヴァイ・ストロース、『トム・ソーヤーの冒険』などで著名な、アメリカの国民的作家マーク・トゥエインをはじめ、遅れてきたゴールド・シーカーにまつわるエピソードは多い。マーク・トゥエイン自身がそうであったように、ジャーナリズムもまた、遅れてきた教養のあるゴールド・シーカーにとって、格好の働き場所だったかもしれない。州立のカリフォルニア大学の創設は一八六八年、金発見からわずか二〇年後のことである。

「教育のある若者たち」の冒険心とチャレンジ精神、野心に満ちた移住による成功への夢は、その後もさまざまに対象やかたちをかえながら、今日までカリフォルニアの歴史の原動力となり続けている。一九六〇年代のカリフォルニア大学バークレー校を拠点とするスチューデント・パワーの爆発、ベイ・エリアのカウンターカルチャー、シリコン・ヴァレーのヴェンチャー・ビジネスの栄枯盛衰、インテルやアップルなどのパソコン開発競争、近年のインターネット・ビジネスの隆盛、環境運動、そして一九八〇年代のエナジー・ゴールド・ラッシュ等々、移住者の夢は、現代に至るも枚挙にいとまがない。

何事につけ格式が重んじられる東部のエスタブリッシュメントに対して、西部のパイオニア精神が比較されてきたが、伝統的な反ワシントン、反東海岸、新しもの好きでラディカル好みの気風と「一旗あげよう」という精神は、ゴールド・ラッシュ以来の精神風土としてカリフォルニアに今も根強く残っている。

そうしたなかで内陸部のサクラメントに来た者たちの定住性は相対的に高かった。農業地帯に囲まれ、ベイ・エリアやロサンゼルスに比べてサクラメントははるかに地味な街である。現在でも住宅価格の相対的な安さから、サクラメント周辺は持家志向が強く、定住志向が高いことが特色となっている。

「交通の要衝」サクラメント

近年日本の主要都市も模倣しているが、サンフランシスコをはじめ、アメリカの古い街や州都、リゾート地は、どの街も大きな会議場をつくり、近隣の観光を兼ねたコンベンション・シティを売り物にしている。サクラメント市で、こうしたお客たちにもっとも人気の高い観光施設がオールド・サクラメントにある鉄道博物館である。サクラメントは、大陸横断鉄道セントラル・パシフィック鉄道の西側の起点として栄えた鉄道の街でもある。

サクラメントを理解する第三のカギは、西海岸とシェラネバダ山脈以東の地域を結び、また西海岸を南北に縦断する交通網が交差する交通の要衝であることである（図1・2）。ルート80は、かつてのセ

図1・2　サクラメントは「核」輸送ルートの要衝（John Kloss提供）

ントラル・パシフィック鉄道の路線にほぼ沿って、ニューヨークからサンフランシスコに至る主要幹線であり、ルート5はカナダのバンクーバーからサンディエゴに至る西海岸縦断の幹線道路である。サクラメントはこれら四つのフリー・ウェーの交点であるとともに、歴史的には水運、つづいて鉄路の要衝地として栄えてきた。サ

クラメントの歴史は交通路にそって移住者をもたらし、物資の集散地として発展してきた歴史でもある。

そもそも最初の入植者サターがこの地に目をつけたのも、東から流れるアメリカン・リバーが、北から流れるサクラメント・リバーに合流するところだったからである。たとえばルート5をとおって、乾期にサクラメントからロサンゼルスへと旅してみれば、カリフォルニアにとって、とりわけ内陸のセントラル・ヴァレーにとっていかに水が重要であるかを今もなお実感せずにはおれない。まして一九世紀半ばの揺籃期のサクラメントにとって、水は飲料水や農業用水としてばかりでなく、不可欠の交通手段でもあった。一八五〇年代半ば頃まで、東海岸からのゴールド・シーカーや移住者たちは、おもにアメリカ大陸の南端ホーン岬を経由して約八ヶ月かかってサンフランシスコ港に着き、サクラメント・リバーをさかのぼって、サクラメントに来たのである。サクラメントは、ゴールド・ラッシュ時代、サンフランシスコとシェラネバダ山脈の金鉱山とを結ぶ河口港として、まず発展するのである。

大陸横断鉄道

ゴールド・ラッシュに続くサクラメント発展の契機は一八六三年に建設がはじまり、六九年に開通した大陸横断鉄道である[5]。このセントラル・パシフィック鉄道の開通によって東海岸のボストンと西海岸のサンフランシスコが鉄路で結ばれることになり、アメリカ合州国の一体性は大きく高まった。この鉄道建設を熱心に支援し、連邦政府の資金を供与することにしたのが、合州国の「統一」に熱心だったリンカーンだったことは象徴的である。

リンカーンに鉄道建設を働きかけたサクラメント側の人物は、後の州知事でスタンフォード大学の創設者として知られるリーランド・スタンフォードやチャールズ・クロッカー、マーク・ホプキンス、コリス・ハンティントンの四人の商人だったが、かれらも教育のある移住者であり、実際クロッカーとハンティントンはゴールド・シーカーだった。かれらはこの鉄道建設と開通した鉄道の成功によって、「鉄道王」や「ビッグ・フォー」と呼ばれる大金持ちになった。

かれらはさらに引き続いてサザン・パシフィック鉄道会社を設立、サクラメントからロサンゼルスへとセントラル・ヴァレーを縦断する鉄道を建設、やがてルイジアナ州ニューオーリンズからオレゴン州に至る南西部から西部に至る鉄道網を独占支配した。ベイ・エリアの運河をはじめとするカリフォルニアの水運権や水利権もかれらの掌中にあった。サザン・パシフィック鉄道会社は鉄道建設のために連邦政府から広大な土地を譲渡され、州内最大の土地所有者でもあった。かれらはこれを宅地や耕作地として移住者たちに分譲した。

政治権力と結びついたかれらの巧妙なやり口は、蛸足のようにのびた鉄道網とあらゆる部門にわたる利権支配から「蛸」と怨嗟の声をあびていた。その権勢は、カリフォルニア州政府もカリフォルニアの経済も、サザン・パシフィック鉄道会社の「囚人」と評されたほどである。サンフランシスコの高台ノブヒルの高級ホテルは、今もかれらの名前をとどめているし、サクラメントにはダビンチやミケランジェロをはじめとする世界的な絵画コレクションを誇る、西部で最初の美術館クロッカー美術館がある。サクラメントは悪名高いサザン・パシフィック鉄道会社のお膝元として発展した。一九一〇年当時、サクラメントの全職種の約三分の一は、この鉄道会社関連の仕事だった。

「ビッグ・トゥメイトー」サクラメント

サクラメントを理解する第四のカギは、農業である。サンフランシスコ・ベイ・エリアとの大きな相違点の一つは、サクラメントが地理的にも集散地としてもアメリカ西海岸の穀倉地帯の中心に位置することである。カリフォルニアの農業は今日に至るまで水不足とたたかい続けてきたが、潅漑に成功した一九三〇年代以降、「緑の黄金」と呼ばれるように、州の農業生産高は全米で第一位を維持し続けている。サクラメントは世界最大のアーモンドの集積地である。またデルモンテなどのブランドで知られる、缶詰などの食品加工もさかんである。「ビッグ・アップル」ニューヨークに対して、サクラメントのニック・ネームは「ビッグ・トゥメイトー（トマト）」である。サクラメント周辺は、日本からの移民も多く、カリフォルニア米の主要産地でもある。サクラメントの住民の環境問題への関心の高さは、農業がさかんなことと密接に関わっている。

（3）カウンティと市

サクラメント・カウンティ

サクラメント市を中心とするサクラメント大都市圏はサクラメント・カウンティはじめ四つのカウン

ティ（郡）からなっている。都市圏人口一五二万のうちサクラメント・カウンティはその三分の二を占め一〇四万の人口を抱えている。

一九九〇年当時で、カリフォルニア全体では民主党支持率五〇％、共和党支持率三九％だったが、サクラメント・カウンティでは民主党支持率がさらに五％高く、五五％対三六％となっている。有権者全体に占める民主党支持者の割合が比較的多いことも、本書第1部を理解する重要なポイントの一つである。

サクラメント電力公社のエリアはサクラメント・カウンティと、隣接するカウンティの一部である。カウンティはしばしば「郡」と訳されるが、日本の郡とは多くの点で異なっている。第一に、日本では一九二三年に郡制が廃止されたことにともなって、郡は行政単位ではなくなり、単に町村をくくる行政区画となっているにすぎない。市は郡に含まれない。これに対してアメリカでは、地方の行政サービスの中心的な単位は市以上にむしろカウンティであり、そしていずれの市もカウンティに属している。

カウンティはローカルなレベルで行政サービスを提供するために州がつくった行政単位である[6]。知事や市長にあたるような郡長は存在せず、また州議会や市議会のような議会（council）も存在しない。意思決定は、住民の選挙で選ばれる五人の監督官（county supervisor）が合議のうえでおこない、立法と行政を担当するのである。監督官会議（board of supervisors）のもとで実際の業務にあたるのは、主任行政官やカウンティ支配人と呼ばれる行政官である。カウンティは「郡」というよりも広域行政圏のような存在をイメージすればわかりやすい。

住民自治と住民投票

カウンティが州が上からつくったものであるのに対して、市長と市議会をもつ「市」は、住民自治の単位である。日本では近年市域の広域合併論議がさかんだが、カリフォルニア州ではむしろ、社会福祉のための高額の税負担をきらって、裕福な地区がサンフランシスコなどの大都市から分離して独立する傾向にある。当該地区の住民が投票で議決すれば、一部の地域が分かれて独立の小市になることができるのである。万事を住民投票で決するのは、トックビルが力説したようにアメリカの建国以来の伝統である。自分たちの問題を住民投票で決することは、アメリカではごく自然な、有権者にとって当然の権利である。住民投票でランチョ・セコ原発の閉鎖を決定したことも、原発の閉鎖としては画期的なことだったが、投票自体はアメリカでは少しもめずらしいことではない。

一九九六年八月新潟県巻町で、原発建設の是非を問う住民投票が日本ではじめて実施されることになった。高知県窪川町などで同様の条例が制定されていたし、住民投票をもとめる声は原子力に批判的な人びとの間では以前から強かった。ようやく実施に至るということ自体、日本の「民主主義」がどの程度のレベルにあるのかを如実に示している。住民投票制度への反対の論拠として日本でしばしばなされる、住民投票は議会制民主主義をないがしろにするものであるというような主張ほど、保守系の人びとを含めてアメリカ社会で理解されがたい議論はないだろう。地域の世論を二分するような争点について、また議会の多数派の意思と住民の意見分布との間に大きな隔たりがあるような問題について、住民投票で決することは、主権者の当然の権利だからである。

第2節　住民自治の電力公社

（1）非営利の電力サービス

星条旗の誓い――理事会開会

「忠誠を誓います。アメリカ合州国の国旗とそれが象徴する共和国に、万人に自由と正義を与える、神の下の離れがたきこの一つの国家に」。全員が起立し、国旗に向かって右手を左胸に向け、おごそかに唱和する。ＳＭＵＤ（スマッド）と略称されるサクラメント電力公社（Sacramento Municipal Utility District）の理事会は毎回この誓いの言葉によって開会する。戦後生まれの日本人には何か奇異にすら感じられる風景だが、リンカーンがつくったとされるこの誓いは、アメリカでは学校行事や行政機関などの公的なセレモニーで頻繁に唱和される。

理事会は、理事長を議長役として毎月第一木曜の朝九時と第三木曜の夕方七時から公開で開かれ、ＣＡＴＶを通じて放送されてもいる。非公開にすべき案件は、閉会後に別室でひき続いて審議される。理事会は誰でも傍聴でき、誰でも発言することができる。私も二度傍聴したが、サクラメント電力公社について研究中の日本の社会学者として紹介され、即席のスピーチをもとめられたことがある。日本的な言い方をすれば、近所の人たちがゲタばきサンダル姿で傍聴し、自分たちの意見を理事たちや、ＳＭＵＤの総裁らにぶつけあっている。こうした理事会の雰囲気はアメリカ民主主義のタウン・ミーティング的な伝統を髣髴とさせる。

住民投票による原子力発電所の閉鎖がなぜ可能なのか、サクラメント・カウンティの人びとがなぜ原子力発電所の閉鎖を選んだのか、そのことを理解するためには、「公営」の電気事業者であるSMUDの経営の原理と歴史を把握しておく必要がある。

まず日本と対照しながら、アメリカの電気事業の特徴を簡単に説明しておきたい[1]。

アメリカには電気事業者が三二〇〇社以上もある

「驚くべきことに日本とロシアには、電球のソケットは三種類しかない。それほど標準化され規格化が徹底しているのは、世界中でこの二国ぐらいなものだよ」。「ソフト・エネルギー・パス」の提唱者エイモリー・ロビンズは、いたずらっぽく微笑みながら、こう語った。一九九三年三月、かれが顧問をつとめる、ロッキー山脈研究所近くのライズィング・サン社で、最新の省エネ電球を解説してくれたときである。日本の電力供給のしくみも統制経済的で「旧東側」的である、というのがかれの意見である。

静岡を境に東側が五〇ヘルツ、西側が六〇ヘルツと周波数が分れているために、引っ越しなどで使えなくなる電気器具があることを嘆く声があるが、アメリカの電力供給の事情ははるかに複雑で多様である。

表1・1は、アメリカの電気事業者の数などを企業形態別にまとめたものである。アメリカ合州国には電気事業者が三千社以上もあるというと日本人の多くは驚くだろう。州の自治権が強く、州内でも

表1・1　アメリカの電気事業者（1993年）

企業形態	事業者数	（構成比%）	料金収入（構成比%）	販売電力量（構成比%）
民営	254	8	79	76
公営	2,007	62	13	14
連邦直営	10	0.3	1	2
協同組合経営	941	29	8	8
合計	3,212	100%	100%（1,980億ドル）	100%（2兆8,610億kWh）

（出典）EIA（1994a, pp. 4-5）より作成。

「ホーム・ルール」といって自治体ごとの自主性が好まれるアメリカでは、電力供給のしくみも地域によって異なり、歴史的な事情などにより多様で一筋縄にはいかない。

一部の例外をのぞいて電力供給は地域独占的だが、沖縄電力を含む日本の一〇電力体制とは異なって、比較的小規模な電気事業者が分立していることと地域的多様性がアメリカの第一の特質である。

三千余といっても、民営の二五四社が、全米の電力供給の四分の三をまかなっている。

全米最大のカリフォルニア州の場合、電力会社の経営規模も全米のトップレベルにある。北半分をエリアとするパシフィック・ガス電力会社（PG&E社）はガスも供給する大きな会社だが、電力部門だけでも需要家（契約消費者）数で第一位、電力の販売収入では民営全米第二位（一九九二年）、南半分をエリアとするサザン・カリフォルニア・エジソン社（SCE社）もほぼ同規模の全米有数の電気事業者である。アメリカの電力会社には「エジソン」と名の付く会社が多いが、発明王トマス・エジソンを記念したにすぎず、ほとんどの会社はかれと直接関係があるわけではない。PG&E社もSCE社も発電設備容量は東京電力の半分程度、日本で三番目に大きな中部電力を若干下回る程度の規模である。

　ちなみに世界最大の民営電力会社は東京電力、二位は関西電力である。東京電力の平岩外四元会長が、会長在任中経団連の会長をつとめ、関西電力の小林庄一郎会長が関西経済連合会の前会長であり、東北電力の明間輝行会長が東北経済連合会の会長であることに代表されるように、日本では電力のトップが、代々財界中央の要職を占め、また地方経済団体のトップを占める慣習になっている。日本ほど民営の電力会社が政治のパワーをあわせもっている国はほかにない。

　むろんPG&E社もSCE社も、経済のみならず、カリフォルニアの政治と社会に大きな影響力をもってきた。アメリカでも電力のトップは文字どおりパワー・エリートの最たるものである。

　民営のほかに、非営利の電気事業者として公営、連邦直営、協同組合経営の三形態がある（表1・1）。連邦直営の代表は、有名なTVA（テネシー渓谷開発公社）であり、全米最大の発電設備、関西電力に匹敵する規模の発電設備をもっている。TVAは、その傘下に多数の公営電力をかかえ、それらに電力を卸している。直接一般の消費者に電力を売るわけではない。協同組合経営は農村部によく見られる。

公営と民営のライバル関係

　公営の電気事業者は販売電力量の一四％を供給しているにすぎないが、その数は二千を超え、民営の電力会社を牽制する役割をはたしているといってよい。ドイツにもよく見られるが、大部分は自前の発電設備をもたない配電のみの、市域やカウンティ内を営業区域とする小規模な事業者である。しかし公

表1・2　SMUD，PG&E社，SCE社の概要（1993年）

	SMUD	PG & E	SCE
契約需要家数（千口）	469	4,307	4,116
販売電力量（百万kWh）	8,448	71,106	69,555
販売収入（百万ドル）	613	7,542	7,082
発電設備容量（万kW）	84	1,493	2,061
従業員数	2,299	17,309	16,487
平均電気料金単価（セント/kWh）	7.25	10.61	10.18

（出典）EIA（1995a, p. 164）；SMUD, *SMUD Annual Report 1993*；海外電力調査会（1995, p. 75）より作成。

営の電気事業者はエリアの人口密度が高い大都市部に多いから経営の効率が高く、固定資産税、収入税、従価税の免税など税制上の保護措置もあるから、電気料金は民営よりも安いのが普通である。公営の電気事業者の存在ゆえに、民営の電力会社は安易に料金値上げをしにくいのである。しかも公営の電気事業者は、住民投票によって過半数の賛成が得られれば創設することができる。公営の事業者は、民営の電力会社の潜在的なライバルといってよい。

表１・２は、ＳＭＵＤとＰＧ&Ｅ社、ＳＣＥ社の経営規模を一覧にしたものである。ＳＭＵＤは両社の九分の一程度の小さい会社である。販売収入はＰＧ&Ｅ社の八％にすぎない。ＳＭＵＤは、カリフォルニアの北半分を牛耳るＰＧ&Ｅ社のエリアのなかの小さな島のような存在である。後述するように、ＰＧ&Ｅ社はそもそもＳＭＵＤの発足を喜ばず、ＳＭＵＤを吸収しようと機会をうかがってきた。ＳＭＵＤが原発を持とうとしたのも、またその閉鎖を決意するのも、ＰＧ&Ｅ社の支配下から脱し、生き残りをはかるためである。両者の間の緊張関係は、今日に至るまで、北カリフォルニアの電力史と電力政策とを規定してきたのである。

公営電力にも二つの種類がある。ロサンゼルス市水道電力局のように、市やカウンティに下属し、その行政機関の一部である場合と、サクラメント電力公社のように、それ自体が独立した行政機関、特定事業公社である場合である。

阪神淡路大震災を一つの契機に、日本でもようやくＮＰＯ（非営利公益民間組織）など、アメリカの非営利活動にスポットがあてられるようになってきた[2]。アメリカは資本主義の権化である、弱肉強食的な企業本位の金もうけ万能の国であるというステロタイプが、長い間、日本人の対米イメージを規定してきたが、政府および民間の非営利活動は、アメリカのもう一つの顔である。カリフォルニアではサザン・パシフィック鉄道会社が強大であったがゆえに、これを規制しようとする動きもまた強く、非営利の公営企業運動もさかんだったのである。図式化すれば、大企業をバックとする共和党系は民間の企業活動を奨励し、専門職層や労働者階級をおもなバックとする民主党系や共和党系でも中小事業主層は企業活動に対する公的規制を重視し、また公営事業を奨励し、民営の企業活動に対する牽制と対抗にその意義を見いだしてきたのである。

（2）電力公社という制度

電力公社という制度

サクラメント電力公社はカウンティ・レベルの特定事業公社である。では特定事業公社（special

district）とはどんなしくみなのだろうか[3]。カリフォルニア州の場合、前節で説明したカウンティ、市のほかに、教育委員会、特定事業公社という地方行政機関がある。特定事業公社は、特定の地域で（通常は一つのカウンティ内で）、特定のサービスを提供するローカルな公共機関である。カリフォルニア州には五二〇〇余の特定事業公社がある。水道、道路照明、消防、廃棄物・ごみ処理、街路の建設・保守などがおもな事業である。住民自治のさかんなカリフォルニア州は全米でも特定事業公社の設立にもっとも積極的な州である。

ＳＭＵＤのような独立の特定事業公社は、住民投票によって選ばれる五ないし七人の理事が構成する理事会によって運営されている。特定事業公社は、住民投票で設立される。発起人となる住民たちは、サービスの内容とエリアを確定し、カウンティの地方機関設立委員会に計画書を提出する。委員会が承認すれば、住民投票にかけられ、賛成が投票総数の過半数を上回れば、設立されるのである。

サクラメント電力公社

サクラメント電力公社は、契約消費者（需要家）数四七万であり、契約消費者数では公営電力のなかで全米第五位に位置する。

ＳＭＵＤが営業を開始したのは一九四六年一二月三一日である。当初は一七〇〇平方キロメートル（六五三平方マイル）、契約者数は六万五千件余り、最大出力は六・七万キロワット、従業員は四〇〇人に過ぎなかった。これ以後そのエリアは、周辺に次第にひろがり現在ではサクラメント・カウンティと隣接するプレイサー・カウンティの一部、約二三四〇平方キロメートル（九〇〇平方マイル）をカバーしている。面積で約一・四倍にエリアが拡大してきたのは、隣接する地域の住民がＰＧ＆Ｅ社の電力サービスよりも、電気料金の安いＳＭＵＤを選んだためである。こうした場合も、その地域の住民投票によって、ＳＭＵＤの営業エリアに編入されるべきか、否かを決するのである。

契約消費者は、一般消費者四二万世帯と五万余の事業所である。ＳＭＵＤの概要については後掲の表２・１に歴史的変遷をまとめておいた。ＳＭＵＤは日本の電力九社のなかでもっとも小さな四国電力に従業員規模でほぼ匹敵し、最大出力ではその五分の二、契約口数では四分の一程度の電気事業者である。

ＳＭＵＤの経営のしくみ

ＳＭＵＤの経営のしくみは、民意を経営に直接反映させる制度であるという点できわめて民主的であり興味深い[4]。文字どおり住民自治にもとづく非営利の公益サービスというべきである。ＳＭＵＤの関係者は誇りをもって、自分たちはカスタマー（顧客）が所有する電気事業者（customer owned utility）であることを強調する。民営（private owned utility）は株主の投資家が所有している。それに対して消費者が of the people, by the people, for the people の原理で経営しているのが、特定事業公社の公営電力の経営のしくみである。

日本でＳＭＵＤがしばしば「市営電力公社」と誤解される（プロローグ註5）のは、日本的な常識にしたがって、公＝官と誤読してしまうからではないのか。パブリック＝消費者所有＝地方自治

(municipal) という関係が日本人にはわかりにくいのである。さらに顧客を意味するカスタマーは、日本の電力業界では「需要家」と訳す慣習になっている。需要家という言葉が喚起するイメージは、工場や事業所などの大口需要家であって一般家庭ではない。日本の電力会社がどちらを向いているのか、を例証しているように思われてならない。

後述するように、SMUDの今日までの歴史をふりかえったとき、理事会や総裁の個性が経営に強く反映されがちであり、その意味での経営の不安定性や不確定性があることは否定できない。しかし日本の行政や、公営事業、公益事業において、いかに中央集権的な「官僚支配」が徹底しているのかをあらためて痛感させられる。しかもSMUDにおける意思決定手続きのあり方は、本書の第一の主題である、ランチョ・セコ原発がなぜ住民投票で閉鎖できたのか、その手続き上の背景を直接説明してくれる。

特定事業公社であるSMUDの経営の法的根拠は、一九二一年に制定された「カリフォルニア州公営事業公社法」にある。逆にいうと、SMUDの経営のあり方を規制しているのはこの法律のみであり、SMUDの経営は連邦や州・カウンティ・市、いずれの政府からも完全に独立になされているのである。ランチョ・セコ原発の運転継続の是非は、八〇年代後半サクラメント・カウンティで地域社会を二分する争点だったが、地方政府や行政機関がこの問題に対して介入することは法律上できなかったし、州議会の議員や市長らが個人として意見を述べ、マスメディアが取り上げることはあっても、実際誰も介入しはしなかった。プロローグで述べたように、住民投票の翌朝から原子炉の運転は停止されたが、この命令をくだした総裁は、連邦のエネルギー省や州の電力担当部局から事前に承認をとりつけたり、うかがいをたてたり、かれらに対して根回しをしたりしたわけではない。

原発の閉鎖が当該地域の有権者の完全に自律的な意思によってなされたことは、それこそが「地方自治」なのだが、日本の原子力発電所や核燃料サイクル施設の立地点の実情を知るものにとっては感動的ですらある。

エイモリー・ロビンズが、旧東側的であると皮肉ったように、日本の電力会社は、通産省の長期エネルギー需給見通しにしたがって電源開発をおこない、つねに通産省の顔色をうかがい、同時に通産省から手厚く保護をうけてきた。日本の電力マンには電力の「供給義務」を負い、国策にしたがって電源開発をおこない、原子力推進につとめているという自負と誇りが強く、国家や行政との一体感が強い。他方、アメリカの電気事業者は独立独歩であって、連邦のエネルギー政策や州のエネルギー政策は、日本ほどの実効的な意味をもたない。

ちなみにロサンゼルス市水道電力局のように公営であっても、市の行政機関の一部であれば、あるいはカウンティの監督官会議や市議会に下属する特定事業公社であれば、市長やカウンティの首脳部らの意向を無視することはできなかったはずである。

理事会と理事選挙

民意を反映させる第一のルートは理事会である。五人の理事（九四年から七人に拡大）からなる理事会はＳＭＵＤの政策決定機関であり、料金設定や主要な資本設備の購入や電源確保に関する方針などを決定する。また総裁を任命することもその基本的な権限である。各理事は、地区ごとに直接選挙で選ばれ、任期は四年である。重任は妨げられない。二年ごとに半数が改選期を迎えるのである。

理事は互選で毎年一月理事長と副理事長を選任する。理事の間での意見の対立は最終的には投票によって決せられる。つまり三人（七人制なら四人）の理事を制した側が、多数派として理事会をコントロールできるのである。したがって、ランチョ・セコ原発の是非が争点だった時代には、原発批判派が何議席を獲得できるのか、理事選挙の帰趨はつねに地域社会の一大事件であり、地元紙も候補者の紹介やかれらの主張・公約、選挙戦の結果を大きく報じたものである。

総裁と理事会

ＳＭＵＤの日常的な業務に責任を負っているのは、総裁（General Manager）である。理事会は総裁に対する人事権はもっているが、他の経営スタッフや従業員の人事権は総裁が所管している。理事はむろん電力事業の専門家や経営のプロフェッショナルというわけではない。公益に対する使命感と有権者の支持があれば、誰でも理事になることができる。理事は有権者つまり消費者の代表なのである。これに対して総裁に求められるのは公営事業や電力事業に関する経営の専門的なノウハウである。こうした合議制の政策決定機関としての理事会と業務の執行者の長としての総裁との関係は、前節で述べたようにカウンティの行政のしくみにおいても同様であり、アメリカの各種組織でしばしば見られる。基本政策をめぐる意思決定機能と日常的な執行機能とを分担しているのであり、前者ではアマチュアの健全な市民感覚と良識が、後者ではプロフェッショナルとしての専門的な経営能力がもとめられているといえる。
では、そもそもサクラメントの人びとは、なにゆえ自分たち独自の電力公社をつくることにしたのだろうか[5]。

（3）サクラメントの悲願──苦渋の船出

はじめて電灯がともった

トマス・エジソンが京都岩清水八幡宮の竹をフィラメントにつかって炭素電球を発明したのは一八七九年、三二歳のときである。かれが世界最初の火力発電所をロンドンとニューヨークにつくり電灯の供給にのりだしたのは一八八二年。日本でも、それから五年後の一八八七年東京電燈会社（現在の東京電力の前身）が開業し、電気のあかりがともりはじめる。

サクラメントに電灯がともったのは、東京からさらに八年遅れの一八九五年七月である。第1部冒頭の図はこれを記念して開かれた「大電力カーニバル」の様子である。セントラル・ヴァレーやベイ・エリアから電灯の不思議を見ようと三万人が詰めかけたという。プログレスの文字が見える。電気が何よりも「進歩」を意味していた時代である。

サクラメント初の電力は、アメリカン・リバーのフォーサム・ダム近くのフォーサム発電所から、一万一〇〇〇ボルトの電流を、約三五キロ（二二マイル）離れたサクラメントに送電して得られたものである。それまでは八キロ程度までしか送電できなかったという。これほどの遠距離から実用に耐えうる電力を送電することに成功したのは、この発電所が世界最初である。発電所は三組の発電機からなり、出力は二〇万キロワットだった。PG&E社が一九五二年まで使っていたが、施設はいまなお現存し、商業用発電の発展の歴史を物語る貴重な資料として公開されている。私が訪れたときは、七二歳のボランティアの老人がガイド役として、施設の概要や発電所のしくみを一時間以上にわたって熱心に説明してくれた。巨大なタービンと発電機の存在感とテネシー・マーブル（大理石）のコントロール板の美しさが印象的だった。

ダムをつくり、この水力発電所をつくったのは、リバモア親子の率いるサクラメント電力電灯会社だったが、父のホレイショ・ゲイツ・リバモアもまた、一八五〇年にやってきた「教育のある遅れてきたゴールド・シーカー」だった。リバモア親子はシェラネバダ山脈から流れてくるアメリカン・リバーのゆたかな水量に目をつけ、監獄を誘致し囚人労働をもちいて一八六二年から三〇年がかりでダムを建設した。

リバモア親子のサクラメント電力電灯会社は、一九〇三年カリフォルニア・ガス電力会社（現在のPG&E社の前身）に吸収され、サクラメント市はパシフィック・ガス電力会社（PG&E社）などのエリアとなった。PG&E社は一九〇五年に発足したが、次々に北カリフォルニアの小さな電力会社を吸収合併し、一九三〇年までには北カリフォルニアの主要部分をおさえるに至っていた。

PG&E社とのたたかい

ＳＭＵＤが送電を開始するのは一九四六年の年末だが、ＳＭＵＤの創設は、実は一九二三年にさかのぼる。最初の二三年間は、サクラメントでの営業を続けたいＰＧ&Ｅ社の抵抗や妨害によって、ＳＭＵＤは営業ができず、ペーパー・カンパニーの状態に甘んじることを余儀なくされたのである。

民営による電力供給か、公営か。これは長くこの地方での電力供給をめぐる大きな争点であり続けてきた。両陣営はそれぞれより安価な電力サービスと大衆の支持を主張して競いあってきた。民営の側は、公営化は自由な企業活動に対する政治的な介入であるとして反発し、公営の側は、民営電力はウォール街の資本によってコントロールされているとして、地元の利益と、地元民によってコントロールできる公営電力のメリットと必要性を説いてきたのである。ＳＭＵＤの場合、この論争は具体的な争点とかたちをかえて約三〇年にわたって続く。

カリフォルニア州で最初の公営電力は一八八七年にベイ・エリアで発足したが、スタンフォード大学のあるパロ・アルト市など、沿岸部では世紀末にかけて公営電力運動がひろがった。

このような動きは、独占資本の支配力の拡大に対して、政府の権限を拡大、強化し、規制を強めようとする全国的な改革運動を背景としていた。そのおもな支持基盤は商店主や自営業主層などの都市部の中産階級であり、このような改革主義の流れの頂点にたったのが一九〇一年に大統領に就任した共和党のセオドア・ルーズベルトだった。かれは反トラスト法を強化し、労働争議を調停し、鉄道料金に対する規制強化などにつとめたのである。ルーズベルトをリーダーとする改革運動の影響は、サザン・パシフィック鉄道会社に完全に牛耳られていたカリフォルニアの共和党にも及び、一九一〇年の州知事選を制したのは長年の鉄道会社支配を厳しく批判する共和党改革派だった。かれらは電力など他の公益事業の規制強化にも成功した。

一九一一年カリフォルニア州では鉄道事業規制委員会（のちの公益事業規制委員会（Public Utility Commission））が発足し、同委員会はこのときから公益事業に対して、全米でもっとも包括的な規制をおこない続けてきた。

こうして、一九二〇年に地方自治体の電力事業経営を奨励する連邦電力法が成立したこと、一九二一年にカリフォルニア州で公営事業公社法が成立したことが背景となって、電気料金の高さと、民営各社の重複する送電網に不満をもった、サクラメント市長ら執行部は、市営の水力発電をめざすことにした。公営事業公社法にしたがって、一九二三年七月二日住民投票がおこなわれた。一般の有権者の関心は低く投票率は二〇％程度だったものの、九割近くの賛成票によってＳＭＵＤは創設された。サクラメント市と当時の北サクラメント市が、このときのＳＭＵＤのエリアである。

発足当初のＳＭＵＤにとって、課題は大きく三つあった。①エリア内の配電設備をＰＧ＆Ｅ社などから買い取ること、②電力源を確保すること、③必要な資金を調達するために債券を発行することである。まずエリア内の配電設備を買い取り、この資本設備を基礎に債券を発行し、ダムをつくり水力発電所をつくることがめざされた。

しかしＰＧ＆Ｅ社らは配電設備の売却を突っぱねるばかりだった。また一九二〇年代半ばこの地方では干ばつが続き、発電用のダムよりもむしろ飲料や農業用水としての水資源の利用を優先させることになった。債券発行も容易ではなかった。債券の発行には、住民投票で三分の二以上の賛成が必要だったからである。一九二七年、二九年、三一年の投票でいずれもわずかに六七％に届かず、三回続けてＳＭＵＤは敗北した。反対派は、水力発電の建設コストの負担能力に疑問をもち、税負担の増大を恐れたからである。

二三年後の営業開始

八方ふさがり的な状況の打開の契機となったのは、水資源確保と大恐慌対策の一環として、一九三三年一二月、カリフォルニア州の住民投票によって、セントラル・ヴァレー・プロジェクトが認められ、さらに一九三五年フランクリン・ルーズベルト大統領が、この事業への連邦資金の導入に合意したことである。有名なＴＶＡ計画のカリフォルニア版である。サクラメント・リバーの最上流、シャスタ湖付近にダムをつくり、潅漑用水を確保するとともに、そこからサクラメントに送電するというセントラル・ヴァレー・プロジェクトそのものが、ＰＧ＆Ｅ社の電力支配に対抗する、連邦や州政府など公営派主導の水資源開発案だった。

こうした背景のもとで、一九三四年の住民投票で、ＳＭＵＤのエリアはサクラメント・カウンティ全体へと一〇倍近くに拡大し、続いて債券の発行も承認された。ＳＭＵＤに関わる重要な決定は、このようにほとんど常に住民投票によって決せられてきたのである。

しかしPG&E社は、この債券発行の法的妥当性に対して裁判闘争による異議申し立てを執拗に繰返した。SMUD側の勝訴が最終的に確定するのは一九四二年だった。PG&E社との最後の問題は、配電施設の買い取り料を確定することだった。一九三八年にはじまった交渉は、PG&E社の抵抗で同様に難航し、鉄道事業規制委員会（現在の公益事業規制委員会）の評価額にしたがって買い取ることが確定したのは、第二次大戦終了後の一九四六年三月だった。

ちなみに公営電力の設立に対するPG&E社の抵抗は、PG&E社の本社のあるお膝元サンフランシスコ市では、一九一二年以来現在に至るまで八〇年以上にわたって続いている。PG&E社は、サンフランシスコ市での公営電力の営業を今日まで拒み続けてきた。

最初の一〇年

こうして四六年一二月三一日、ようやくSMUDは営業を開始した。従業員は四〇〇人、その約半数はPG&E社のサクラメント・カウンティ内の施設で働いていた者たちである。発足以来の理事は、サクラメントの元市長や市議経験者などだったが、かれらの悲願は、戦争をはさんで二三年後にようやく実現した。

SMUDが、一九四四年に完成したセントラル・ヴァレー・プロジェクトのシャスタ発電所から四〇年間の長期契約で安価な電力購入を開始するのは、PG&E社との契約期限が切れた一九五四年七月一日のことである。新しい電力はPG&E社からの購入電力よりも二一%も安かった。

一九五六年のSMUDの年報は一九四六年からの最初の一〇年間をふりかえっている。戦後のサクラメント・カウンティの人口の急増や大農場、食品加工業の発達、空軍施設の拡充などにともなって、契約者は六・五万から一三万にちょうど二倍となり、最大出力は三・三倍に上昇した。年間の供給総電力量も二・七倍に増えている。家庭の電化にともなって、一世帯あたりの電力使用量も一七三五キロワット時から三〇六五キロワット時へと一・八倍に増大した（後掲表2・1）。

公営化の恩恵

『サクラメント電力公社史』が誇らしげに特筆しているのは、四九年、五一年、五四年と最初の一〇年間に三回にわたって値下げをおこない、一般住宅向けの電気料金でみるとキロワット時あたり二・五四セントから一・七九セントへと三〇％近くも値下げしたことである。公営化は第一に料金面で大きな恩恵をもたらしたのである。公営電力は、固定資産税のほか収入税や従価税を免除されている。SMUDは料金体系の見直しや老朽化した設備の更新による送電ロスの軽減、セントラル・ヴァレー・プロジェクトからの安い電力の購入などによって、三回の値下げを実施したのである。

公営化の第二の成果は、配・送電設備の更新と拡充である。それは営業開始時点でのSMUDの最大の課題だった。一八九五年サクラメントに最初に送電された当時の施設がまだ現役というありさまだった。PG&E社は合併を繰り返して大きくなったために、送電線の電圧も二四〇〇ボルトから六万ボルトとバラバラだった。しかもPG&E社はSMUDと長年係争してきたがゆえに、また戦時下であったがために、サクラメント地域への新規投資は見送られ、設備は老朽化していた。なおSMUDは初期から送電線の地下化に努めた。サクラメントの家並の美しさは、アメリカでは普通のことだが、送電線が地下に敷設されていることにある。

SMUDの次の課題は自前で発電をおこなうことだった。一九五五年、SMUDはアメリカン・リバーに水力発電所を建設するために八五〇〇万ドルの債券発行を提案し、九〇%近くの賛成票を獲得した。得票率の高さは、SMUDに対する有権者の支持の大きさのあらわれでもあった。

PG&E社とのSMUD発足をめぐる二三年にわたるたたかいは、公営電力の是非をめぐって、どちらが有権者の支持を得るのかというたたかいでもあった。「安価で良質な電力サービスの提供」という所期の目標を達成することによって、SMUDは、最初の一〇年でPG&E社に対して勝利したのである。SMUDの歴史は、周辺を取り囲む巨大な独占資本PG&E社に抗して、自分たちの電力公社をつくり、それを維持し防衛しようとするたたかいの歴史だった。そのことは、今日までサクラメント電力公社の経営および地域社会との関係に大きな影響を及ぼし続けている。ランチョ・セコ原発の運転継続をめぐる論争や住民投票の帰趨にも、さらには今日の省電力と新たな電源確保の取り組みの背景にも、自分たちで電力サービスをコントロールしたいという、地域社会の強力な意思がはたらき続けている。

第2章　ランチョ・セコ原子力発電所の悲劇

第1節　ランチョ・セコ原子力発電所の夢と現実

(1)　原子力発電と経営危機

電気料金が示す経営史

サクラメント電力公社（SMUD、スマッド）の設立のねらいは、安価で質のよい電力サービスを市民が自分たちでコントロールすることにあった。図2・1は、電力公社の住宅用の一キロワット時あたりの電気料金の推移をグラフ化したものである。一九四七年に二・五四セントでスタートした電気料金は当初は一九七〇年の一・三七セントまで年々ほぼ一直線的に低下し続けていた。この年を境に料金は上昇しはじめるが、七五年の一・七三セントまでは相対的に安定している。全米の平均と比べてみると、七〇年代初頭はSMUDの電気料金は全米の平均より三五%も安かった。オイルショック後のエネルギー価格の上昇は全米の電気料金を急上昇させるが、火力発電のないSMUDへの影響は相対的に少なかった。七五年を境にSMUDの電気料金の上昇は加速しはじめるが、とくに八五年から八八年まではうなぎのぼりで、全米の平均をも上回ってしまう。八九年以降はSMUDの料金は安定している。なおこの値は、物価上昇による貨幣価値の変動を加味していない名目的なものである。

図2・1　SMUD電気料金単価の推移（1947〜94年）

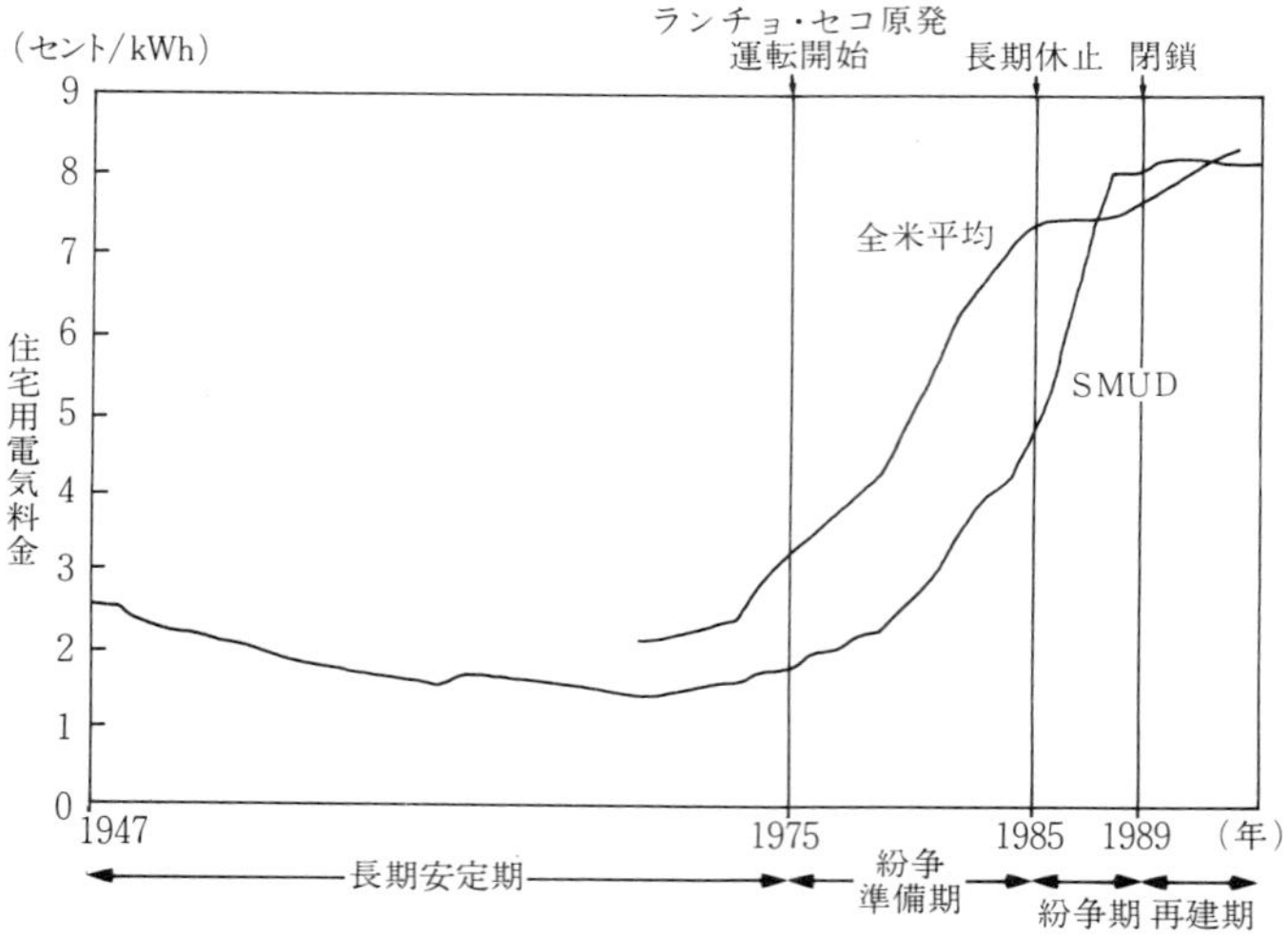

（出典）SMUD，*SMUD Annual Report* 各年版，全米平均は海外電力調査会（1995）より作成。

きわめて興味深いのは、SMUDの電気料金の変動が後述するランチョ・セコ原発の歴史と密接に関わっていることである。一九七五年は、ランチョ・セコ原発が営業運転を開始した年であり、八五年は同原発が電気系統のトラブルにより長期間の停止を余儀なくされた年であり、八九年は同原発が閉鎖した年である。図2・1は、電気料金の平均単価の推移を単純に折れ線グラフ化したにすぎないが、それでもランチョ・セコ原発の不経済性を如実に示している。全米の電気料金が急上昇した七〇年代後半から八〇年代前半は、オイルショックの影響を受けた時期だが、全米全体でも原子力発電所が集中的に稼働を開始した時期である。

このことをふまえたうえで、同原発との関わりがどのようなものであったか、また各時期の経営課題が何であったかに焦点をあてて、サクラメント電力公社の経営史を時代区分して特徴をまとめておこう。表2・1は、SMUDの諸指標をほぼ一〇年きざみで整理したものである。

長期安定期

第〇期は電力公社の準備期であり、一九二三年の創設から一九四六年一二月三一日に実際に営業開始するまでの期間である（第1章第2節）。

第一期は電力公社の長期安定期であり、営業開始から、一九七五年四月にランチョ・セコ原発が営業運転を開始するまでの期間である。電力源はすべて水力発電であり、電気料金は最後の五年間をのぞいて長期にわたってほぼ漸減していた。理事の顔ぶれも総裁の職も、高齢による引退や死去をのぞいて、準備期以来のリーダーが基本的に継承していた。長期安定期の末期頃まで、電力公社の経営方針や理事会のあり方に関する大きな見解の対立は顕在化しなかった。

この時期はさらに三期に細分化できる。前期は五六年までの最初の一〇年間であり、PG&E社から引き継いだ老朽化した設備の更新が大きな課題だった時期である。電力公社はこれを達成し経営の基礎を確立したが、電力公社自体は自前の電力源をまだもっていなかった（第1章第2節）。中期は六六年までの一〇年間であり、この時期に悲願だった自前の水力発電を開始した。人口の上昇や工場・一般家庭の電化にともなって電力需要は急増し、原子力発電所の建設計画もはじまった。後期は六七年からであり、原発建設の契約締結、建設の認可、着工、運転開始へと至る。しかしこの時期に原発建設工事の

表2・1　ＳＭＵＤ電力諸指標の推移（1947～94年）

年	1947年	1956年	1966年	1976年	1986年	1994年
契約需要家数（千口）	71	130	201	283	399	471
販売電力量（百万 kWh）	340	934	2,706	4,607	7,015	8,472
平均消費電力量（kWh）(1)	1,817	3,065	5,821	8,491	8,901	8,810
最大需要電力（万 kW）	7.7	22	68	133	180	204
住宅用電気料金単価（セント/kWh）	2.54	1.79	1.50	1.93	5.98	8.13
常勤従業員数	490	680	831	1,442	2,562	2,369
余剰電力販売量（百万 kWh）	—	—	—	1,425	75	13
総供給電力量（百万 kWh）	387	1,127	2,921（100.0%）	6,342（100.0%）	7,494（100.0%）	8,962（100.0%）
水　　力	—	—	785（26.9%）	1,039（16.4%）	2,621（35.0%）	739（8.2%）
原　子　力	—	—	—	2,181（34.4%）	0（0.0%）	—
地　　熱	—	—	—	—	575（7.7%）	332（3.7%）
太　陽　光	—	—	—	—	3.6（0.1%）	2.5（0.0%）
ガスタービンなど	—	—	—	—	3.4（0.1%）	11（0.1%）
総発電電力量(2)	—	—	785（26.9%）	3,220（50.8%）	3,203（42.8%）	1,085（12.1%）
購入電力量	387	1,127	2,136（73.1%）	3,122（49.2%）	4,291（57.3%）	7,877（87.9%）

注(1) 住宅用需要家１件あたりの年間平均消費電力量
(2) 水力は1961年，原子力は75年，地熱は83年，太陽光は84年，ガスタービンは86年に発電を開始した。
（出典）SMUD, *SMUD Annual Report*，各年版より作成。

遅れや建設費の高騰、試運転時のトラブルなど、原発に関わる問題が顕在化しはじめていた。二号炉増設への批判や理事の固定化、理事会の形骸化への批判も急速に高まった。原発建設工事の進捗とともに、ＳＭＵＤの経営の問題点も表面化しはじめるのである。

紛争準備期

第二期はランチョ・セコ原発の運転開始から八四年までの期間である。電力公社の前紛争期であり、八五年以後混乱と対立が決定的なものとなる紛争の準備期だったといえる。それは次の三つの意味においてである。①操業開始直後から同原発のトラブルが続出し、電気料金が上昇の一途をたどった。②しかも、これらを契機に、批判のターゲットが原発から電力公社の経営や理事会のあり方へと拡大していった。③次節で述べるように、七六年の理事選挙から、大選挙区制から小選挙区制へと理事の選出単位が変わり、民主党系のリベラル派と共和党系の保守派との間で理事選挙が争われ、原発の是非をめぐる地域社会の意見対立は、ＳＭＵＤおよび理事会が直面する最大の懸案となった。

紛争期

第三期は八五年をメルクマールとする電力公社の紛争期であり、同原発の閉鎖の是非が地域社会を二分した時期である。閉鎖をもとめる市民運動の活発化、住民投票をもとめる直接請求の提出、ランチョ・セコ原発の休止期間の長期化、総裁のめまぐるしい交代、相次ぐ電気料金の値上げ、地元メディアによる批判的キャンペーンなど、電力公社の混乱状態が続き、電力公社の経営能力・原発の運転管理能力に対して市民から大きな疑問符がつきつけられた。結局二度目の住民投票によって、同原発は閉鎖された。

再建期

第四期は電力公社の再建期であり、一九八九年六月七日の原発閉鎖以降の、経営再建と住民の信頼回復が課題となった時期である。九〇年六月のフリーマン新総裁の就任を境に前期と後期に大別できる。

前期は事態収拾のための後始末が課題だった時期であり、電力公社再建の展望はまだ見えていなかった。混乱が収拾され、「脱原子力」をめざす経営再建が軌道にのりはじめた後期は本書の第二の焦点であり、第3章で詳述する。

原子力発電所が規定するSMUDの歴史

このようにSMUDの歴史においてきわだっているのは、経営状況と公社をめぐる地域紛争が、ランチョ・セコ原発の建設工事期から同原子力発電所の帰趨によって大きく規定されてきたことである。とくに原発運転開始以前と閉鎖後の高い評価と、原発運転期の混乱と苦難との間には大きなギャップがある。

紛争期の一九八六年末に「電力公社は中年の危機のまっただ中にある」との見出しのもとで、営業開始四〇周年をふりかえったサクラメント・ビー紙の記事は、最初の二五年間の数次にわたる料金値下げと健全経営を指摘し、「慢性的な財政問題を抱えていたサクラメント市と同カウンティとは職員に電力公社ほどの給与はとうてい払えないと嘆き、赤字を抱える公営交通と電力公社との併合を画策しようとしたほどだった」と報じている[1]。通産省が強力に統制し保護する日本の電気事業と異なって、経営体の自律性の高さと、経営規模・形態を含めた多様性のゆえに、アメリカの電気事業においては、こうした浮沈がドラスティックにあらわれるのである。

（2）期待と現実

全国的な原発建設ブームのもとで

ここで歴史を遡り、ランチョ・セコ原発のあつめた期待とその裏腹な現実をたどってみよう。

一九六四年版のＳＭＵＤの年報は計画中の将来の電源として、はじめて原子力発電所を取り上げ、電力需要の急増に対処するため一九七〇年代半ばまでに原子力発電所が必要になる、と述べている。

アメリカで原発建設ブームのきっかけとなったのは一九六三年にゼネラル・エレクトリック社がオイスター・クリーク原発（最大出力六二万キロワット）の発注をうけ、キロワット時あたり〇・三五セントという発電コスト、キロワットあたり一二七ドル（最大出力時）という建設単価の安さのゆえに全国的な注目を集めてからである。一九六〇年代半ばの原発建設ラッシュの中で、ＳＭＵＤも大型原発の建設を選択するのである。

ＳＭＵＤの二代目の総裁は、第二次世界大戦直後からエネルギーとしての原子力に関心をもっていたと回想している。かれは、一九五七年に運転を開始するアメリカ初の商業用原子炉シッピングポート原子炉の建設段階での見学説明会に招待されたときのことを述べている。「建物は興奮のまっただ中だった。これが原子力発電所だ。実際建設中なんだ。興奮は最高潮だった」[2]。

七〇年代はじめまでは、「原子力の平和利用」の合い言葉のもとで、原子力は「クリーンで安くて安全な（clean, cheap and safe）」電力源であるというのが社会常識であり、そう信じこまれていた。発電コストなんて「安すぎて測れないほどだ（too cheap to meter）」というアメリカ原子力委員会委員長で国際原子力機関（ＩＡＥＡ）の設立者ストラウスの言葉が原発についてのアメリカでの常套句であり、原発建設についての目立った反対は、六〇年代を通じて全国的にも、カリフォルニアでもなかったのである。全米有数の成長著しいサクラメント・カウンティで営業し、自前の電源確保を悲願とする電力公社が、原発建設を計画することは六〇年半ばにおいてはきわめて自然なことだった。

カリフォルニア州では、ＰＧ＆Ｅ社のフンボルト・ベイ原発（二〇万キロワット）が六三年から運転を開始し、ＳＣＥ社とサンディエゴ・ガス電力会社が共同で所有するサンオノフレ一号炉が六四年三月から建設工事を開始していた。ランチョ・セコ原発をＳＭＵＤが正式に発注した六七年は、アメリカにおける商業用原子炉発注の第一のピークの年でもあった（表４・１参照）。ＳＭＵＤもまた時流に乗り遅れまいとしていたのである。

原発の魅力は、燃料費が安いこと、水力発電が降水量に左右されるのと異なって供給の安定性が高いことだったが、とくにＰＧ＆Ｅ社からの購入電力量をゼロにし、逆にＰＧ＆Ｅ社に対して余剰電力を販売できるという魅力があった。原発の建設は、長年確執を続けてきたＰＧ＆Ｅ社に対して、価格交渉や電力供給の交渉などで電力公社をはじめて優位に立たせるものと期待されたのである。ＰＧ＆Ｅ社からの電力供給の自立は、ＳＭＵＤ創設時以来の悲願だった。

「ランチョ・セコ（乾いた牧野）」の象徴性

写真4　放牧地の背後にそびえ立つクーリングタワー（1993年3月）

一九六四年に一〇年計画で建設計画はスタートし、最初の二年間は立地調査と建設予定地の購入にあてられた。一九六六年四月電力公社は、二五マイル南東の「ランチョ・セコ（Rancho Seco もともとスペイン語で「乾いた牧野」の意）」という名の二一〇〇エーカー（約八四〇ヘクタール）の牧野の購入を発表した。敷地はまもなく二四〇〇エーカーに拡大される。この時点では将来三、四基の原子炉、計三〇〇万キロワット相当の発電所を建設する予定だった。

ここが選ばれたのは、一帯が広大な牧野で人家がまばらだったことと、近くに運河があり、その水を原子炉の冷却のために利用できたからである。軽水炉を内陸に立地する場合には、冷却用の水源が近くにあることが不可欠である。沿岸に建設される日本の原発では不要だが、内陸部に建設される軽水炉は、水を蓄えた大きなクーリングタワー（冷却塔）

を備えており、これが原発のシンボルになっている（写真4）。

この原発は、地名からランチョ・セコ原発一号炉と名づけられることになった。しかし「乾いた牧野」という原発名は、幾つもの象徴的な意味をもっていた。「チェルノブイリ」が、聖書の『ヨハネ黙示録』に出てくる、破滅の象徴の黒い草「にがよもぎ」を意味していたことを髣髴とさせる。

まずランチョ・セコ原発は、海や大河に直接接していないという意味で、アメリカ国内で当時唯一の字義どおりの「dry site」だった。そして皮肉なことに、八九年六月七日以来同原発は、大型原子炉としては全米ではじめて drying process（原子炉廃炉・解体のための冷却期間）にあるのである。

ＳＭＵＤ関係者は、建設当初から略してザ・ランチ（the Ranch「牧場」）と呼んだ。西部劇などの通俗的な芝居では「ところで牧場のほうでは（at the ranch）……」という言い方が紋切り型の場面転換などで使われる。転じて日常語でも、この言い方はおどけて別の話題に入ろうとするときなどにしばしば口にされる。日本的に翻訳すれば、「田んぼ」というような感覚であろう。「田んぼはどうだ」というのは、農村地帯の典型的なあいさつの言葉である。ランチも田舎っぽく、愛嬌のある言葉である。しかし運転開始直後から、とりわけ八〇年代半ば以降は、このランチは、失敗ばかりの厄介もの、頭痛のタネというニュアンスを帯びていくのである。

原子力が約束する電力公社の未来

けれども計画および建設段階での「ランチ」は希望の星だった。発電所の設計と施工はベクテル社が担当し、バブコック・ウィルコックス社の加圧水型の原子炉を購入することになった。同社の原子炉が選ばれたのは、原子炉メーカー四社の見積もりのなかでもっとも安かったからである。発電機はウェスティング・ハウス社が担当することになった。六七年一一月にアメリカ原子力委員会（AEC）に建設許可を申請、認可を得て、六九年三月に着工した。最大出力八〇万キロワットで建設費は燃料装填費をふくめ当初一・八億ドル、七三年春には操業予定だったが、インフレーションや原子力委員会の命令で設計が変更され、また最大出力も九一・三万キロワットに引き上げられた。これらの理由により建設費は当初の二倍を越え三・七五億ドルに高騰、予定より一六ヶ月間遅れ、一九七四年に完成した。

運転の認可を得たあと、七四年一〇月試験運転で最初の発電に成功、ランチョ・セコ原発一号炉は全米で五〇番目の商業用原子炉となった。「サクラメントが原子力時代に入った」と七四年版のSMUD年報は誇らしげに記している。半年間の試験運転ののち、ランチョ・セコ原発は一九七五年四月一八日営業運転を開始した。

すでに一九七〇年六月、原子力発電所の営業運転開始にそなえて電力公社はPG&E社との間で、新たな契約を結んでいた。原子力発電所が燃料棒の取り替えなどで休止した場合にはPG&E社がSMUDに電力を供給し、SMUDが余剰電力を抱えている場合にはPG&E社がこれを購入するというものである。電力公社側から見れば、余剰電力をPG&E社に確実に販売できるから、原子力発電所をフル稼働でき最大の経済効果が発揮できる。SMUDはPG&E社に対して、いよいよ電力を供給する側にまわるのである。

当時の世界の「常識」は、日本では通産省や電力会社が今もって喧伝するように、放射性廃棄物の処理問題さえのぞけば、原発は「クリーンで安くて安全」であり、オイルショック後の時代にこそふさわしいエネルギー源であるというものだった。原子力発電こそは高度な技術文明の象徴であり、サクラメントの未来を約束するはずのものだったのである。

二号炉建設計画

実際、ＳＭＵＤは一九七〇年前後から二基目の完成を八〇年頃にめざしていた。七四年九月五日電力公社は一一〇万キロワットのランチョ・セコ二号炉を他の電力会社や公営電力と共同で建設する計画を決定した。二号炉建設を批判する者に対して、当時の理事長は、「原子力を躊躇するのは息を止めていろというようなものだ」と語ったという[3]。一九七〇年代前半までは、現在の日本の電力関係者と同様の発想だったのである。

七七年に着工、八四年に完成予定で、建設費は八・五四億ドルと見積もられていた。七四年一一月五日には、将来の発電所建設のための燃料費分を含む六・五億ドルの債券発行の是非が住民投票にかけられたが、賛成五五％対反対四五％で承認されている。この住民投票は、二号炉建設に批判的な「ＳＭＵＤ料金負担者同盟（The SMUD Ratepayers Association）」のイニシアティブ（直接請求）により実現したものであり、この運動は、ＳＭＵＤの消費者による最初の原発反対運動だった。

トラブルのはじまり

しかしこうした甘い幻想を打ち砕くかのように、七五年四月のランチョ・セコ原発一号炉の営業運転開始からまもなく、舞台はたちまち暗転し、電力公社は泥沼の一五年間を迎える。これを象徴するようなトラブルがこの前後に二件起きている。

ＳＭＵＤは営業運転開始を前に、七四年一〇月一九日州議会議員らを招いて完成記念式典を開いたが、出席者には秘されていたものの、このときすでにランチョ・セコ原発は蒸気タービンのバルブの故障を原因とする五日間に及ぶ運転停止状態にあった。

第二は、営業運転開始後の最初のトラブルであり、七五年六月二九日低圧タービンの回転翼から羽根が脱落したのである。運転を再開したのは八ヶ月後である。同原発は営業運転開始後最初の一八ヶ月間で、のべ一四ヶ月間も停止している。加圧水型の原子炉にしばしばみられる蒸気発生管のトラブルが主な原因だった。

表2・2（章末）は、ランチョ・セコ原発の主なトラブルを年表形式で整理したものである。営業開始後のランチョ・セコ原発の歴史は、大小のトラブルの歴史だったといっても過言ではない。八九年六月に閉鎖されるまで、一四年間に計画外の運転停止回数は一〇〇回以上にも及んでいる。二年三ヶ月や八ヶ月にも及ぶ長期運転停止期間を除外すれば、平均約四〇日に一回の割合で停止した計算である。稼働日数を全日数で割った一四年間の平均稼働率は三九・二％という低いものだった。平均して一年のうち七ヶ月以上は停止していたことになる。

ランチョ・セコ二号炉の断念―原発の経済的優位性の崩壊

ランチョ・セコ原発の営業運転開始がもたらしたのは皮肉にも、電力公社の牧歌的な経営の終焉という事態であり、また二号炉以下の建設の断念だった。ランチョ・セコ一号炉はまず原発の経済性に関して大きな疑問符をつきつけたのである。

七五年一二月総裁に就任したバルブリッヂらの経営陣は、七六年一月の理事会で二号炉の建設計画をひとまず中断することを進言し、三月九日の理事会で計画を正式に断念した。一月八日付で理事会に提出されたバルブリッヂのレポートは次のような理由をあげている。このレポートは、それから二〇年後の今日、核燃料サイクル路線と原発増設路線を突き進む日本の私たちが読み返してみてもきわめて興味深い論点を含んでいる。しかも原発の経済性に懐疑的なこのレポートは、公開の理事会で、経営者側から提出されたものである[4]。

第一はインフレーション、とくにオイルショック後のインフレーションにともなう建設費の全般的な高騰であり、しかもその影響は資本費の割合の高い原発でもっとも深刻だとしている。建設費の半分をSMUDが負担するものとして、二年前の見積もりと比べて二号炉建設費のSMUD負担分は五〇%以上高騰し、六・六億ドル（一基全体では一三・二億ドル）の積算となった。

第二は、核燃料のコストが急騰していることと、一連の核燃料サイクルの問題が未解決のままであり、それゆえ今後も核燃料の値上がりが予想されることである。具体的には①原子力の燃料費もウラン燃料のイエローケーキが一ポンドあたり一七ドルから三〇ドル以上へと二年前の倍近くに高騰していること、

②連邦政府が政治的な理由から、ウラン濃縮工場の増設や再処理工場の建設に慎重であること、③連邦政府が高レベル放射性廃棄物の最終処分に関して明確な計画をもたず、また技術的にも未解決であることである。

第三に、電力公社にとってこれこそがもっとも深刻な問題だったと思われるが、ランチョ・セコ原発一号炉の稼働率が計画時点の見積もり八〇％を大幅に下回り、しかも全米の原発の平均的な稼働実績も六〇％程度であることをあげている。

レポートは、この三つの理由から、一一年前までは自明視されていた原発の経済的優位性はくずれ、地熱発電の総コストとほぼ等しく、また大きな差のあった石炭火力のコストとも近接していると結論づけている。

レポートがさらに指摘しているのは、一号炉で電力の五八％を原子力に依存している電力公社が、二号炉の産出電力の半分を得るとして、原子力依存率が七〇％に達することである。これほど高い原発依存率を計画している電気事業者は、国内にはどこもない。たとえば原子力規制委員会（ＮＲＣ）が、原子炉の一時的な閉鎖を命じたり、出力の引き下げをもとめたりした場合に、電力供給に甚大な影響が生じかねないと注意を促している。

一九七五年以降全米全体で原子力発電所の建設熱は急速に下火になった。七三年に四一基と発注数はピークを数えたのち、七四年には二八基へと低下し、七五年以降はわずかに二～四基にとどまっている（表４・１参照）。そして七八年を最後に新規の発注はストップしたままである。その基本的な理由は、レポートが述べているようなオイルショック以後に、また大型の原発が本格的に稼働しはじめた時期に、急速に顕在化した原発の経済的優位性の崩壊だったのである。

日本やフランスでは、一九七三年秋のオイルショックを契機として、石油代替エネルギーとして原子力発電が強力に推進された。けれども、私たちの常識とは逆に、アメリカでは、このようにむしろオイルショックは原子力離れを加速するのである。

原発の新設認可せず―カリフォルニア原子力安全法の成立

一九七四年から、原子力発電所に反対する市民運動が全米的な盛り上がりを示すようになったが（第4章第1節参照）、とくにカリフォルニア州では、原発問題が争点の一つとなった一九七六年の大統領選挙と連動して、環境保護グループが稼働中の原発の閉鎖と建設工事の中止、新設禁止をもとめる条例案を州に提出し、住民投票がおこなわれた。結果的に否決されはしたものの、このキャンペーンは大きな反響を巻き起こした。既存の原発と建設中の原発を守ろうとする推進側が投票日の直前に条例案の可決を恐れ、「新設禁止」に合意することで妥協をはかった。こうして州議会は「カリフォルニア州エネルギー委員会（California Energy Commission）は、連邦政府が高レベル放射性廃棄物処理に関する実証的な技術が存在すると認めるまで、いかなる原子力施設の新設も認可しない」というカリフォルニア原子力安全法を可決した。民主党のブラウン州知事が署名し、一九七六年六月法案は発効した[5]。この州法によって、一二号炉以下の建設は制度的にも不可能になったのである。

姉妹機スリーマイル二号炉事故の衝撃

アメリカにおける原発離れを決定的にしたのは、一九七九年三月二八日にペンシルバニア州にあるスリーマイル島二号炉で起こった部分炉心溶融事故だった。各種のトラブルが重なり一次冷却水が流出したにもかかわらず、運転員の判断ミスから緊急炉心冷却システムが事実上停止し、炉心の約三分の二が大きく損傷するという大事故が起きたのである。同事件はチェルノブイリ事故以前の最大の原発事故として著名だが、サクラメント電力公社に与えた影響も大きかった。

住民側から、はじめてランチョ・セコ原発の閉鎖要求が出たのである。スリーマイルで事故を起こした炉はバブコック・ウィルコックス社がつくった出力九六万キロワットの加圧水型の原子炉で、ランチョ・セコ一号炉はほぼ同一設計の姉妹機（**sister plant**）であり、全米の他の七炉の姉妹機以上に事故炉に極似した設計だったからである。

しかもランチョ・セコ原発はこの事故のちょうど一年前の七八年三月二〇日「豆電球落下事件」という忘れがたい事故を起こしていた。そのきっかけがきわめて日常的なごくちょっとした作業ミスだったがゆえに人びとの記憶に生々しかった。中央制御室の作業員がコントロール・パネルの押しボタン内の豆電球を交換中に、この電球を誤って落下させたというミスである。不幸なことに、落下した電球は配線をショートさせ、コントロール・パネルの電源が切れてしまったのである。結局、冷却系統の温度が急速に低下し、過冷却状態になり炉心は緊急停止した。この事故はのちに原子力規制委員会（ＮＲＣ）によりスリーマイル事故前の一〇年間にアメリカで起きた原発事故のうち、三番目に重大な事故と評価されている。

理事会は投票の結果三対二で閉鎖要求を退けたが、結局NRCの命令で、ランチョ・セコ原発は他の同型炉とともに一時的に停止させられ、改善命令にしたがって一部を改良した。

全米ワーストワンの原発―八五～八八年の運転中止

一九七七年から八〇年まで、ランチョ・セコ原発は六〇～七〇％の稼働率を記録し、年平均五〇億キロワット時の電力量を供給した。これは当時の電力公社の年平均の消費電力量に等しく、皮肉まじりにランチョ・セコ原発の「黄金時代」と評されている。けれども黄金時代はそう長くは続かなかった。ランチョ・セコ原発の年間の稼働率は、八一年以降五〇％を割っている。ランチョ・セコ原発は、八〇年には六回、八一年には一二回、八二年には一一回、八三年には五回と計画外の運転停止を断続的に起こしていた。

とくに一九八五年は、電力公社とランチョ・セコ原発にとってそれまでで最悪の年となった。この年ランチョ・セコ原発はわずかのべ三ヶ月間しか稼働していない。電力公社は操業開始以来、最初の赤字決算となった。二度の料金改定がなされ、電力公社の料金は一年間で約三〇％も値上がりしたのである。年間八四件のミスがNRCに報告されている。この年の全米のワースト記録だった。

八五年一二月二六日、ランチョ・セコ原発の運転史上もっとも重大な事故が発生した。電気回路の誤作動により、炉心の過冷却事故が発生、炉心が緊急に停止したのである。微量の放射能が漏れ作業員二人とまわりの牧野が被曝した。ランチョ・セコ原発は長く運転再開のメドがたたず、ようやく八八年三月に再開するまで二七ヶ月間の長期にわたる運転停止と計四・七億ドルを投じての修理を余儀なくされるのである。

ＮＲＣは「ランチョ・セコは、チューン・アップ（点検整備）も、オイル交換も注油もせずに、一五万マイル（二四万キロ）も走らされた自動車のようだ」と評し、電力公社も、ランチョ・セコ原発が運転開始以来「管理ミス、メンテナンスのミス、操作ミス」続きだったことを認めざるをえないほどだった。

（３）泥沼の電力公社

ヤンキースの監督より短命なＳＭＵＤ総裁

サクラメント電力公社にとって不幸だったことは、この一九八五年以後理事会の混乱が続き、総裁の交代が相次いだことである。原発閉鎖までの紛争期は、文字どおり混乱し先行きの見通しの立ちにくい時代だった。紛争期の五年間、ＳＭＵＤの総裁は四人が交代し、平均在任期間は一四ヶ月という短さだった。地元紙が「ニューヨーク・ヤンキースの監督の寿命よりも短い」と揶揄したほどである。今なら、日本やイタリアの首相並みだとコメントしただろうか。

八四年一一月の理事選挙でリベラル派理事が落選し、五人の理事全員が保守系になったが、八〇年の当選以来理事会を牛耳っていたのはアン・ティラーだった。彼女自身は牧場主だったが、その夫はサクラメント市を代表する不動産業者であり、夫の威光を背景に彼女は政治力を発揮したのである。

例えば、八五年九月にティラー夫妻の友人の空軍の退役将校が総裁になったことがある。かれが総裁の職を望んだのは文民生活のキャリアが欲しかったからだった。この情実人事によって、SMUDは原発のトラブルが続いた一番大事な時期に、電力事業にまったく素人の総裁を迎え入れてしまったのである。

八五年一二月二六日の過冷却事故という「クリスマス・プレゼント」、しかもランチョ・セコ原発の運転再開のメドがたたないこと、八六年五月からサクラメント・ビー紙が批判的キャンペーンを開始したことなどにともなって、八四年の改選後全員一致が常態化していた理事会は、責任のなすり合いでバラバラになってしまった。この新総裁は、理事間の口論が絶えないことにうんざりし、わずか一〇ヶ月で辞任した。

ビルン新総裁の結論と解任事件

理事会は古株の副総裁を暫定的なリリーフ役としてしのいだが、一年余をかけて探し出した新総裁が八七年一一月に就任したビルンである。

当初は九〇年六月以降、SMUD再建に腕を振るうことになるフリーマンが最有力候補だったが、実現しなかった。フリーマンは、TVA総裁時代に八基の原発の建設工事を中止しキャンセルさせ、ほかに四基の建設工事を凍結させた実績をもつために、原子力産業からの反感が強かったからである。ビルンは、マサチューセッツ州の公営電力総裁をつとめたほか、東海岸の三三もの公営電力に勤務した経験をもっていた。

ビルン新総裁は就任とともに、経済性の観点からランチョ・セコ原発に関してSMUDが取りうる選択肢を検討し、報告書を作成した。①現状のままでの運転再開、②閉鎖、③原発のまま第三者に譲渡し、そこから電力を購入する、④第三者に譲渡し、火力発電所に改造する、⑤SMUDは解散し、PG&E社と全面的に合併するという五つのシナリオを想定し、各案の得失が検討された。略称QUEST（正式名称は「Quality Energy for Sacramento's Tomorrow（明日のサクラメントのための良質のエネルギー）」、また単語としてのquestは「探求」や「調査」の意味をもっている）の結論は、ランチョ・セコ原発の運転は経済的なリスクが大きすぎるとして、閉鎖すべきであるというものだった。安定経営のためには同原発を閉鎖して、PG&E社とSCE社から不足分の電力を買うほうが得策だという結論である。

かれは終始この立場を貫こうとしたが、運転継続派のティラー理事らの逆鱗にふれ、八八年六月一五日、第一回目の住民投票からほどなく、三対二の理事会の決議により解任された。ティラーらは、余所者のビルン総裁にはサクラメントの政治がわからないとして、電力事業には素人だが、サクラメントの市営交通の前総裁で、公益事業と地元事情に明るいボッグを新総裁に任命した。エンジニア出身のビルン元総裁は筆者のインタビューに対して、サクラメントはあまりにも政治的な場所だったと回想している[6]。

地元紙のＳＭＵＤ批判キャンペーン

この総裁解任事件を契機に、民主党系および共和党系の地元ローカル紙によるＳＭＵＤ批判キャンペーンが本格化した。両紙はランチョ・セコ原発の存否については、民主党系のサクラメント・ビー紙が即時閉鎖、共和党系のサクラメント・ユニオン紙（一九九三年に廃刊）が運転継続と、社論を異にしたものの、同原発問題をＳＭＵＤの原発管理能力・経営問題という文脈から論じるというアジェンダ（問題）設定においてはともに中心的な役割をはたしたのである。

両紙のシェアは当時約八対二の割合で民主党系のサクラメント・ビー紙が強く、同紙は州都を代表するリベラルな新聞として地域社会の中で、また北カリフォルニア全域で党派を超えた評価を得ていた。

とくにこの一九八八年六月の総裁解任事件以降、サクラメント・ビー紙は記者をＳＭＵＤに常駐させ、ＳＭＵＤ批判のキャンペーンを強めた。一九八八年は同紙だけで一年間に四二八件ものＳＭＵＤに関する報道がなされ、その多くはＳＭＵＤの経費の無駄づかいやトラブル解決のために原子力産業から送り込まれた技術者の高給ぶり、従業員の規律の弛緩などを批判する手厳しい内容だった。

両紙の活発な報道を動機づけたのはＳＭＵＤ存続の危機意識であり、また民主党系と共和党系との政治的な対抗関係でもあった。ビー紙の元ＳＭＵＤ担当記者は筆者に「ＳＭＵＤは同紙が傘になって育ててきたんだ。ＳＭＵＤの経営の誤りは新聞が保護し甘やかしてきたことに一因があるんだ。間違いがあったらそれを正すのが、育てたものの責務じゃないか」と当時を振り返っている[7]。

第2節　ランチョ・セコ原子力発電所の閉鎖

(1)　初期の反対運動

なぜ閉鎖に成功したか

ランチョ・セコ原子力発電所は、住民投票で閉鎖された全米で唯一の原子力発電所である。市民運動は、住民投票によってトラブル続きの原発を閉鎖することに成功した。社会的な少数者が異議申し立てをおこなう社会運動が、その運動目標の達成に成功することは、とくにほぼ完全に成功することは、アメリカでもそうめったにあることではない。しかも国家や原子力産業を敵手とする反原子力運動の場合なおさらである。なぜ、ランチョ・セコ原発の閉鎖をもとめる運動（以下では反ランチョ・セコ原発運動と呼ぶことにする）は「成功」しえたのだろうか。反ランチョ・セコ原発運動は、どのような特質と戦略をもつ運動だったのか。七〇年代に再び遡って経緯をたどってみたい。

二号炉増設反対運動

アメリカ合州国において反原発運動が本格化したのは、一九七〇年の最初のアースデーのときからであり、カリフォルニア州で最初の原発反対運動が顕在化するのは、一九七二年春からである。

ランチョ・セコ原発に関する反対運動は、当初二号炉建設反対運動として顕在化し、次第にサクラメント電力公社の理事会の民主化要求というかたちをとるようになる。

最初にランチョ・セコ原発批判の口火をきったのは、「SMUD料金負担者同盟」である。かれらは、前節でも述べたように二号炉建設のための債券発行の是非を問う住民投票を求めた。敗れはしたもののランチョ・セコ原発問題に関する最初の住民投票がおこなわれた。この運動は、二号炉建設断念の一つの契機となったことでも、また当時すでに全米規模で顕在化していた建設コストの高騰という経済的な観点に焦点をしぼっている点でも注目される。

初期の反対運動の中心人物に、カリフォルニア州立大学サクラメント校の物理学教授ホーマー・イブサーがいる。イブサー博士は原子爆弾を開発したマンハッタン計画にも関与していた核物理学者だが、その後原子力と人類との共存の可能性に疑念をいだくようになり、ランチョ・セコ原発の建設工事中から批判的な関心をもち続け、もっとも初期からの批判者だった。技術顧問的存在として反ランチョ・セコ原発グループへの情報提供を続け、大学でもランチョ・セコ原発問題の特別授業を開講してきた[1]。博士らは続いて二号炉の建設の認可を阻止することを目標に「安全なエネルギーをもとめる市民たち（Citizens for Safe Energy）」を組織した。

分水嶺としての一九七六年

反ランチョ・セコ原発運動の最初の分水嶺となったのは一九七六年である[2]。この年に幾つもの重要なできごとが、サクラメント電力公社の内外で起きている。第一は、一九七六年に理事選挙のしくみが変わり、営業区域全域から五人選出する大選挙区制から、各選挙区ごとに一人を選ぶ小選挙区制へと変わったことである。第二は、前節で述べたようにランチョ・セコ原発二号炉の建設が断念され、しかもカリフォルニア州の原子力安全法が成立し、原発の新設が禁止されたことである。

第三は、八年ぶりに民主党が政権を奪還し、カーターが大統領に当選したこの年は、七〇年代におけるリベラル派の勢力拡張のピークだったことである。カリフォルニア州ではブラウン州知事の盟友であり、六〇年代の学生運動とベトナム反戦運動のスターだったトム・ヘイドンが連邦の上院選に出馬した。落選したものの、かれは支持者を募り「経済民主化運動（The Campaign for Economic Democracy）」を組織した。SMUDの現理事で、ランチョ・セコ原発閉鎖の立役者エド・スメロフやピーター・キートはこの運動のメンバーだった。この運動はのちに改組して「キャンペーン・カリフォルニア」と改称し、反ランチョ・セコ原発運動の有力な支援組織となった。

理事会は「敬老クラブ」

ランチョ・セコ原発が運転を開始するまでの「長期安定期」の理事は、発足の経緯もあってサクラメント元市長や市議経験者など、全員戦前からの「地域有力者」で、共和党支持の実業界代表だった。高齢で引退するまで三〇〜四〇年間も理事職にとどまり、事実上「世襲」するケースもあった。選挙もSMUD従業員が票集めする信任投票的なものだったのである。

かれらはいずれも電力事業には素人であり、「当時のSMUD理事会は「承認」「承認」「承認」のゴム印のようなものだった」と評されるように、経営陣の意思決定をそのまま追認していた。「敬老クラブ」と揶揄されたように、理事会そのものが創設者グループによって私物化され、名目化していた。

しかし原発の運転開始以前の牧歌的な時代のSMUDでは、それでも電気料金は下がり、万事が首尾よく機能していた。事態を一変させたのは、一号炉の運転開始直後からのトラブルであり、巨額の債券発行をともなう二号炉増設問題だった。この二つの問題を契機に、リベラル派および新住者層から危機感と批判が高まり、一九七六年理事選挙制度の改革が実現する。

ウォーターゲート事件とリベラル派復調――全米的背景

選挙制度改革が実現したのは、むろんSMUD固有の事情からばかりではない。全米的な背景は、有名なウォーターゲート事件である。一九七二年の大統領選挙に現職のニクソン大統領は圧勝したが、選挙対策で墓穴を掘った。民主党の大統領選挙対策本部のあるウォーターゲート・ビルに盗聴器をしかけようとした侵入犯の逮捕に端を発した同事件は、時間の経過とともにホワイトハウス中枢のスキャンダルを次々と白日のもとに曝し、大統領の倫理的適格性に疑問符をつきつけ、ついに七四年八月ニクソン大統領自身を辞任に追い込む結果になった。

日本では伝統的に政治は汚いものというイメージが強く、政治家は人びとの尊敬を集めず、清廉さもさほど期待されてこなかったが、アメリカでは伝統的に大統領は家父的なイメージが強く、国民の敬愛度が高かった。それゆえウォーターゲート事件は、ホワイトハウスと共和党の威信を失墜させるとともに、「政治不信」と「政治倫理」「政治改革」を全米の流行語にしたのである。

一九六七年以来二期続いたレーガン・カリフォルニア州知事の後任に、七四年一一月民主党の若きリベラル派三四歳のジェリー・ブラウンを当選させた原動力は、この政治改革ブームだった。民主党系のサクラメント・ビー紙の後押しもあって、ＳＭＵＤ理事選挙制度改革が実現した背景も、このような有権者の共和党離れとリベラル派の復調にあった。

政治決戦の場となった理事選挙

理事選挙が大選挙区制から小選挙区制に変わることによって、無風だった理事選挙の様相は一変した。理事選挙はそれ以後リベラル派と保守派、民主党系と共和党系との決戦の場となった。日本では最近まで民主党と共和党とは政策的に大差ないかのような論調が長く続いてきたが、原子力発電の是非は、一九七〇年代半ば以来、民主党系と共和党系とを分かつ典型的なイッシューの一つである。ランチョ・セコ原発問題は理事選挙を左右する格好のイッシューとして政治的争点となったのである。

ＳＭＵＤの理事選挙は、電力公社の理事選挙であるがゆえの特殊性とローカリティと、民主党・共和党両勢力の全国的な、またカリフォルニア州レベルでの伸長に対応するという両面をもっている。

第一に、これまで述べてきたような歴史的経緯から、また電力事業や電気料金の高低にとくに強い利害関心をもつのは大口の電力需要者である小企業主や大農場主など共和党の支持層であるがゆえに、ＳＭＵＤの理事選挙はサクラメント・カウンティの他の選挙に比べて共和党色が強まる傾向があった。

第二に、アメリカでは、通常投票率を高めるために偶数年の一一月の第一火曜日に各種選挙がまとめておこなわれる。サクラメント・カウンティの有権者は大統領選挙か中間選挙の折に、州議会の議員やカウンティの監督官などとともに、ＳＭＵＤの理事も投票で選ぶのである。したがって、電力公社の理事選挙といえど、民主党・共和党両勢力の全国的な、また州内での動向に左右される。七六年の理事選挙でリベラル派は善戦し、はじめて二議席を得た。一方レーガンが大統領として大衆的な人気を博し、共和党が復権した八〇年代は、ランチョ・セコ原発をめぐるＳＭＵＤ理事会の混乱がピークを迎える八八年まで、民主党系の議席は一ないし〇にとどまった。

（2）スリーマイルとチェルノブイリ事故の衝撃

第二の分水嶺─スリーマイル事故

反ランチョ・セコ原発運動の第二の分水嶺となったのは、一九七九年のスリーマイル事故である。ランチョ・セコ原発の安全性への不安が強く印象づけられ、運動は一つのピークを迎える。このとき二つの事件が起きている。

第一は、三月二八日の同事故から三日目、三一日の土曜日にランチョ・セコ原発の即時停止をもとめるはじめてのデモがおこなわれ、デモ隊の一部一三名が、警備のためにこの日閉ざされていたゲートをよじのぼって敷地内に入り込み、「不法侵入」で逮捕されるという事件である。「地球の友」のメンバーや反原発グループの活動家などを中心に、安全が確認されるまで暫定的な運転停止を要求する人びと約一〇〇〇人が四月五日の理事会に詰めかけ、理事会は午後七時から午前二時まで延々七時間に及んだ。ＳＭＵＤの歴史はじまって以来の、最長、出席者最多の理事会として、反対運動の関係者はいまなお鮮明に記憶している。逮捕者の裁判では、被告の行為が不法侵入にあたるのか、危険性の高い原発の即時停止を訴えるための「正当防衛（defence of necessity）」として免責されるのかが争われた。一審では一人が無罪、二審では全員が無罪となった。裁判所はこの原発の危険性を認め、ゲートを越えて侵入し原発の危険性を訴えたことを「不法侵入」にあたらないと判断したのである。

第二は、事故直後の理事会が七時間に及ぶ最長、最多の理事会となったことである。リベラル派の二人の理事が即時停止の立場をとったことは、リベラル派や原発批判派の人びとにとっては、理事選挙改革の成果を体現する象徴的な出来事であった。

けれどもこのときの一三名の逮捕者や理事会に詰めかけた原発批判派の主力はサンフランシスコやベイ・エリアから駆けつけた「地球の友」や「あわび同盟（Abalone Alliance）」などのメンバーであって、サクラメントの地元住民は少数にとどまっていた。かれらは州や全国的なレベルで活動する反原発運動の活動家だったのである。

しかもかれらのメイン・ターゲットは、ランチョ・セコ原発というよりも、全米有数の民営電力会社ＰＧ&Ｅ社が建設するディアブロ・キャニオン（Diablo Canyon）原発の方だった。同原発は八〇年代半ばまで、カリフォルニア州の反原発運動の焦点だった。ランチョ・セコ原発がターゲットとなったのは、スリーマイル島の事故炉と同じ会社が設計した同型炉だったからであり、事実上同事故直後の一過的な性格の強いものだった。

草の根市民の反ランチョ・セコ原発運動がはじまった

スリーマイル事故がSMUDに及ぼしたもう一つの重大な影響は、ランチョ・セコ原発の閉鎖にターゲットをしぼった地元市民による草の根的な運動が、この事故を契機にようやくはじまったことである。イブサー博士らの「安全なエネルギーをもとめる市民たち」が活動を再開したのである。

二号炉増設反対運動は、SMUD側が増設を断念したことで、しかも州内での原発新設が事実上禁止されたことによって休止していた。スリーマイル事故を契機に、ランチョ・セコ原発の閉鎖をもとめて運動せよという「天の声」を聞いたマーサ・アン・ブラックマンらが「安全なエネルギーをもとめる市民たち」のグループに加わり、組織的で持続的なランチョ・セコ一号炉閉鎖運動として再スタートするのである。

グループの会合に常時出席していたメンバーは一五人前後、規約も役割分担もなくメンバーシップも厳密には確定しがたいインフォーマルな性格の強いものだった。かれらは月二回SMUDの理事会にあわせて学習会を開き、二人のリベラル派の理事の支援を得て情報を収集し理事会を監視しはじめた。

反ランチョ・セコ原発運動の壁

けれども一九八五年頃までは、運動はそれほど一般市民には浸透しなかった。上昇の一途をたどりつつあったものの、電気料金が相対的に安かったことと、SMUDが情報をコントロールしていたために、多くの市民は問題の深刻さを十分には受けとめていなかったからである。かれらは保守派主導の理事会の壁、一般市民の無関心、八〇年代前半のレーガン政権下での全国的な保守主義化、運動の展望が開けない無力感という幾つもの「壁」に直面していた。どうやっても事態は変化せず、「壁に何度も頭を打ちつけているような悲哀を味わわされていた」とブラックマンは述懐している[3]。

実際七六年に当選したリベラル派の二人の理事は、原発推進側が巨額の資金をつぎ込んで狙い撃ちしたせいもあって、八〇年に一人が、八四年にもう一人が議席を失い、ついにリベラル派の議席はゼロになってしまった。

チェルノブイリ事故の衝撃

一九八五年は、重大なトラブルが相次ぎ、ランチョ・セコ原発が断続的に停止し、とくに年末以降の長期間の停止によって、SMUDが「紛争期」に入った第三の分水嶺の年である。

八五年一二月の過冷却事故と翌八六年四月二六日のチェルノブイリ事故をきっかけに、ランチョ・セコ原発の閉鎖をもとめる新たな市民運動が結成された。

チェルノブイリ事故は行き詰まっていた「安全なエネルギーをもとめる市民たち」の運動に、ランチョ・セコ原発を閉鎖したいという思いに再び火をつけることになった。チェルノブイリ事故は重大な原発事故が起きた場合には、住民にとって、世界にとってどんな事態が生じるのかをまのあたりにさせた。しかもランチョ・セコ原発は事故のため停止中であり、原子力規制委員会（NRC）から全米でもっとも危険度の高い原発のひとつにランクされていたのである。

SAFEの誕生

ブラックマンは次のように回想している。

「あとからふりかえると、チェルノブイリ事故直後に、ランチョ・セコ原発の危険性を深刻にうけとめ、実際に批判的な活動をしはじめたサクラメント市民はせいぜい二〇から二五人程度だった。もとからの私たちの仲間は一五人ぐらい。

うれしかったのは、その頃コピー屋で、ランチョ・セコ問題のコピーを増刷りしている女性を見つけたことだ。私の知らない人だった。けれども、彼女に話しかけずにはいられなかった。「ランチ（ランチョ・セコ原発の通称）を閉鎖すべきだが、どうしたらいいかわからない」。「こんなことってあるのね、あなたが今私に言ったことを、私も、たったいま四人の友だちと話してきたばかりなのよ。その人たちも何とかして止めたがってた」これが彼女の返事だった。

彼女の友だちは私の知らない弁護士や環境運動家や芸術家などだった。私たちは一緒にやろうと決めて、それぞれすぐに知り合いに連絡した。最初の会合には二五から三〇人が集まった。

何かしなきゃいけない。もうただ議論ばかりしてちゃだめだ。ランチョ・セコを止めなきゃいけない。合法的に止めなきゃ。まさにポスト・チェルノブイリだった」。

彼女の整理によれば、チェルノブイリ事故以前の彼女らの運動は、学習会的な性格が強かった。事故後、ランチョ・セコ原発の閉鎖は、より具体的な運動目標となった。運動は政治のプロセスに入り込んできたのである。「ランチョ・セコを止めるためには専門家が必要だった。しかも新しく入ってきた人たちはちょうど政治や法律の専門家だった」のである。

「安全なエネルギーをもとめるサクラメント市民たち（Sacramentans for SAFE Energy, 略称ＳＡＦＥ）」が新しい運動グループの名前である。インフォーマルで未分化だった前のグループに対して、ＳＡＦＥは役員制をとり代表をおいた。環境問題に詳しい弁護士のマイケル・レミが代表になった。ＳＡＦＥの支援者は、のべ二〇〇〇人以上。ランチョ・セコ原発閉鎖のために、多くの時間とお金とエネルギーを費やしたコア・グループは三〇から四〇人程度である[4]。折しもチェルノブイリ事故から三週間後サクラメント・ビー紙は「ランチョ・セコ　なおざりの過去、不確実な未来」と題して五日間フルページで一〇ページ分もの詳細なレポートを発表した（同紙八六年五月一八〜二二日付）。

（3）住民投票請求

自分たちでランチョ・セコ原発の運命を決めよう

ＳＡＦＥがとった戦略は、イニシアティブ（initiative, 住民発議）、住民の直接請求による住民投票である。

カリフォルニア州はじめ、アメリカの幾つかの州では住民投票を認めている。むろん民営の電力会社の意思決定に住民投票で直接介入することはできない。カリフォルニア原子力安全法が、放射性廃棄物の処理技術が確証されるまで、原発の新設を州のエネルギー委員会は認可しないと定めたように、州政府の許認可権を発動する形式の条例案をもとめることしかできないのである。

しかしサクラメント電力公社は政府機関であるがゆえに、直接的な法的拘束力はないものの、その政策の是非をめぐって直接住民投票が可能である。それは州法の定める有権者の権利である。有権者の一〇％以上の署名があれば、しかもサクラメント・カウンティのように有権者数が五〇万人以上の場合には五％以上の署名があれば、イニシアティブを実施しなければならない。実際、これまで見てきたように、ＳＭＵＤでは創設の是非も含めてしばしば住民投票で基本政策の可否を決定してきた。今回は理事会提出の議案についてではなくて、住民側提案の議案について賛否を問おうというのである。

八六年一〇月末から八七年春まで、ＳＡＦＥはサクラメント・カウンティの有権者の署名集めに努力した。商店街などにテーブルを出したり、中心部をパレードしたりなどして、署名を集めたのである。

「消費者がランチョ・セコ原発の運命を決める。私たちの発電所、私たちのお金、私たちの未来、私たちの決定なのだから」署名を呼びかけた新聞広告のコピーである。

ＳＡＦＥは、原発一般の安全性を問うというよりも、①ランチョ・セコ原発の安全性に的をしぼり、②公営電力では自分たち消費者、電気料金負担者こそがオーナーなのであり、ＳＭＵＤと同原発の運命を決める自己決定権があること、③トラブル続きの同原発が金食い虫であり、ＳＭＵＤの経営危機を招きかねないことを重点的に訴えた。署名集めへの妨害も、さしたるトラブルもなかった。

ブラックマンによれば、チェルノブイリ事故後、一般の人びとの手応えが目だって違ってきたという。スリーマイル事故後でさえ、なかなか理解してもらえなかった重大事故の危険性を一般人が実感をもってうけとめてくれるようになったのである。

しかもランチョ・セコ原発は、八五年三月の事故以来運転再開の見通しもなく、大幅な修理とシステム全体の見直しのために長期間停止していた。女性はどの年齢層でも、男性は高齢者層と二〇歳代で関心が高く、三〇歳から五〇歳代前半までの「働きざかり」の男性は概して反応が鈍かった。

こうしてＳＡＦＥは半年間で必要な署名を集めおえ、八七年四月にＳＭＵＤに対して五万人の署名を提出し、「ランチョ・セコ原発の閉鎖を要求し、有権者が是認することなしに、さらに修理費を支出することを禁じる（**Requires closure of the Rancho Seco nuclear power plant and prohibits any further expenditures on its repair without voter approval.**）」という、ランチョ・セコ原発の即時閉鎖をもとめるイニシアティブ（条例案Ｂ）を提起した。

対立の基本構図

ランチョ・セコ発電所の運転継続派と即時閉鎖派との間の対立図式を整理してみよう。

サクラメント・カウンティ内部で運転継続を主張したのは、新旧の保守系（共和党系）のＳＭＵＤ理事、ビルン総裁をのぞく主流派のＳＭＵＤ幹部・従業員、ＳＭＵＤの労働組合である。また保守派ビジネス・リーダー、共和党系ローカル紙がかれらを支援した。

かれらの主張は次のようなものだった。①ランチョ・セコ原発は修繕によって再生したのであり、今後は安定した操業が期待できる。②運転を続ければこれまで投下した巨額の修理費用は無駄にならず、廃炉化費用を負担することもないので、①を前提にするかぎり経済的である。③即時閉鎖の要求は、民主党系が政治的得点を狙った政治的要求である。とくにＳＭＵＤの労働組合や幹部・従業員らは、④原子力部門の従業員の雇用の確保のために運転継続を強く主張し、運転継続キャンペーンの主力部隊となった。「ゆたかなエネルギーをもとめる市民（Citizens for Affordable Energy）」がかれらのグループの名称である。かれらは原発の閉鎖にともなう解雇を恐れていた。当時ランチョ・セコ原発では臨時雇いの契約社員を含めて、一四七〇人が勤務していた。閉鎖になれば、そのうち七二〇人のＳＭＵＤのフルタイムの従業員と五〇〇人余りの臨時雇いの労働者あわせて一二〇〇人が解雇されるだろうと予想されていた。

カウンティ外部からの代表的な支援者は、ウェスティング・ハウス社やベクテル社、ＧＥ社などの原子力産業である。原子力産業は、ランチョ・セコ原発の閉鎖が他の地域の原発の閉鎖要求へと波及することを恐れ、運転継続派のキャンペーンに対して巨額の資金援助をおこなった。原子力産業にとって、トラブル続きの原子力発電所は、政治的には原発のイメージを低下させ、市民の信頼を損なうやっかいな存在ではあるが、一面では巨額の修理代や専門スタッフへの需要をうみだすビジネス・チャンスでも

図2・2　ランチョ・セコ原発は金食い虫（John Kloss提供）
原発という怪獣がドルを飲み込んで電気料金はうなぎのぼり

あった（図２・２）。

即時閉鎖をもとめる人びと

閉鎖をもとめて積極的に活動したのは、前記の市民運動グループＳＡＦＥのほか、次のような人びとである。

第一は、八六年に初当選したリベラル派のＳＭＵＤ理事エド・スメロフである[5]。残り四人は保守系で運転継続派という理事会のなかで、かれは文字どおり孤軍奮闘していた。

第二は、民主党の州下院議員トム・ヘイドン率いる運動体キャンペーン・カリフォルニアである[6]。エド・スメロフもキャンペーン・カリフォルニアの元有力メンバーだった。キャンペーン・カリフォルニアは州レベルでさまざまの活動をおこなってきたが、こうしたリベラル対アンチ・リベラルに関わる地域的なイッシューが争点化するや、集中的に支援活動をおこなうのである。キャンペーン・カリフォルニアはサクラメント・カウンティに一万人の会員を擁するもっとも有力な政治運動組織だった。スメロフ理事とSAFEのレミ代表、キャンペーン・カリフォルニアのマルホランド事務局長は、八八〜八九年には毎週のように作戦会議を開いていた。

第三は、サクラメント婦人有権者同盟である[7]。政治意識の高揚、投票率の向上などを運動目標とする全米規模の啓蒙団体「婦人有権者同盟」のサクラメント支部であり、党派に偏らず、政治的な中立を標榜するのが常である。しかしランチョ・セコ原発問題に関しては、公益に関わる争点の一つとして早くから関心をもち、安全性への疑問と電気料金の安定化という観点から、明確に即時閉鎖を打ち出していた。

このほかサクラメント市長、カリフォルニア州選出の連邦下院議員など民主党系の政治家が、ランチョ・セコ原発の閉鎖要求を支持していた。カリフォルニア州においては、八八年、九二年大統領選挙の民主党の有力候補者の一人でもあったブラウン元州知事が原子力に批判的であり、カリフォルニア州の民主党は反原発色が強かった。

州都サクラメントにはカリフォルニア州のさまざまの環境グループがロビー活動のためのオフィスを

設けている。またサクラメント周辺はカリフォルニア州を代表する穀倉地帯でもあり、農業者の間での水質や地質、大気汚染などの問題についての関心も高かった。このような環境グループは、いずれも安全性の観点からランチョ・セコ原発の閉鎖をもとめていた。

民主党系の地元紙、サクラメント・ビー紙は、反ランチョ・セコ・キャンペーンのキィー・プレイヤーだった。またカリフォルニア州では六〇年代からフリー・ペーパーやフリー・ラジオなど市民の寄付金・カンパや地元企業や商店の広告によって支えられる無料のコミュニティ・メディアがさかんである。これらのコミュニティ・メディアの発信者の多くはリベラル派の人びとであり、原発に批判的な立場からの報道や問題提起を続けていた。

高齢者グループは、電気料金の安定化を願う立場から、トラブル続きのランチョ・セコ原発に批判的であり、反ランチョ・セコ原発グループを支持した。

全国的な支援者

サクラメント・カウンティ外部からの主要な支援者は、一九七〇年代半ばから活動を続けてきた全米規模の反原子力運動グループや連絡組織である。マサチューセッツ工科大学の出身者を中心に発足した「憂慮する科学者同盟（Union of Concerned Scientists）」、ラルフ・ネーダーの率いる「パブリック・シティズン」の「クリティカル・マス」グループ（Critical Mass, 原子炉の「臨界点」と「批判的大衆」とをかけた）、「安全なエネルギー連絡会議（SAFE Energy Communication Council）」「原子力情報資料サービス（Nuclear Information and Resource Service）」などの全米規模の有力な反原子力運動グループが、反ランチョ・セコ原発グループに各種の情報を提供したり、調査活動をおこない、レポートを提出するとともに[8]、それぞれのニュース・レター上でこの問題を報道し、また現地サクラメントと、ニューヨーク・タイムズ紙やワシントン・ポスト紙などの全米有力紙とを媒介する役割をはたした。

ＳＭＵＤ理事会側の対応

ＳＭＵＤ理事会の多数派の第一の対抗手段は、ランチョ・セコ原発の運転再開のメドがたたぬこともあって、できるだけ住民投票を先延ばしにすることだった。原子力規制委員会の命令にしたがって四・七億ドルをかけて修繕したランチョ・セコ原発が運転を再開して以後に、その運転実績を示すことで有権者を説得し、住民投票に勝利したいというのが、ＳＭＵＤ理事会の運転継続派の意向だった。

カリフォルニアではこの種の投票は、最大限次の中間選挙時か大統領選挙時まで持ち越すことができる。直ちに選挙を実施しなければならない義務はない。次の選挙は八八年一一月の大統領選であり、ＳＭＵＤ理事三名の改選期でもあった。ＳＡＦＥの側は、ランチョ・セコの運転再開を阻止するためにも、早期投票を要求して提訴した。結局、裁判所の命令によって、大統領予備選および他の条例案に関する投票もおこなわれる八八年六月七日に投票が決定した。

第二の対抗手段は、ランチョ・セコ原発の閉鎖をもとめる住民側のイニシアティブに対するもう一つの住民投票レファレンダムの提案である。

州の法案や市やカウンティレベルの条例案の住民投票では得票の過半数を獲得すれば可決成立する。したがって、ある法案や条例案を否決したい場合、反対陣営がとる常套手段は、基準値や条件などを緩和し、骨抜きにした対抗案を出すことである。例えば環境保護グループが、きびしい基準値の大気浄化法案X案をもちだしてきたら、これをつぶすために一見似ているが基準値や条件を緩和した、穏やかな内容の対抗法案Y案を出すのである。Y案の成立をねらうこともあるが、むしろX案支持者をY案に分散させ、過半数割れによるX案の否決自体を真のねらいとすることも多い[9]。

「ランチョ・セコ原発にもう一度チャンスを」

ＳＭＵＤ理事会の運転継続派が出してきた対抗的な条例案は、「ランチョ・セコ原発を約一八ヶ月間運転することを求める。一定の条件のもとでの閉鎖は認める。他の合法的な事業体に、発電所の運転責任を譲渡することも認める（Requires operation of Rancho Seco for approximately 18 months; permits closure under certain circumstances; authorizes SMUD to turn over responsibility for the plant to some other legal entity.）」（条例案C）という内容だった。

その第一の含意は、次の燃料棒の交換が必要になるまでの一八ヶ月間、ランチョ・セコ原発の試験運転を認めよ、そして続いて二度目の住民投票を実施しようというものだった。運転実績が五〇％以下の稼働率だったらランチョ・セコ原発は閉鎖しよう、稼働率がそれ以上高くて、住民投票で賛成が多かったら運転を継続しよう。「ランチョ・セコ原発にもう一度チャンスを」が、原発維持派のスローガンだった。ランチョ・セコ原発は修理されて新品同様によみがえった。まず運転実績をみようというのが、かれらの提案の趣旨である。

第二の含意は、ランチョ・セコ原発を他の電力会社に売り払ったり、同原発を他の電力会社と共同経営することを法的に認めさせ、トラブルが起きた場合の危険分散をはかろうということである。ランチョ・セコ原発の電力は必要だが、リスクが大きすぎてSMUDの経営にとって重荷であることは否定できない。同原発の運転は他の会社にまかせて、電力をそこから買うことにすれば、それがSMUDにとってはベストではないか、という案である。

ランチョ・セコ原発の運転再開

八五年一二月以来停止していたランチョ・セコ原発の運転再開が目前に近づいた八八年三月一〇日、理事会は六月投票を最終的に決定した。三月二二日NRCから、安全性への一層の留意を条件に運転再開の許可がおり、三月三〇日ランチョ・セコ原発は、二年四ヶ月ぶりに運転を再開した。すでに二月ビルン総裁は、安定経営のためには同原発を閉鎖して、PG&E社とSCE社から不足分の電力を買うほうが得策だと進言していた。しかし総裁の意見は理事会多数派によって否定された。

こうして八八年六月七日の投票日を迎えることになった。投票できるのは、SMUDの全エリア、サクラメント・カウンティ全体とプレィサー・カウンティの一部に居住する有権者である。条例案のアルファベットは受付順に番号がふられる。別の問題に関する条例案Aがあり、ランチョ・セコ原発に関しては即時閉鎖をもとめる条例案Bと試験運転をもとめるC案とが投票にかけられることになった。双方とも過半数を得て可決されたときは裁判所が最終判断をくだし、双方とも否決されたら、SMUD理事会に差し戻しになるのである。

地域社会を二分するたたかい

運転継続派と閉鎖派とは、四ヶ月間にわたってはげしいキャンペーンをくりひろげた。両陣営は合計一八〇万ドルの選挙資金を集め、サクラメント・カウンティはじまって以来の額が選挙戦に費やされた。全米への波及を恐れる原子力産業はキャンペーンに九〇万ドル以上を投入、閉鎖派も前述の「キャンペーン・カリフォルニア」を中心に二〇万ドルの政治資金を用意した。文字どおり地域社会を二分する戦いとなった。五月以降の地元紙二紙の紙面は連日両陣営の主張に大きなスペースを割き、継続派と閉鎖派の投書を多数掲げている。

ポイントは次の三点だった。

①修理されたランチョ・セコ原発の安全性をどう評価するか、②運転継続と閉鎖とどちらがSMUD、および消費者にとって経済的なのか、③ランチョ・セコ原発を他の会社に譲渡することははたしてベターなのか。かりに譲渡した場合、住民側は同原発をコントロールできなくなるのではないか。

運転継続派は、ランチョ・セコ原発の閉鎖運動の影の主役は州下院議員トム・ヘイドンと妻の女優ジェーン・フォンダだと批判した。ベトナム反戦運動のスターだった夫妻は保守派からみた「過激派」

図2・3　1989年6月6日　天下分け目の投票日（John Kloss提供）
原発を死守しようとする原子力産業と閉鎖をもとめる市民との対決

の代名詞だった。全国的な反原子力運動の一環としてランチョ・セコ原発がターゲットにされている。ランチョ・セコ原発の次はカリフォルニア州のディアブロ・キャニオン原発とサンオノフレ原発がねらわれるぞ、と非難した。

閉鎖派の方は、運転継続派のバックには原子力産業がいる、原子力産業がSMUD理事会を操ってランチョ・セコ原発とSMUDを食い物にしていると応酬した。

両派はいずれも、住民の

ローカルな感情にアピールしようと、外部の勢力が、サクラメント・カウンティとSMUDの真の利益を脅かしていると非難しあったのである。

（4）決戦

僅差の敗北──第一回住民投票

一九八八年六月七日、カリフォルニア州の大統領選挙予備選挙などと同時に、ランチョ・セコ原発の閉鎖か、試験運転かを問う第一回住民投票がおこなわれた。州の予備選挙では共和党は副大統領のブッシュ候補、民主党はデュカキス候補がともに圧勝した。

投票率五五・一％で、閉鎖をもとめた条例案Bは反対五〇・四％対賛成四九・六％で僅差で否決、試験運転をもとめた条例案Cは、賛成五一・六％、反対四九・六％で可決した。

ランチョ・セコ原発は当面生き残れることになった。けれども二度目の住民投票という関門が待ち受けていた。八八年九月、SMUD理事会は八九年六月六日に二度目の投票をおこなうことを決定した。翌年の六月に燃料棒の追加的な装塡が必要になると予想されたからである。

再投票──最終審判

二度目の住民投票でも、運転継続か、即時閉鎖かが争われた。選挙戦の対立の基本構図も争点も一年前とほとんど変わらなかった。ただし条例案が一つで、「試験運転」というような言葉が入っていないために住民による最終審判という性格は強まっており、それだけ対決色も増していた。継続派はキャンペーンに五八万ドルを投じていた。

最大の変化は、理事会の構成と理事会内部の政治的雰囲気の変化だった。八八年一一月の理事選挙で、改選期を迎える三名の理事はいずれも運転継続派だったが、強引な理事会運営が際だったアン・ティラーなど強硬派の二名は立候補を見送り引退し、より穏健だった現職一名は落選した。当選したのは民主党系のリベラル派二名と共和党系一名だった。この間第一回住民投票後のビルン総裁解任事件が起きており、世論の批判と一層きびしくなったサクラメント・ビー紙のSMUD批判キャンペーンによって、SMUD理事会の人心一新をもとめる声が強まったことの反映である。理事会は運転継続派四対閉鎖派一から、運転継続派三対閉鎖派二、共和党系二対民主党系三に変化した。そして理事長には民主党系で運転継続派という中間的な立場をとる初当選のジョー・ボニートが就任していた。

もう一つの大きな相違点は、運転再開後のランチョ・セコ原発の運転実績がよくないことだった。八八年六月時点ではトラブルはなかったが、フル稼働に入った一〇月以後トラブルは五回あり、とくに八九年一月から五月までの稼働率は、一月末からの六週間の運転停止がたたり四二%にとどまった。稼働率五〇%という目標を超えたのは四月と五月のみだった。「もういい、もうわかったじゃないか。一五年目の中古車が新車になりえようがないのは当然じゃないか。ランチョ・セコ原発はいずれ廃炉になる。これ以上改修に資金を費やすのはやめよう。閉鎖して周辺の電力会社から余剰電力を購入するのが一番経済的だ」というのが閉鎖派の主張だった。

ついに閉鎖決定

二度目の住民投票の条例案Kは、公約にしたがってSMUD理事会が提起したもので「サクラメント電力公社にランチョ・セコ原子力発電所の運転の継続を命じる」という内容だった。別種の案件に関する他の二つの条例案とともに六月六日に臨時に投票がおこなわれた。投票率四〇%で、運転継続への賛成は四六・六%、反対は五三・四%、一一万一八六七票対九万七四六〇票で否決された。投票率は過半数を割っているが、この地域での、大きな選挙と同時に実施されない単独の選挙としては通常よりも一〇%程度高いものだった。

厳密に言えば、この投票は政府機関の基本政策に関する住民の意思の表明というにすぎず、結果のいかんにかかわらず、直接SMUD理事会やSMUD執行部の意思をしばる法的な拘束力をもっていたわけではない。けれどもSMUD理事会も、ボッグ総裁も、条例案が否決されたら、ランチョ・セコ原発を閉鎖すると明言していた。八八年の住民投票をうけて一二ヶ月の試験運転結果をふまえておこなわれた再投票で、ランチョ・セコ原発の運転継続が信任されなかった以上、政府機関であり、公営電力であるSMUDは民意に従わざるをえなかった。

投票日の翌朝六月七日朝八時、ボッグ総裁は公約どおり、ランチョ・セコ原発のメイン・スイッチをオフにすることを命じた。

（5）問題は永久に終わらない

廃炉化のハードル

けれども原発は、閉鎖すれば問題がすむわけではない。閉鎖後も安全な放射能管理が要求され、廃炉化の作業が待っている。「ドアを閉じれば、扉は閉まる。店から出れば、それでおしまい。しかし原発の場合には閉鎖後も、「永久管理」という新しい難題につきまとわれる」。九三年一月、カリフォルニア州の北隣オレゴン州でもトラブル続きのトロージャン原発の閉鎖が決定されたが、その直後の地元紙の書き出しである[10]。九二年一一月の住民投票で可決は免れたものの、トロージャン原発は経営陣の判断で閉鎖決定となったのである。

閉鎖された原子炉を安全に保守・管理し、さらに安全に廃炉にすることは難題である。ランチョ・セコ原発一号炉の廃炉化の費用を八九年時点で原子力規制委員会（ＮＲＣ）は一億ドル程度と推定していた。当時から過小評価だという批判があったが、九三年一二月末時点で総額三億六六九〇万ドルに、九五年九月時点ではさらに約二〇％アップし、四億四一〇〇万ドルと見積もられている[11]。費用が最終的に幾らになるのか、終わってみなければ正確には誰にもわからないだろう。一四年間稼動してきた原発の閉鎖、最大出力九一万三〇〇〇キロワットという大型の原発の閉鎖は全米でもはじめてである。

筆者は九一年三月八日ランチョ・セコ原発の施設内部を見学した。ランチョ・セコ原発内部で原子炉の保守・管理と廃炉化の準備のために働いている人は最盛期の一五％の二二五人だった。保守・管理の

図2・4　閉鎖後もＳＭＵＤはピエロ役（John Kloss 提供）
QUADREX 社はランチョ・セコ原発の買収・運転再開をねらったが失敗

責任者ベンダー氏が原子炉の周囲を案内してくれたが、かれは五・九五ミリシーベルトの放射線を浴びて被曝してしまった。かれのズボンの左の裾と左の靴が、床上の放射性物質の塵を踏んだらしい。幸いまったく同じコースを歩いた私は無事だった。印象的だったのは、ベクテル社に一六年間勤務経験のあるベテランの原子力エンジニアであるベンダー氏が、放射線検知器の値が下がるまで扇風機でズボンの裾の

放射性物質を飛ばすというきわめて原始的な方法で処理したことである。

なお筆者は九五年八月ランチョ・セコ原発の敷地周辺とランチョ・セコ公園内のガンマ線の値を放射線検知器「たんぽぽ」で測定したが、放射線のレベルに異常はなかった。

一九九二年三月、原子力規制委員会（NRC）はランチョ・セコ原発の原子炉の運転認可を取り消した。同原発の再開の可能性はこの時点で事実上消滅した。同原発の運転再開のため、八九年秋、エンジニアリング会社が買収の提案をおこなったが、SMUD理事会はリスクが大きすぎるとして提案を拒否した（図2・4）。八九年六月に否決された住民投票の条例案の主語はSMUDであり、SMUD以外の他の会社がランチョ・セコ原発を運転することまでは禁じていないため、このような売却・運転再開の可能性が残されていたのである。その後、ランチョ・セコ原発の発電設備や送電設備を活用して天然ガス炉に転換する提案があったが、SMUDは後述するようにこの提案もしりぞけている。

現在は原子炉本体や使用済み核燃料の冷却期間であり、二〇〇八年から核燃料の抜き取り、放射能汚染の除去作業と解体作業を開始し、二〇一一年に撤去完了予定である。隣接地は公園として一般に開放されている。

電気料金値上げへの暗雲―ランチョ・セコ原発の会計処理

ではランチョ・セコ原発の会計処理はどのようになされたのだろうか。八九年一一月SMUDは、帳簿上処理すべきランチョ・セコ原発のコストを六・六億ドルと認定、そのうち五億ドル分は回収不能として帳消しにし、一・六億ドル分を向こう一七年間電気料金に転嫁して回収することにした。インフレやカリフォルニア州における放射性廃棄物処分場問題の難航の余波をうけて廃炉化費用の見積もりが膨らんだために、一九九四年末までに、二〇〇六年を期限として回収すべき負債総額は三・六億ドルと改訂された。そのうち二・四億ドルは、今後の料金収入によって回収しなければならない。SMUDは九〇年一月から九六年まで値上げをしなかったが、九七年以降電気料金の値上げが予定されている。電力規制緩和による価格競争の激化が予想されるなかで、廃炉化費用が今後どれだけ膨らむのか。SMUDの経営の最大の不安材料は、ランチョ・セコ原発の廃炉化問題である。現段階では二〇一一年に予定されているが、原子炉の撤去作業が安全に完了するまで、まさしく問題は終わらないのである。しかもなお使用済み核燃料は原子炉の撤去後も同原発の敷地内に半永久的に残り続ける予定である。

(6)「六〇年世代」の勝利

なぜ勝てたのか

なぜ反ランチョ・セコ原発運動は、住民投票による閉鎖という運動目標の達成に成功できたのか。たしかにランチョ・セコ原発の運転実績は一四年間で平均稼働率三九％という低い水準で終始した。しかしだからといって自動的に閉鎖できたわけではない。閉鎖以外にもさまざまなオプションがあった。SMUD単独による運転継続、ランチョ・セコ原発の他の電力会社などへの譲渡とそこからの電力購入、ＳＭＵＤ全体のＰＧ＆Ｅ社への吸収合併などである。このなかからなぜ閉鎖という選択肢がもっとも有権者の支持を得、八九年六月以降のＳＭＵＤ理事会がこの路線を守り通せたのか。それは、すぐれたリーダーシップと強力な運動があったからである。

アメリカでは住民投票は日常的におこなわれている。原子力発電の是非についても、一九七六年から八九年の六月六日まで、ＳＭＵＤに関するもの以外一四回投票がおこなわれたが[12]、住民側が勝利したのは八九年六月のランチョ・セコ原発をめぐる第二回住民投票のみである。

重要なことは、反ランチョ・セコ原発運動は、トラブル続きのランチョ・セコ原発の閉鎖という一点に運動目標をしぼった運動であり、原子力発電一般に反対した運動ではなかったことである。その意味では「反原子力運動」と規定すべきではない。ＳＡＦＥ代表のマイケル・レミやスメロフ理事らは意識的に戦略としてランチョ・セコ原発の閉鎖に運動目標を限定し、争点をランチョ・セコ原発の安全性と経済性の問題にしぼったのである[13]。保守層のもつリベラル派に対する、また急進的な反原子力運動に対するアレルギーを刺激しないような運動戦略が重視された。それはベイ・エリアなどと比較して、相対的に保守的なサクラメントで、多数を制するための戦術的配慮でもあった。例えばカウンターカルチャー的な運動スタイルをもつサンフランシスコ周辺の反原子力運動の参入を断わっている。

第二に、ＳＭＵＤ以外の住民投票は、いずれも州の規模でおこなわれている。それに対してランチョ・セコ原発に関する住民投票はカウンティ、日本的に翻訳すれば広域市町村圏のレベルで、有権者五三万人を対象に実施された。

住民投票は有権者の範囲が小さいほど、それだけ住民側の危機感が投票結果にストレートに反映されやすい[14]。しかも、ここでは有権者の居住する空間的範域と、電力サービスの受益者の範域が完全に重なり合う。原発の立地場所はサクラメントの中心から四二キロしか離れておらず、しかも運転実績は電気料金にたちまちはねかえってくる。空間的にもサクラメント都市圏は小規模でサンフランシスコ・ベイ・エリアなどの大都市圏からは相対的に孤立し、地理的一体性が高い。ランチョ・セコ原発問題は、制度的にも空間的にも自己完結的な性格が強かった。それゆえ一般市民にとってもきわめて可視性の高い問題だったのである。

第三に州都サクラメントの政治都市、行政都市としての戦略上の位置がある。サクラメントには多くの環境グループや社会運動組織が拠点をおいている。かれらの関心は通常は州政府レベルのイッシューにあるが、生活者としてはサクラメント広域市町村圏の市民であり、州都の新聞の熱心な読者である。かれらは反ランチョ・セコ原発運動にとっても、リーダーシップや運動ノウハウ、資金など運動資源のおもな供給源となった。その典型例は、「キャンペーン・カリフォルニア」の支援活動であり、かれらが反ランチョ・セコ原発運動に関わるラジオ・テレビＣＭの作成や放映、募金活動の中心的な担い手となったのである。

六〇年代・七〇年代体験と自由業的専門職層のネットワーク

ランチョ・セコ原発問題のインタビュー調査を続けるうちに、私は興味深い事実に気づいた。サクラメント電力公社（SMUD）の一九八九年当時の理事五人のうちリベラル派の四人（うち一人はランチョ・セコ原発問題では原発維持を主張）および、反対運動の中心SAFEのレミ代表や「キャンペーン・カリフォルニア」のサクラメント・オフィスのマルホランド事務局長などが、いずれも一九四三〜五〇年生まれで、一九六〇年代・七〇年代初期の公民権運動や大学紛争の時期に学生時代を経験し、自身活動家であったり、本人が直接運動にコミットしなかった場合においてもこの時期に政治的社会化を経験し、パブリック・サービスや体制内改革への志向を育んだと語ってくれたことである。その典型はスメロフ理事である（註5）。九二年の大統領選挙で当選したクリントン、ゴアと、かれらは同じ「六〇年世代」である。

日本では、アメリカ社会の保守化に焦点をあてた報道がさかんだが、それは一面的である。クリントン、ゴアの若い正副大統領を誕生させた社会的背景の一つは、六〇年世代が四〇歳代半ばというライフ・サイクルの上でもっとも活動的な時期にさしかかったことにある。

六〇年代の元ラディカルたちの体制参入と体制内変革への志向とは、サクラメントにおいても原発閉鎖による経営再建の道を歩ませる推進力となった。「六〇年代の社会運動は制度化され、今日では六〇年代当時より強力である」（ラルフ・ネーダー）、「一九六〇年代のラディカリズムは七〇年代には常識になった」（トム・ヘイドン）というような七〇年代のリアリティが、少なくともカリフォルニアには今なお生き続けている。この世代の人びとは、カリフォルニア州の「非原子力化」と再生可能エネルギーの普及、電力改革を推進してきた牽引車でもある（第4章第1節）。科学技術信仰を脱した六〇年世代による、環境問題などをめぐる社会変革の実践例は全米の各地に存在する[15]。

高校時代に大学紛争にコミットしたという、キャンペーン・カリフォルニアの有力メンバー（一九五〇年生まれ）は、ベトナム反戦運動などへのコミットによって「自分たちは、一緒に行動することによって社会と政治を変革することができるという信念を共有した」と世代体験をふりかえっている[16]。

ランチョ・セコ原発問題をめぐる理事会内の対立は、世代間闘争的な側面もあった。八八年当時の運転継続派の四人の理事のうち三人は一九三〇年代生まれで、閉鎖派のスメロフ理事（一九五〇年生）、キート理事（一九四八年生）とは一〇歳以上の年齢差があった。

筆者はランチョ・セコ原発の閉鎖運動の実像を把握するために、九一年四月に反ランチョ・セコ原発運動の支持層、リーダー層に対する郵送調査を実施した。その結果、弁護士・大学教授・コンサルタントなどの専門職的自由業者や州政府機関にはたらく専門職者が多く、高学歴・高収入で高い社会的威信をもち、過去に運動経験とリベラルな政治的志向性をもつ人びとが多いことが確かめられた[17]。クロス教授のいう「教育のある移住者」（第1章第1節）が、しかも六〇年世代の「教育ある移住者」が、運動の中心的リーダーだったのである。かれらはマスメディアやコミュニティ・メディアとの間に緊密なネットワークをもっており、これを最大限に有効に活用した。

公民権運動の成功以来、社会運動における既存の社会的ネットワークの役割が再評価されるようになったが[18]、このランチョ・セコ原発閉鎖運動においても自由業的専門職層のネットワークは大きな意味をもったのである。

チョ・セコ原発をリストアップする。

10月2日機械的な事故により運転停止。約1ヶ月間停止。

12月26日電気回路の誤作動により、炉心の過冷却事故が発生。微量の放射能が漏れ作業員2人とまわりの牧野が被曝する。ランチョ・セコ原発史上最も重大な事故。修繕のため27ヶ月間の運転停止。

1986年（4月26日チェルノブイリ事故）

5月18日サクラメント・ビー紙、ランチョ・セコ原発問題に関する5日間の批判的キャンペーン記事を掲載。

ランチョ・セコ原発の2人の作業員が麻薬使用で解雇される。2人は発電所内で麻薬が蔓延していると主張。

1987年4月28日ＳＡＦＥは、ＳＭＵＤに対してランチョ・セコ原発の運転再開の是非を決する住民投票の実施をもとめる5万人の署名を提出した。

1988年3月30日27ヶ月ぶりに運転再開。計4.7億ドルを投じて修理をする。

6月7日住民投票で、18ヶ月の試運転が認められる。

10月14日送電線のトラブルが原因で、冷却ポンプの動作が不調になり、3月の再開後初の運転停止。

12月12日操作ミスと作業員間のコミュニケーション不足で蒸気発生管が17分間空だき状態になる。1月5日まで運転停止。

1989年1月31日補助給水ポンプのトラブルにより3月14日まで運転停止。

3月28日主給水系の原因不明の振動により運転停止。高レベルの放射能を含むガスが大気中に漏れる。4月8日運転再開。

6月6日第2回住民投票で、閉鎖決定。翌7日朝8時、原子炉の運転が停止される。


（出典）NRC, *Sacramento Bee* 紙, SAFE 資料などにもとづき作成。

表２・２　ランチョ・セコ原子力発電所の主要なトラブル

1974年10月19日試運転開始を祝う祝賀式当日に、蒸気発生管のタービンのトラブルが原因で運転停止。

1975年4月18日営業運転開始。

6月29日低圧タービンの回転翼から羽根が脱落、営業運転開始後最初の運転停止（76年2月26日運転再開）。営業運転開始後18ヶ月間で、のべ422日間停止する。蒸気発生管のトラブルが主な原因。

1978年3月20日中央制御室の作業員がスイッチの電球を交換中に誤って落下させたことによりコントロール・パネルの電源が切れ、炉心が過冷却状態になり緊急停止する。1時間以上にわたって原子炉が制御不能になる。のち原子力規制委員会（ＮＲＣ）により69年から79年までの10年間で全米で3番目の重大事故と評価される。

1979年（3月28日姉妹機のスリーマイル2号炉部分炉心溶融事故）。

4月28日ＮＲＣから、スリーマイル事故にもとづく改善命令をうけ、6月末まで停止する。

1980年原子炉内のバルブの調整ミスに対して、ＮＲＣより、連邦安全規則違反で2.5万ドルの罰金を課される。

1981年5月17日蒸気発生管から蒸気漏れ、微量の放射能を含む冷却水が外部の河川に放出される。修理のため1ヶ月間停止する。

1982年6月25日ＮＲＣより、連邦安全規則違反で12万ドルの罰金を課される。中央制御室の作業員が緊急装置がはたらかない状態になっていることに気づかなかったため。

11月20日、81年5月と同様の蒸気漏れ事故。修理のため1ヶ月間停止。

1984年　ＮＲＣはランチョ・セコ原発を全米ワースト10に入る原発と認定。

3月19日発電機で水素が爆発、火事のため38日間停止。

6月12日従業員2人が、ボイラーからの高圧蒸気で大やけどを負い、2〜3週間後に死亡。

8月14日ＮＲＣは、ランチョ・セコ原発の中央制御室の状態を「最悪」と評価。

1985年　この年のべ約240日間、ランチョ・セコ原発停止。ＳＭＵＤは営業開始以来最初の赤字決算となり、2度にわたって電気料金を計30%値上げする。ＮＲＣは、危険な6基の原子炉の一つとして、ラン

第3章　よみがえるサクラメント電力公社

第1節　新総裁フリーマンの経営戦略

（1）大逆転

どん底のサクラメント電力公社

住民投票によって原発の閉鎖に追い込まれた電力公社は、はたして生き残ることができるのだろうか。否決された条例案の主語は、サクラメント電力公社（SMUD）だったから、住民投票の結果は、電力公社の経営能力および原発管理能力への不信感の表明でもあった。地元紙サクラメント・ビー紙のSMUD担当のベテラン記者が語ってくれた。「原子力発電そのものに批判的な人をのぞいては、有権者の多くはSMUDのランチョ・セコ原発の運転能力を信頼していなかった。それが否決された最大の原因だ。PG&E社だって、SCE社だって原発をちゃんと運転できているじゃないか。一方SMUD理事会ときたら、年中もめごとばっかりだ。総裁をやたらに替える。経営に持続性がない、もううんざりだという不満だ。（中略）八七年から八九年頃までは、SMUDの従業員はパーティーで勤め先を聞かれても、「スマッド」と消え入るような声で言うしかなかった。大声で「スマッド」と答えようものなら、失笑されるところだ。従業員も萎縮していた。SMUDのいっさいがっさいが論議のタネなんだから。

写真5　ディビッド・フリーマン総裁

もう、いまはそんなことはないが」[1]。
電力公社は市民の信頼を回復することができるのだろうか。設備容量の半分を占めていた原発を閉鎖して、電力の安定的な供給が可能なのだろうか。あるいは周囲をエリアとする全米有数の大電力会社パシフィック・ガス電力会社（PG&E社）に吸収合併されてしまうのだろうか。原発を閉鎖した電力公社に課題は山積していた。
しかし、サクラメント電力公社はたちまちよみがえったのである。

新総裁フリーマン

SMUD復興の最大の功労者は、閉鎖までの局面に関してはスメロフ理事であり、ランチョ・セコ原発閉鎖後の局面に関しては、一九九〇年六月に就任したディビッド・フリーマンである（写真5）。原発閉鎖がもたらした最大の恩恵は、全国的な声望とビジョンとリーダーシップのある新総裁を招聘できたことだといってよい。

原子炉停止を命じたボッグ総裁は、運転継続を支持していたし、電力事業の経営経験がなかったから、総裁更迭は時間の問題と見られていた。スメロフ理事らが中心となって全国的な人材を、しかも脱原発路線の積極的な推進者を招請することになった。意中の人物は、六五歳と高齢だが、ＴＶＡ（テネシー渓谷開発公社）総裁の在任中に建設途中の原発八基を中止させ、四基の建設を凍結させた実績をもつフリーマンだった。かれは一九六七年からジョンソン、ニクソン、フォード、カーターの四代の大統領のもとでエネルギー政策を策定したことを誇りとする公営電力業界の長老的存在であり、早くから省エネルギー政策の重要性を熱心に説き、業界内部で原子力の利用にもっとも消極的な人物であることを自負していた。かれは九〇年当時でさえ異色の電力経営者だった。当然原子力産業からは厄介視されていた。そもそも八七年にビルンを招請した際、スメロフらが第一に推したのはフリーマンだったが、原発維持派が理事会の実権を握っている限り、このような経歴をもつフリーマンの招請はありえなかった。

「ＳＭＵＤ最良の年」は続く

閉鎖決定から二年後、「ＳＭＵＤ職員は語る、九一年は最良の年」という大見出しで、たいていのＳＭＵＤの職員も、理事たちも同意見だと、九二年年頭のサクラメント・ビー紙は報じている[2]。同紙は、ＳＭＵＤ批判キャンペーンを続けてきたもっとも手強い地元メディアである。「最近になくわれわれがうまくやっているのは疑いない」引用されているのは、共和党系で原発閉鎖に反対した理事コックスのコメントである。

「総裁フリーマンは多くの栄誉を得てきたが、「アメリカで最悪の電気事業者」と形容される企業のトップになったことはなかった」。ＳＭＵＤの九一年を回顧するこの記事は、アメリカの新聞によく見られるように、スパイスを効かせた辛口のスタイルで書き出している。けれども記事は続いて、前任者たちの多くが誰もできなかったことをやりとげたとフリーマンの手腕をたたえている。

どうして九一年は最良の年なのか。記事があげているのは次のような理由である。①新総裁フリーマンへのＳＭＵＤ従業員の信頼が厚いこと。②九〇年に続いて、九一年も九二年も料金の値上げをせずにすむこと。③不況期にもかかわらず、債券市場での評価をあげたこと。④そして、最大の懸案であるランチョ・セコ原発に代わる、電源確保の新規プランを年末の理事会で決定したことである。

筆者がカリフォルニア大学バークレー校への在外研究の期間を利用して第一次の調査をしていた九〇年夏から九一年春の段階では、インタビューした関係者の多くは、ＳＭＵＤの再建のゆくえについても、新総裁フリーマンの手腕についても、まだ懐疑的だった。しかしそれから半年後の九一年末にはこのような評価が確立していた。

翌九二年もＳＭＵＤにとって順調な一年だった。「ＳＭＵＤ消費者にとって、輝ける九二年が過ぎていく」九三年一月一二日付のサクラメント・ユニオン紙の見出しである。同紙は共和党寄りで、ランチョ・セコ原発の運転継続が社論だった。逆に、サクラメント・ユニオン紙は経営難から一四〇年余の歴史を閉じ、九三年に廃刊してしまうのである。

全国的な声望

ＳＭＵＤは、その実績と消費者サービスを評価されて、一九九二年の全米公営電力協会賞を受賞した。合州国の二千以上ある公営電力のなかで最高の栄誉に輝いたのである。またカリフォルニア公営事業協会からは、電力公社の植樹計画と冷蔵庫のリサイクルプログラムを称えられ、パロ・アルト市などの電力公社とともに、一九九二年四月第一回「資源保護賞」を受賞している。

また特筆すべきことは、一九九二年九月一一日付のニューヨーク・タイムズ紙が「非核時代の電気事業者の生き残り戦略」の見出しのもとで、原発閉鎖後のＳＭＵＤの経営方針を大きな紙面を割いて紹介し、さらに九月二七日付の同紙日曜版が「七〇年代はじめに今日のエネルギー問題を正しく預言したフリーマンは、今や電気事業者が原発抜きでもやっていけることを証明した」との見出しで、総裁フリーマンとのインタビュー記事を掲載したことである。ニューヨーク・タイムズはアメリカのなかでも全国紙的存在ではあるが、日本の全国紙から見れば、はるかにニューヨークおよび東部中心であり、サクラメントの一企業や一政府機関の動きが大きく扱われることはめったにないことである。八九年までさんざん悪評をかこっていた電気事業者が、わずか三年後にはエネルギー利用の効率化で全米をリードする名声をかちえたのである。

九三年三月はじめ、私はＳＭＵＤ理事で、ランチョ・セコ原発閉鎖およびＳＭＵＤ再建の最重要人物の一人エド・スメロフと再会した。「ぼくたちは今では他の電気事業者のモデルだよ。ほかでも原発を止めはじめている。この数年の変化はまっただ中にいたぼくでさえ驚くほどだ。ＳＭＵＤは今や全米のメイン・ストリームだ」。スメロフは興奮気味に語り出した[3]。かれはオレゴン州やオハイオ州、フロリダ州、テキサス州など各地から招待をうけ、さらにはロシアから招待をうけＳＭＵＤの経験を講演している。ＳＭＵＤの評価は今や国際的なものになってきた。九四年には日本を含む二四ヶ国から、エネルギーの効率利用プログラムに関する視察があった。

ＳＭＵＤは息をふきかえした。ＳＭＵＤは原発を閉鎖したことによって、経営再建に劇的に成功したのである。ランチョ・セコ原発の閉鎖が、ＳＭＵＤにどのような変化をもたらしたのか。それらはどのように経営再建に結びついているのか。

（２）原発閉鎖のバランスシート

政治的対立の終焉

第一は、ランチョ・セコ原発の運転の是非をめぐる積年の政治的対立が終焉し、電力公社内部および地域社会内部で、経営再建の基本方針に関する合意が確立したことである。ランチョ・セコというもめごとのタネがなくなったのである。

閉鎖決定後もランチョ・セコ原発の身売り話がもちあがったり、運転再開をもとめる動きもあったが、九二年以降は事実上終焉した。九二年三月原子力規制委員会（ＮＲＣ）はＳＭＵＤに対する運転認可証を廃止し、ＳＭＵＤはランチョ・セコ原発の所有許可証だけをもつことになった。このライセンスの変更によって、運転再開は事実上不可能になったのである。

ただし今日なお同原発の閉鎖は誤りだったとする同原発擁護論や、閉鎖があまりにも政治的な決定であったとする批判が消え去ったわけではない。共和党系の前理事コックスと、元理事でランチョ・セコ原発擁護論の急先鋒だったアン・ティラーは、筆者のインタビューに対して、なお閉鎖は誤りだった、同原発を運転し続けていたら、さらに安い電気料金を享受できたはずだと持論を述べている[4]。しかしかれらはすでに少数派であり、かれら自身も、エネルギー利用の効率化や再生可能エネルギーの推進という現在の基本方針に対して、懐疑的ではあるものの、正面切って反対しているわけではない。SMUDに対する社会的評価が高まり、ランチョ・セコ原発の運転再開が不可能になった現在では、運転継続派と同原発閉鎖派との論争はすでに決着ずみである。

原発閉鎖後はじめての選挙となった九〇年一一月の理事選挙では、原発閉鎖派のリーダー、スメロフ理事が再選され、原発閉鎖派の新人が当選し、ランチョ・セコ原発問題をめぐる理事の色分けは閉鎖支持二対運転継続支持三から、閉鎖支持三、運転継続支持二と逆転し、政党支持では民主党系四対共和党系一となった。理事会内部も、理事会と総裁との関係も安定化した。

続いて二年後の九二年一一月におこなわれた理事選挙は、候補者全員が、フリーマンの指揮下の経営方針に肯定的であったために、争点の乏しい無風に近い選挙戦となった。ランチョ・セコ原発の操業開始以来続いてきた、同原発の是非を最大の争点として民主党系と共和党系とが反目し、集票を競いあう時代はようやく幕を閉じたのである。民主党系主導の理事会運営が定着し、もはや民主党系と共和党系との間で、電力公社の経営方針をめぐる大きな見解の対立はなくなっている。

フリーマン総裁時代、経営の主導権が総裁にあるのか理事会にあるのか、総裁と理事会側の見方は微妙に分かれていた。理事会内部からはフリーマン総裁に対して、トップダウン的で独走しすぎるという批判があった。フリーマン総裁の側からは、理事会は基本方針を越えて、細かい経営内容にまで立ち入りすぎるとの批判があった。筆者とのインタビューのなかでフリーマンが繰り返し強調したのは、理事会との関係の難しさである[5]。両者の間には緊張もある。けれども基本的な合意と、政治的安定のもとで、総裁フリーマンのリーダーシップはゆるぎないものとなった。かれの三年八ヶ月の在任期間は、八二年以降の総裁のなかではもっとも長い。

リスクの逓減による経営の安定化

第二の大きな影響は、経営の安定である。SMUDは、九〇年一月以降、この六年間電気料金をすえおいたままである。SMUDの料金は、カリフォルニア州でもっとも安い水準にある。とくに隣接区域で営業するPG&E社の料金は一キロワット時あたり一二・七セント、SMUDは八・〇六セントと、PG&E社は約六〇%も割高となっている（九四年夏期料金、住宅用）。標準的な世帯の支払いは、月七〇〇キロワット時で月額三〇ドル以上も差があるのである。ランチョ・セコ原発の閉鎖によってSMUDは、少なくとも現時点まではPG&E社との長年のたたかいに勝利したといってよい。カリフォルニアの電気料金は、全米平均の一・五倍と割高で、それが同州の電力規制緩和政策の理由だが、SMU

Dの料金は、九二年以降全米の平均を下回っている（前掲図2・1）。ちなみに日本の電気料金は住宅用でキロワット時あたり二五円前後だから、一ドル＝一〇〇円で換算すると、SMUDおよび全米の平均は、日本の電気料金の三分の一以下であり、割高であることを批判されているPG&E社の料金も二分の一程度である。

ウォール街の債券市場でもSMUDの長期債券への評価は上昇した。アメリカでは、投資顧問会社は事業者の債券にランクづけをおこなっている。ランクの高さは信用度のものさしだから、ランクが上がるほど、その事業者が新規に発行する債券の利率は相対的に低くてすみ、資金調達は容易になる。ランチョ・セコ原発が長期間の運転休止となった八〇年代半ば以来、ウォール街でのSMUDの評価は下がっていた。九一年八月まず一社が「BAA」から「A」へ一ランク評価を上げ、九二年五月には他の二社も評価を上げている。これらはSMUDの経営が好転したことの何よりの証であり、原発の閉鎖が経営リスクを解消させ、再建が軌道にのりつつあることをウォール街も承認したことをあらわしている。

ランチョ・セコ原発は八五年末以降四・七億ドルかけて修理されたが、このほかにも大きなトラブルを機に、その後始末に原発運転部門の幹部を、ベクテル社や原子力関係のコンサルタント会社から高給と好条件で招請するのが常だった。その厚遇ぶりはしばしば地元紙の批判を招いていた。ジョン・クロスが図2・2で鋭く風刺したように、ランチョ・セコ原発は金食い虫だったのである。

(3) カウボーイハットの新総裁

カウボーイハットとテネシーなまり

新総裁フリーマンは、一九九〇年六月の着任直後から次々と新政策を導入した。「わしはミスター・外回りだよ（I'm Mr. Outside）」とジョークを言いながら、フリーマンは、トレードマークのカウボーイハットを被り、どこにでも出かけて、テネシーなまりの大声でスピーチをした。電力をいかに効率的に利用すべきか、省電力の重要性と具体的なノウハウを説き、太陽光発電の意義を説き、電気自動車の開発・普及の必要性を説いて回ったのである。フリーマンへの賛辞のなかでもっとも多くあげられるのは、その信念とビジョン、飾り気のないオープンな人柄についてである。新聞やテレビのＳＭＵＤ関係の報道は、フリーマン着任後は良いニュースが中心になった。こうしてフリーマンは従業員のモラール向上と、地域住民の信頼感の回復に成功したのである。

九三年三月四日、理事会を傍聴して、「総裁聞いてください」というような調子ではじまる電気料金などに関するフロアーからの質問に熱心に耳を傾け「すぐに対応させます」というフリーマンの回答ぶりをまのあたりにしながら、私は消費者と総裁との間の信頼感を実感した。

連邦のエネルギー政策の最初の第一人者

かれの新政策の背景には、エネルギー問題のエキスパートとしての自負とオーソリティ、ＴＶＡ総裁職はじめ、豊富な経験があった。

八四年五月任期満了でTVAを退任したあと、SMUD総裁への就任前までかれは四年間故郷テキサス州の「コロラド河下流開発公社」という小さな電力公社の総裁をしていた。八九年四月六日放映のNHK総合TV『いま、原子力を問う』第二回はその当時のかれの姿を映している。番組のなかで、かれは「わしゃあ、もう原発はこりごりなんじゃよ」「トゥー・チープ・トゥー・ミーター（安過ぎて測れない）ではなく、トゥー・イクスペンスィブ・トゥー・ユーズ（高過ぎて使えない）じゃ」と原発の非経済性と原発幻想を批判している[6]。

TVA（Tennessee Valley Authority, テネシー渓谷開発公社）は、ルーズベルト大統領のニューディール政策の中心事業の一つとして一九三三年に創設された、発電能力では全米最大の連邦直営の電気事業者である。一九七七年、カーター大統領に指名され、かれは八四年五月までTVA総裁を務めている。

石油や天然ガスなどのエネルギー資源に恵まれたアメリカ合州国は、エネルギーの消費にはきわめて楽天的であり、長い間連邦政府レベルでのエネルギー政策にあまり熱心ではなかった。エネルギー政策の担当官をホワイトハウスにおくのはようやくジョンソン政権末期の一九六七年一二月のことである。フリーマンはこのときからエネルギー政策の実務担当責任者をつとめ、一九七一年ニクソン大統領が、アメリカ大統領としてははじめて議会に送ったエネルギー教書の執筆にあたっている。フォード政権下で成立した、自動車燃料経済法の策定にあたっても、かれは中心的な役割をはたしている。

一九七七年オイルショック後に登場したカーター政権は八年ぶりの民主党政権として、就任直後からエネルギー政策と環境対策に力を注いだが、その「国家エネルギー政策」の執筆スタッフの一人として尽力したのもフリーマンである[7]。省エネルギーと太陽・風力エネルギーなどクリーン・エネルギーの開発推進をうたった注目すべきものである。カリフォルニア州の脱原発的な色彩の濃いエネルギー政策がスタートするのも、カーター政権の時代である。

政策の開明性―開かれた電気事業者と人事政策

フリーマンの電力政策に関しては次節で述べることにして、かれの経営上の開明性についてふれておきたい。第一にフリーマンはコミュニティ・リレーション、広報活動を重視した。地域独占を享受し、またセキュリティを重視する電気事業者の常としてSMUDもまた伝統的に秘密主義的だった。

①まず、従業員の意識変革をはかった。ランチョ・セコ原発に関わるトラブルの長期化と総裁の交替が相次いだために従業員の意識は前述のように消極化し、トップの指示を待つ受身的な心理状態が社内を覆っていた。新総裁はこれを打破するためにボトムアップ方式を打ち出した。ただしスメロフ理事らは、フリーマン総裁の手法をトップダウン的だったと批判している。

②従業員の文化的多様性の理解を推進するためのプログラムを実施した。そのねらいはとくに黒人や女性文化に対する偏見や差別意識を取り除き、企業内の融和に努めることにあった。

③新総裁は原発閉鎖に関して論功賞的な人事政策はおこなわず、内部の人材発掘・昇進につとめた。原子炉の閉鎖は内部のスタッフによる問題処理能力を高める意味ももったのである。

④従来から週休二日制だったが、営業日は五日制のまま隔週ごとに月曜日または金曜日を休ませる隔週三連休の勤務体制を採用した。二週間を単位として、勤務日は九日間、一日九時間労働という勤務体制に移行したのである。

こうした政策によって従業員のモラールが向上したことは、典型的には年間停電時間の低下にあらわれている。アメリカ全体では、年平均二時間以上だが、九一年以降ＳＭＵＤの営業管内の年間の平均停電時間は一時間以下と半分以下の水準である[8]。

フリーマン総裁のもとでＳＭＵＤは「従業員ボランティア・プログラム」を策定するなどして地域社会への貢献を重視するようになった。ＳＭＵＤはカウンティ内でも最大規模の事業所の一つだからその影響は大きい。しかも特筆すべきことは、九三年以降マイノリティや女性が経営する会社との取引の拡大に努めていることである。例えば九五年一〇月に本部ビルの隣接地に完成した「消費者サービスセンター」の建設工事にあたっては、工事予算の四二％はマイノリティや黒人、女性が経営する会社に発注している。

さらに黒人系やラテン系の人びとが理事に選ばれるように、かれらが多く居住する地区を独立の選挙区にして、理事会の定数を五から七に拡大した（九四年一一月から実施）。

フリーマン総裁の辞任

就任にあたって五年間の長期契約を要求したフリーマンは、「サクラメント電力公社での使命は果たした」として九四年二月に任期途中で勇退した。六九歳という年齢にもかかわらず、アメリカの野心的なビジネス・エリートによく見られるように、既定のレールをＳＭＵＤのなかで走り続けることよりも、新たなチャレンジを選択したのである。衆目は一一月に選挙のあるカリフォルニアの州下院議員選挙に立候補するものとみていた。けれども辞意表明の直後、コモ・ニューヨーク州知事から公営電力では全米最大のニューヨーク電力公社会長（President）兼最高経営責任者（ＣＥＯ）に招請され、かれは受諾した。就任直後から、同公社の二基の原発を、稼働率の向上が見込めないならば閉鎖すべきだと発言し、大胆なリストラ計画を提案するなど、ここでも大改革に乗り出すかにみえた。

しかし九四年秋の中間選挙と同時に実施された州知事選で、共和党のパタキがコモを破りニューヨーク州知事に当選した。九五年七月パタキ新知事は知事選の論功行賞的な人事をおこない、フリーマンは最高経営責任者の地位を奪われ、名ばかりの会長にまつりあげられてしまった。州知事選の勝利の立役者が、電力ビジネスの経験が全くないにもかかわらず、総裁（Chairman）兼最高経営責任者に任命されたのである。ＴＶＡ、サクラメント電力公社では大成功をおさめえたかれも、ニューヨークでは共和党知事の政治力に屈したのである[9]。

四一歳の女性新総裁へ

フリーマンの辞意表明にともなって、ＳＭＵＤ理事会は新総裁を任命した。選ばれたのは、ＳＭＵＤのナンバー６で、法務および総務担当重役（General Counsel and Secretary）の四一歳の女性弁護士ジャン・シオーリである。女性の経営トップが珍しくないアメリカでも、電気事業者のトップが女性、しかも四〇代前半というのは非常に珍しい。シオーリが新総裁に就任した後も、フリーマンの敷いた路線は基本的に踏襲されている。スメロフ理事のコメントによれば、サクラメントに強烈な印象を残し、アイデアマンでいつもマスコミに話題を提供してきたフリーマンに対して、シオーリは相対的に地味で堅実であり、外でアピールすることよりも企業の内側を向いている。癇癪を起こし、ときに独走しがちだった前任者にくらべて、彼女は理事会に対してはるかに協調的で、チームプレーを重視する[10]。

フリーマンからシオーリへの交代は、SMUDがランチョ・セコ原発閉鎖直後の激動期を乗り切り、堅実さが求められる安定期に入ったことを意味していよう。フリーマンは、イメージの刷新が必要だった時期のSMUDに招かれ、大胆なビジョンと行動力、人心掌握とメディア操作によって救世主的存在となった。SMUDでの自分の役割が終わったことはかれ自身が一番よく知っていたのかもしれない。「マスコミも飽きてきたのか、SMUDは最近地元ではあまりニュースネタにならなくなったんだ」九五年八月スメロフ理事は苦笑しながらこう語った。けれども、フリーマンの去就とSMUD時代の強力なリーダーシップは、個性的な経営者の力を得て電力ビジネスさえもが時代の変化に対応してダイナミックに転換をはかるという、アメリカ社会の活力の例証に思われてならない。

かえりみて日本はどうだろうか。電力会社のトップは財界や地方財界のトップを占める慣習がある。しかし、かれらはどれほどビジネス・リーダーとしての個性と独自性とを、企業内で、業界内で、また地域社会で発揮してきたのだろうか。

第2節「省電力発電」──本格化したディマンド・サイド・マネジメント

（1）省電力は発電である

電源をどう確保するのか

一九九〇年六月の就任直後、総裁フリーマンに課せられた最大の課題は、閉鎖したランチョ・セコ原発にかわる電源をどう確保するかであった。

まずランチョ・セコ原発の閉鎖以前と閉鎖後の電力需給の状況を確認しておこう（図3・1）。一九八四年は、ランチョ・セコ原発が順調に稼働した年であり、平常運転時の電力供給のモデルと考えてよい。最大出力九一万三千キロワットの同原発は、サクラメント電力公社の最大需要電力（一七三万キロワット）の五三％、年間をつうじての総供給電力量の四〇％をまかなっていた。この年ＳＭＵＤは必要な電力の七〇％を発電し、外からの買電は三〇％ですんだのである。なお買電量にほぼ匹敵するほどの余剰電力を販売している。大きく貢献したのはランチョ・セコ原発である。

ランチョ・セコ原発の発電能力に匹敵する電力は、閉鎖に先だって八八年夏に、ＰＧ＆Ｅ社から五五万キロワットとＳＣＥ社から三〇万キロワットを、九〇年一月から九九年末まで購入するという契約が結ばれていた。当面の需給バランスは確保できていた。しかし新規の電力需要に対応するためにも、とくにＳＭＵＤ発足時からの課題であるＰＧ＆Ｅ社からの電源の自立性を確保し、価格面などでの交渉力

図3・1　ＳＭＵＤ電力供給量　原発閉鎖前後の比較（1984，92年）

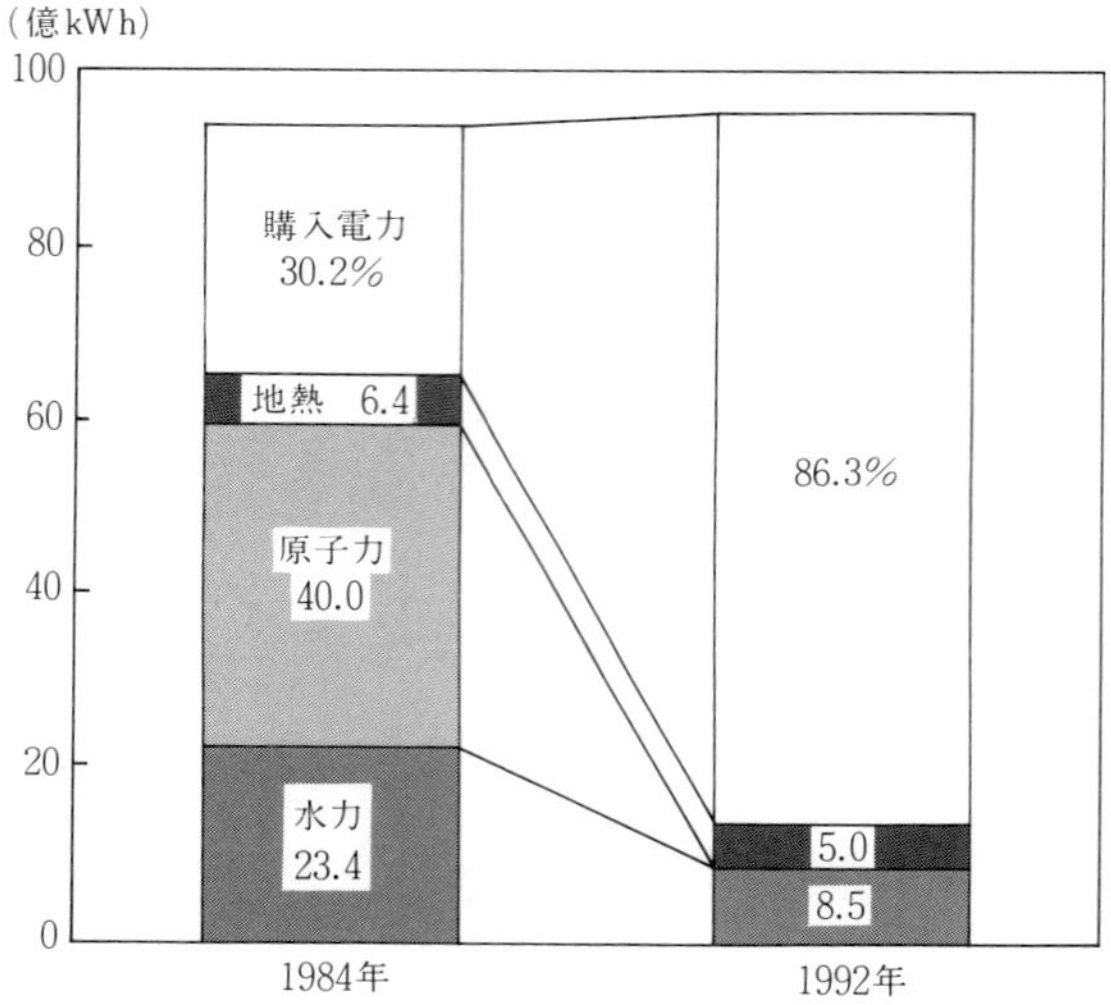

（出典）ＳＭＵＤ, *SMUD Annual Report*（1984）(1992）より作成。

をもつためにも、経営再建のシンボル的な意味でも、新電源確保のための計画策定は最大の懸案だった。図３・１の一九九二年のように、ＳＭＵＤは購入電力に八六％も依存しているのである。

しかもＳＭＵＤには難題があった。八〇年代後半以降カリフォルニアは干ばつ続きで、水力発電には多くを期待できなかった。にもかかわらずＳＭＵＤは自前の供給能力の約八割近くを、全体の供給能力の三割を水力発電にあおいでいるのである。カリフォルニアでは大気汚染が深刻化しており、州の規制がきびしく、環境団体の反発を招きかねないから、ＳＭＵＤは火力発電所は小規模の一基しかもたなかった。日本なら大型の火力発電所を建設するところだが、地域社会が受け入れるだろうか。新規の電源確保もまた八方ふさがり的な状態だった。

省電力は発電である――ＤＳＭの本格的採用

フリーマンと理事会は、まずエネルギー利用の効率化を強力に推進した。

第一の目標は二〇〇〇年の最大需要電力を現状よりも五％程度おさえ二〇〇万キロワット以下におさえることである。二〇〇〇年の最大需要電力を、人口の増大などによって現状よりも二〇％程度増え、二五〇万キロワット程度と予測した。しかも重要なことは、ＳＭＵＤは二五〇万キロワットをいかに満たすかではなく、このピーク需要を現状以下に保つために、五〇万キロワット分をいかにおさえるかという発想をとったのである。

第二の目標は年間の電力需要量の伸び率を現状の二・七％から一・〇％程度におさえることである。

電気事業者の伝統的な考え方は、需要の伸びにあわせて電力の供給能力を増やすことであり、電力の消費が増えるほど電気事業者の利潤も増し、事業者は成長するというものだった。これに対してむしろ需要を抑制し、電力設備は増やさずに、その稼働率を高めて経営効率の改善につとめる方が合理的で賢明ではないか、という考え方が八〇年代半ばから有力になってきた。ガス業界でも同様のことが主張され、ディマンド・サイド・マネジメント（Demand Side Management, 略称ＤＳＭ）と呼ばれている。「需要管理型経営」とでも訳すべきだろう。新規の電源確保が困難で建設コストが高くつく場合ほど、ＤＳＭの経済合理性は高まる。ＳＭＵＤが取り組んだのは、そのための多角的で組織的な努力である。

そもそもフリーマンは七〇年代初期から省電力の重要性を説いてきた、DSMの先駆者的存在である。TVA時代のかれは、一〇〇万世帯に省エネ化のための遮熱・断熱工事を実施し、一〇〇万キロワットの電力を節約したという実績をもっていた。

DSMの典型的な手法は、①ロード・マネジメントと②省電力化につとめることである。電力の特殊性は、一日のなかで、また年間をとおして需要が大きく変動する点にある。これをできるだけフラットにおさえようというのがロード・マネジメントであり、最大需要電力をおさえるピークカットは、その代表的な方策である。

サクラメントの場合、電力需要のピークは、日本と同様に（北海道を除く）冷房用の消費が増える真夏の午後二時から八時ぐらいにかけてである（夏時間）。夏期の需要ピークを切り詰めることができれば、電力会社はそれだけ余剰の発電設備をもたなくてすみ、電力設備の稼働率が高まるから経営的にも効率的である。

SMUDではDSMのもたらす効果を「省電力発電所（conservation power plant）」と呼び、消費者向けの各種パンフレットでも「省電力発電（conservation power）」をキャッチフレーズにしている。各家庭や事業所が電気の節約につとめ、ピークカットにつとめることは、より積極的に意味づければ、その分発電所を建設せずにすみ、あるいは買電せずにすんだのだから、各消費者のレベルで小規模の発電をやっているといってよい。

省電力発電は、経済的な側面以外にも、多様な意味をもっている。①化石燃料の消費は増えないし、

②二酸化炭素の濃度も増えない、③環境への新たな負荷はまったくない。④発電所を増やすことは一時しのぎでしかないのに対して、効果は長期的で持続的である。⑤需要家・消費者の協力が不可欠だから、省電力に向けて消費者の意識を高めることができる。

　SMUDは地域社会の進取の気性と電力需給が逼迫していたことなどから、七六年から消費者教育に力を入れ、ロード・マネジメントを実施していた。しかし九〇年秋以降全米でもっとも徹底的なDSMが実施されることになったのは、原発を閉鎖したがゆえにである。原子力発電の特徴は、需要に応じて出力調整をおこなう弾力的な運転がしにくいことであり、一〇〇％近い高出力で運転するほど原子力発電のメリットが発揮される。したがって原子力発電への依存度が高い状態では、電力需要の抑制策やDSMは動機づけられがたいのである。実際、フランスや日本、エネルギー資源の豊富なイギリスの電気事業者は消極的である。

エネルギー効率化プログラム

　SMUDの「省電力プログラム」を具体的に見てみよう（図3・2）[1]。前述のように二〇〇〇年の最大需要電力を二〇〇万キロワット以下におさえ、年間の需要量の伸びを逓減するために、夏期ピーク時に七〇～八〇万キロワットの削減（その後六五万キロワットに下方修正された）、また冬期ピーク時に二三万キロワット、年間をつうじて一・四億キロワット時の電力量の削減が、つまりこれだけの「省電力発電」が目標となっている。そのための費用は年間四六〇〇万ドルから七九〇〇万ドルであり、エ

図3・2　ＳＭＵＤ省電力発電の目標値（1991～2000年）

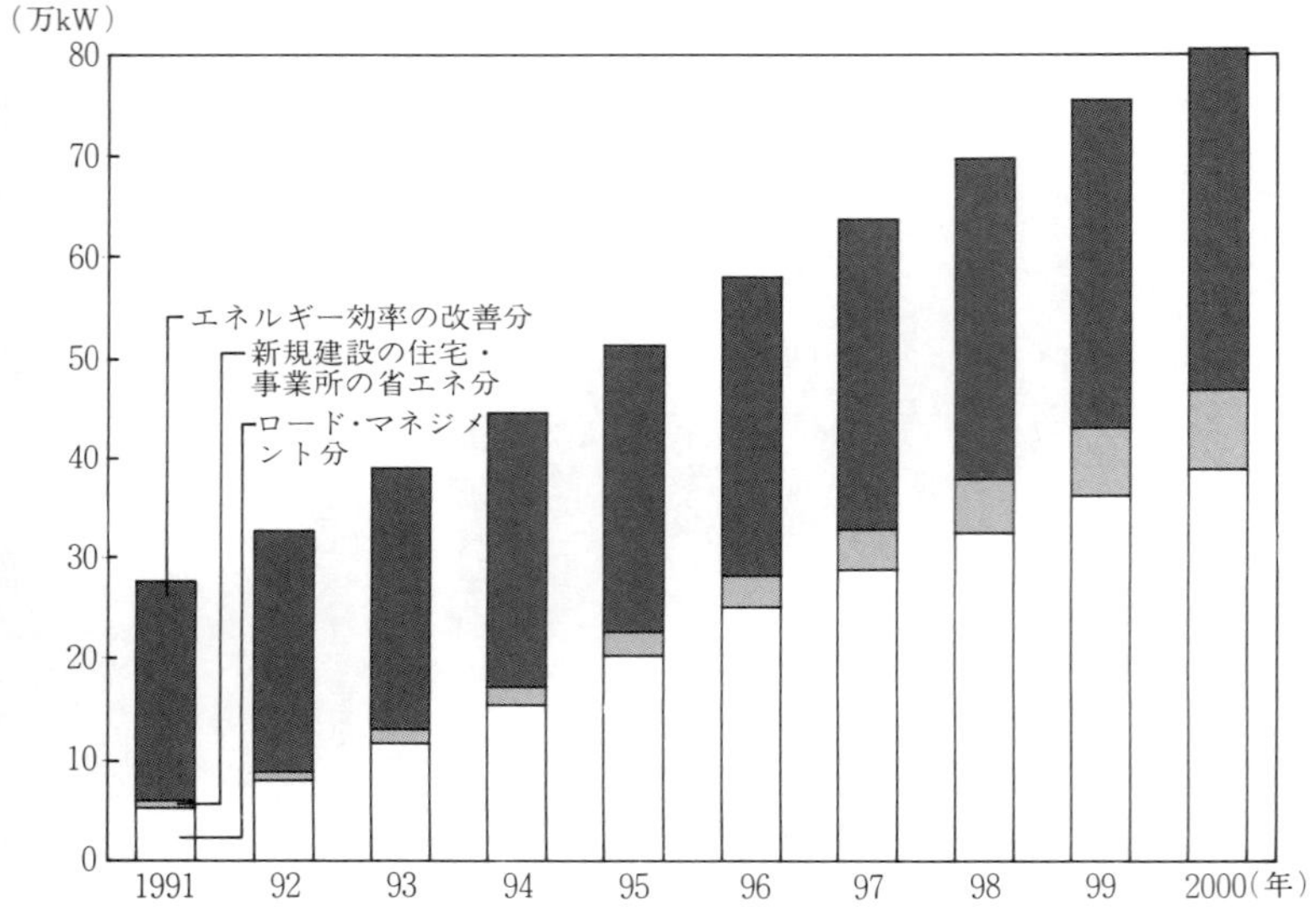

（注）91年分は91年までの実績。
（出典）ＳＭＵＤ（1992, p.4）より作成。

ネルギー効率利用のための投資コストはキロワット時あたり三・三～四セントである。これはキロワット時四セント前後とみられる新設のコジェネレーション（熱電併給装置。小規模な火力発電所の一種）などの発電単価を下回る。これだけの費用を投資しても、発電所を建設するよりも経済的にも安いのである。

　エネルギー利用の効率化への総投資額が歳入に占める割合は九二年は六・四％、九三年には八％にも達し、全米第一位である。全米でもっとも野心的な省電力プログラムとして、前掲のニューヨーク・タイムズ紙（一九九二年九月一一日付）は絶賛した。

サクラメント電力公社は二〇以上のエネルギー効率化プログラムを実施した。主なものは、①省電力製品の普及・開発キャンペーンであり、消費者への報奨金（リベート）の提供によって、エネルギー効率の高い冷蔵庫・エアコン・照明設備への買い替えをすすめた。②特別契約した家庭のエアコンや大口顧客の電源を一定時間リモコンによって強制的にオフにするかわりに、その顧客の電気料金を割引くサービスの実施。③一般住宅・業務用建築の遮熱・断熱対策を推進するための相談業務や検査業務に力を入れた。④遮熱対策として二〇〇〇年までに五〇万本の木を無償で消費者に提供する、植樹による「緑のエアコン」計画を実施した。⑤ソーラー・プログラムとして、太陽熱温水器を奨励するとともに、太陽光発電の設置への協力を呼びかけた。太陽光発電は真夏の需要ピークをカットする効果をあわせもっている。

（2）電気自動車と緑のエアコン

電気自動車の伝道師

エネルギー利用の効率化の一環として、フリーマンは電気自動車の普及にも熱心に取り組み、あたかもエヴァンゲリスト（伝道師）のようにどこでもその意義をスピーチして回った。フリーマンは早くから電気自動車の信望者だったのである。地球環境問題の時代に、モーターで走る電気自動車はガソリンの消費を抑制し、大気汚染を防止し、二酸化炭素など温暖化ガスの排出量を抑制する効果をもつだけに、二一世紀の技術として期待されている。しかも騒音がなく静かである。蓄電池、走行距離や馬力、加速性の改善などの技術的課題はなお残っているけれど。カリフォルニアでは、一九九八年から自動車メーカーに州内で販売する自動車の二％は無公害車とすることを義務づけている。しかもこの割合を二〇〇三年には一〇％まで高めることをもとめている。ここでいう「無公害車」に該当するのは現状では電気自動車しかない。電気自動車に対しても、日本の自動車メーカー各社は消極的でアメリカやヨーロッパのメーカーに遅れをとってきた。

九三年三月、ソフト・エネルギー・パスの提唱者として著名なエイモリー・ロビンズにインタビューしたとき、かれは公害対策や燃費の改善でリードしてきた日本のメーカーがどうして電気自動車の開発に消極的なのか、通産省の号令が出れば、一斉にスタートするのだろうかといぶかっていた。「ＩＢＭがちょっと前まではタイプライターをつくっていたなんて、もう誰も信じない。ガソリン自動車が「神話」になる時代も間近だよ」[2]。ロビンズ自身、電気自動車に関してＧＭ社のアドバイザーであり、電気自動車の一種である燃料電池ハイブリッド車開発の旗振り役をつとめている。

では、なぜ電気事業者のトップが電気自動車を礼賛するのだろうか。環境問題の改善の意義もむろんあるが、一定間隔で充電が必要な電気自動車は、①午前や夜間の余剰電力の消費拡大につながり、電力の需要カーブの平準化をもたらす、②ガソリン車にとってのガソリンスタンドのような役割を担う充電ステーションの設置は、電気事業者にとって新しいビジネスチャンスをもたらすからである。フリーマンはＳＭＵＤの営業車を電気自動車に替え、デモンストレーションするとともに、七二年七月アメリカの西部地区ではじめてという太陽光発電による充電ステーションをSMUD本社横に設置した（写真6）。続いて一〇月には自動車メーカー各社の代表を招いた電気自動車フォーラムを主催した。SMUDは、サクラメントを「全米の電気自動車の首都」とすることをめざしているのである。

百万本の木を植えよう――「緑のエアコン」計画

エネルギー効率化プログラムのなかでもフリーマンの名を高からしめ、SMUDの地域イメージを一新したのは、電気自動車の推進、後述する冷蔵庫の買い替え推進策とともに百万本の植樹計画だった[3]。若木が育って、一〇年後、二〇年後に大きな節電効果をもたらすことを期待するという息の長いプロジェクトである。フリーマンの長期的なビジョンと哲学がよくあらわれている。

サクラメント電力公社がNPO（非営利民間公益組織）のサクラメント樹木財団と協力して、サクラメント・カウンティに二〇〇〇年までに一〇年間で人口一人あたり一本、百万本の木を植えようという運動をはじめたのである。省エネルギー用の木陰をつくりだすために、家の南側に楓やオーク、菩提樹などの落葉樹二五種類を植える運動である。このうち電力公社が一般住宅向けに年間五万本、計五〇万本を無料で配布し、また商工会議所などが残り五〇万本を道路脇や公園・学校などの植樹用に提供し、樹木財団が植樹のしかたとアフターケアを指導するというシステムである。一九九〇年にはじまって、SMUDは九四年末までに一六万七千本を提供した（写真7）。

サクラメントは盆地特有の強い照り返しのために真夏の午後は摂氏三八度にも達し、しかも乾期のた

写真6　電気自動車と太陽光発電による充電ステーション

写真7　百万本植樹運動の記念植樹　左から2番目がフリーマン総裁
（ＳＭＵＤ提供）

めほとんど雨が降らない。フリーマンの最大のねらいは、「緑のエアコン」による、夏の電力消費のピーク時の乗り切りにある。二〇〇〇年時点での節電効果は五万キロワット程度だが、成木になれば、世帯あたりの冷房用の電気代の二〇～四〇％分を削減すると試算されている。樹木は都心のヒートアイランド現象を和らげ、芝生への給水も三分の一から半分に減らすことができる。大気の浄化や景観にも資し、落葉樹だから、冬の日照を邪魔しない。五〇万本の植樹による二酸化炭素排出量の削減効果は直接的には五万トン、節電効果分でさらに一五万トンと推定されている。

では経営的にはペイするのか。表３・１は九五〇〇世帯に三万八千本を植樹した九二年分についての費用対効果の分析である。費用は木の代金が一〇ドル、メンテナンス分を含めて一本あたり四七ドルかかった。一〇年後の二〇〇一年には八〇〇キロワットのピーク電力がカットでき、二三年後には完全な成木となって、以後毎夏二三〇〇キロワットのピーク電力がカットできるという見通しである。年間をとおしての節電量は三〇〇万キロワット時、経費を利率三％の三〇年間均等払いとして、二〇年後からはキロワット時あたり四セント以下のコストであり、発電単価を下回る。長期のスパンでは十分コスト・イフェクティブ（もとがとれる）である。

短期的には、何よりも樹木の無料配布によってＳＭＵＤの地域イメージが短期間に急上昇した効果ははかりしれない。前述のようにＳＭＵＤに関するマスコミ報道といえば、暗いニュースばかりだったからである。各家庭に数本ずつ無料の若木を配布し、手入れのしかたを教え、順調に木が育っているか、五年間にわたって時々チェックしてくれるというサービスである。素人が植えた木は通常は三分の一程

表3・1　「緑のエアコン」効果の経済分析（1992〜2014年）

年	木の成長度（%）	夏期最大電力削減分（kW）	年間削減電力量（千kWh）	年間投資コスト(1)（千ドル/年）	総費用（セント/kWh）
1992年	0	0	0	103	—
2001年	35	798	1,047	103	9.83
2011年	85	1,938	2,544	103	4.05
2014年	100	2,280	2,993	103	3.44

（注）　1992年に植樹した38,000本に関するデータ（寿命を50年，生存率90%，2014年以降は年間の電力消費量を25%削減するものと仮定している）。
(1)　経費は1本あたり46.79ドルで，総投資額は1,778,000ドル。利子率3.07%で，30年間均等払いとして算出。
（出典）SMUD資料より作成。

度はすぐに枯れてしまうが、樹木財団のバックアップを得て、植樹した木の生存率は九七%という予想以上の高成績である。

さらに興味深いのは、SMUDが各家庭にバラバラに配布するのではなく、「近隣植樹プロジェクト」と呼んで、隣近所数軒の家同士で何を植えるか、どこに植えるか、相談するように指導したことである。景観の統一性を期待し、さらには若木の育ちぐあいが近隣の共通の話題になることを期待してのことである。SMUDは①若木を提供し、②アドバイザー役の樹木財団の経費を負担している。木の種類を選び、実際に植樹し、手入れをするのは各家庭である。

実際私が九三年、九五年に直接サクラメント市民に最近の電力公社をどう思うかたずねると、返ってきたのは「SMUD？　いいよ、タダで木をくれたし、冷蔵庫の取り替えも進めてくれたし。いい仕事をしてるよ」という返事だった[4]。

「都市の杜」

環境問題への危機感が高まるなかで、「都市の杜（アーバン・フォーレスト）」という概念が、アメリカでは急速に脚光を浴びつつつある。いこいや安らぎといった精神的な意義はもちろん、大気浄化や都市景観、夏期の遮熱効果などの経済的な価値が再認識され、「都市の杜」は道路や橋などと同様に不可欠の都市の生活基盤、インフラ・ストラクチュアーの一つとして、市民の共有財産として、保護と育成の体制づくりが本格化している。例えば、サンフランシスコ市の対岸、オークランド市では樹木保護条例によって、私有地であれ、公有地であれ木を切る場合には、公園課に許可申請が必要である。申請は五週間、その木と道路上に公示され、日頃からその木を見慣れ親しんできた人はもちろん、誰でも意見を述べることができる。異議が出れば、公園課が仲介して、話し合いになる。私有地の樹木といえど市民全体の共有財産であり、市民の合意のもとで保護されるべきだという考え方である。そして、宅地開発業者には伐採したと同数の植樹が義務づけられている。

全米に「樹木の街」をひろげよう

ＮＰＯの全米「植樹の日」財団（National Arbor Day Foundation）は、「全米樹木の街づくり（Tree City in USA）」という運動をおこなっている。「樹木の街」と認定されるためには、次の条件を満たさなければならない。①全市的な植樹の計画が存在し、②人口一人あたり年間一ドル以上の植樹のための財源が予算化され、③植樹のための指導・助言をおこなう行政内もしくは民間の委員会が存在することである。サクラメント樹木財団は、③の民間組織である。カリフォルニア州では、「樹木の街」の資格をもつのは八〇年代はじめにはサクラメントなどわずか二、三市だったが、現在はロサンゼルス市やサ

写真8　街路に植樹するボランティア（1993年3月7日）

ンフランシスコ市など主要都市をカバーし八〇市以上にものぼる。

写真8は、私自身が参与観察した九三年三月七日（日）、サクラメント市の北部地区での「植樹の日」の一コマである。この日、百万本植樹運動の一環として、子どもから最高齢では七五歳と七二歳の夫婦まで、約六〇人の家族ぐるみのボランティアが、一七二本のプラタナスや西洋カエデなどの落葉樹を一マイル（一・六キロ）にわたって街路に植樹した。SMUDのプロジェクトはこうした全米的なプロジェクトとも関わっており、市やカウンティ全体に波及効果をもっている。私の住む仙台もまた「杜の都」だというと、じゃあ姉妹都市になろうよ、と話は盛り上がった。

冷蔵庫買い替えキャンペーン

地域社会の大きな反響を呼んだもう一つのプロ

グラムは電力多消費型の旧式の冷蔵庫やエアコンの買い替えをすすめたキャンペーンである。大型冷蔵庫の場合には平均八〇〇ワットもの電力を消費し、かつ二四時間稼働するものだけに年間の電力消費量はかなり大きい。SMUDのエリアでは冷蔵庫が消費する電力は一般家庭の電力消費量の二〇～二五％を占めている。しかも冷蔵庫は高額の耐久消費財だし、モデルチェンジも少ないから故障しないかぎり、買い替えされにくい。メーカーが節電型の冷蔵庫を開発することを刺激し、消費者に節電型への買い替えをすすめるために、SMUDがはじめたキャンペーンは、①SMUDの消費者が冷蔵庫を買う場合一九九〇年の連邦の省エネ基準よりも二〇％以上消費電力の少ない冷蔵庫を選んだら一五〇ドル、一五％以上なら七五ドル、一〇％以上なら五〇ドル、SMUDが報奨金を支払う。しかも②買い替える冷蔵庫が一九八〇年以前の製品だったら、自動霜取式なら一〇〇ドル、手動の霜取式なら二五ドルの報奨金をつけてSMUDが引き取るというプログラムである。地元の電気店と協力して、SMUDが引き取り許可証を出し、新品の納入時に古い冷蔵庫を電気店が引き取ってSMUDまで運ぶというサービス付きである。SMUDはフロンガスを抜き取り、解体してリサイクルできる金属や部品は回収するのである。こうしたきめ細かいキャンペーンによって、SMUDは九一年以来年間約二万台分ずつ、九四年末までに計八万台余りを買い替えさせている（写真9）。

消費者からすれば、一〇年以上前の古い冷蔵庫を引き取ってもらえるだけでもありがたいのに、最大二五〇ドル分割引された価格で新型冷蔵庫に替えられるのである。しかも買い替えによって電気料金は月一〇ドル程度安くなる。

写真9　冷蔵庫買い替えキャンペーンで集まった冷蔵庫（ＳＭＵＤ提供）

冷蔵庫買い替えキャンペーンは消費者にとって経済的誘因が大きく、話題性が高く、節電意識を高め、ＳＭＵＤのイメージチェンジをはかるうえで格好のプログラムだった。ＳＭＵＤはあわせて、コンクールを実施してメーカーに対しても、節電型の冷蔵庫の開発をうながした。またＳＭＵＤは似たようなやり方で、旧式エアコンの買い替えや白熱電灯からコンパクト蛍光灯への切り替えをすすめている。

旧式冷蔵庫の引き取りサービスはＳＭＵＤのユニークなプログラムだが、報奨金を出して買い替えをはかること自体はＰＧ＆Ｅ社などもおこなっており、九〇年代以降アメリカ中でよく見られるようになった手法である。日本の電力会社はこのような消費者に対する報奨金支給方式は採用していない。

エアコンを無線でオフに―ピークカットの切り札

真夏の電力ピークを乗り切るためのもっとも即効

的な手段は、特別割引契約をした一般住宅のエアコンに特殊なスイッチを付け、電力会社側が無線で強制的にエアコンをオフにすることである。SMUDは四種類のメニューを提示して、摂氏三八度（華氏一〇〇度）以上になった場合、三〇分間に一〇分とか、一時間に三〇分とか、一定の割合でエアコンを停止させるのである。九三年時点でSMUDの契約件数の二割以上の九万六千世帯が参加し、九三年夏には一〇万キロワットのピークカットに成功している。同様に業務用の需要家向けのプログラムでも七・三万キロワットのピークカットをなしえている。

日本の電力会社は工場などの大口消費者との間で電力需要が逼迫した場合、送電を停止できるという特別割引契約「緊急時需給調整契約」を結んでいるが、一般消費者のエアコンを電力会社が強制的にオフにするという手法はとられていない。

「エネルギー利用の効率化」と「省エネルギー」

こうして一九九四年末までに、SMUDは三五万キロワットの夏期最大需要電力の削減に成功した。実際九〇年と九四年を比較すると消費件数は四％増えているにもかかわらず最大需要電力は一五万キロワット低下している。代表的な手法を見てきたが、SMUDの採用した方法は、このようにきめ細かく組織的であり、①住民と地元企業、メディアを積極的に巻き込んで、節電とエネルギー利用の効率化という課題に対して地域社会の関心を高めることを重視している。②費用対効果を計算したうえで、協力と引き替えに消費者には経済的誘因を提供している。③しかも長期ビジョンがある。これらの点に大きな特色がある。

日本では「節電・省エネ＝がまん」というイメージが根強い。本書が一貫して「エネルギー利用の効率化（energy efficiency）」という言葉を用いて、「省エネルギー（energy conservation）」という言葉をほとんど用いていないのは、省エネという言葉が禁欲的で、消極的な含意をもっているからである。エネルギー利用の効率化はその一部として省エネを含むひろい概念である。エネルギーを節約するだけでなく、合理的に使うことを強調した積極的な概念である（第4章第4節参照）。

ＳＭＵＤが強調しているのは、電力公社にとっても、消費者にとっても、節電とエネルギー利用の効率化が、経済的にも環境への影響という点でも合理的であるということである。生活の「利便性」や企業の生産性を低下させることなく、電気の使用量を大幅に抑制できることを実践してみせたのである。トラブル続きの原発の運転を継続することよりも、エネルギー利用の効率化をはかり、節電につとめる方が、電気事業者にとっても消費者にとっても、経営的な観点からも環境を守るという観点からも、合理的であることを、フリーマン総裁らはアピールし、実践してみせた。

かれらが打ち砕いたのは、日本でなされがちな、「原発か、豊かさの禁欲か」という二者択一的な問題設定である。「電力の大量消費＝豊かさ＝進歩」という神話に代わって、合理的なエネルギーの使用こそが未来への選択であることを実践してみせたのである。フリーマン総裁らは「ＳＭＵＤ＝ランチョ・セコ原発、トラブル、ヘボ、原子力産業、秘密主義」という陰鬱な電気事業者のイメージを、「ＳＭＵＤ＝電気自動車、緑、エコロジー、太陽光発電」という未来志向のものに刷新したのである。

第3節　電源の多様化と太陽光発電で拓く未来

(1)　統合資源計画

新規電源の考え方とプロセス

エネルギー利用の効率化をはかることによって、二〇〇〇年の最大需要電力を現状よりも五％程度低い二〇〇万キロワット以下におさえること、これがランチョ・セコ原発閉鎖後のサクラメント電力公社の第一の長期的課題だった。ＳＭＵＤの自前の供給能力は天候に左右される水力を中心に八四万キロワットしかなかった。二〇〇万キロワット以下におさえたとして第二の課題は、その差一二〇万キロワットをどうみたすかである。とくに一九九九年末で期限切れになるＰＧ＆Ｅ社とＳＣＥ社との長期契約による購入分八五万キロワットをどのように置き換えるかが、ＳＭＵＤの大きな課題だった。

新総裁フリーマンの着任に先立つ九〇年三月ＳＭＵＤは約二四〇社にプランを呼びかけた。かれが着任した六月までに六五社から九四の提案があった。これをスタッフは二八にしぼりこみ、九〇年一〇月の公開ワークショップで消費者・需要家と議論しあった。このワークショップで消費者の意思として明確になったのは、非化石燃料ないし再生可能エネルギー（renewable energy, 無尽蔵、枯渇しないエネルギー）を重視すべきだということである。しかもしぼりこみと市民参加のプロセスをつうじて「経済性」、発電の直接費用だけではなく、次の五つの、ドル換算できない評価基準が明確になった。

表3・2　SMUD発電プランの基本4案（1991年）

	経済的基準	非経済的基準				
	総発電コスト（億ドル）	環境への影響	エネルギー資源の多様性	価格リスク	発電施設の信頼性	立地場所
1. 小規模天然ガス火力発電所案	95	大	小	大	良	良
2. 大型天然ガス火力発電所案	98	最大	最小	最大	不確定	良
3. 再生可能エネルギーを含む多様化案	99	中	良	最小	良	良
4. 再生可能エネルギー重視多様化案	109	最小	最良	中	小	良

（出典）SMUD（1991, p. 17）。

①環境への影響であり、とくに大気汚染と水質、土地利用への影響である。②エネルギー資源の多様性である。原子力発電に代表される単一の電力源への依存を廃し、エネルギー資源を多様化し、しかも再生可能エネルギーを含めることである。③価格のリスクである。石油価格や他の要因の影響をうけにくく、建設から廃棄までのライフサイクル・コストで評価して、価格変動の少ないエネルギー資源を優先することである。④電力供給の信頼性である。⑤設置場所のロケーションである。送電ロスを防ぎ、保守の便や柔軟に対応できる点からは、地域内での供給がのぞましいが、発電施設を地域内に設置することは大気汚染を増しかねない欠点がある。これらの五つの基準は、ランチョ・セコ原発問題をとおしてSMUDと理事会、サクラメントの住民が何を教訓として学んだかを端的に示している。

この六つの評価基準にしたがって、個別のプロジェクトを評価する前提として、表3・2のように四つの基本方針案の優劣が比較された。大型天然ガス発電所案は、ランチョ・セコ原発の発電タービンや送電施設を活用するために、天然ガス炉に転換するという案だが、もっとも評価が低かった[1]。小規模な天然ガス火力発電所を数施設つくる案も、コストはもっとも安いが、天然ガスのみに頼ることの長期的なリスクや大気汚染の危険からしりぞけられ、選ばれたのは再生可能エネルギーを含むエネルギー資源の多様化案である。ちなみに、筆者は表３・２を含むレポートをもとに、基本方針案の優劣に関して住民の意見を聞く公開ワークショップを傍聴した（九一年三月二〇日）。参加者はＳＭＵＤ側をふくめ約一七〇人程度、環境グループや農業関係者から、環境への影響をもっとも重視せよと、天然ガス火力への懸念が次々と表明されたことが印象的だった。

何度かの公開ワークショップや公開ヒアリングののちに九一年に最終的に計画決定したのは、第一期プロジェクトとして九五年から九七年にかけて運転開始予定のサクラメント・カウンティ内でのコジェネレーション設備四基（計四〇～六〇万キロワット）、九四年に第一基目が運転開始予定の風力発電（計五万キロワット）の新設であり、第二期プロジェクトが九六年送電開始予定のカナダの天然ガス発電からの二〇万キロワット分の購入、第三期は二〇〇〇年前後をメドとする太陽光発電を中心とする再生可能エネルギー（計三五～四〇万キロワット分）の開発と燃料電池の実用化などのプロジェクトである[2]。

統合資源計画というコンセプト

一九九二年一〇月ブッシュ政権のもとで成立した連邦エネルギー政策法で奨励されて以後、アメリカの電力業界でよく使われるようになった言葉に「統合資源計画（Intergrated Resource Plan, IRP）」がある。伝統的な電力供給計画は、日本でおこなわれているように、将来の電力需要をまず見積もり、それに対して発電設備をどう増やすか、設備費・燃料費・運転経費などを勘案して一番安い発電設備を選択するというプロセスをとる。日本では長い間原子力発電がもっとも安価だとして優先されてきたのである。これに対して、統合資源計画は、①発電設備の新設だけではなく、買電や省エネルギー、エネルギーの効率利用、コジェネレーション、地域冷暖房設備、再生可能エネルギーなど包括的なすべての選択肢のなかから、②環境への影響などの社会的費用、エネルギー資源の多様性、消費者の受けとめ方なども含んだうえで、③もっとも小さなシステムコストで、適切で信頼性の高いサービスを消費者に提供するために、新しいエネルギー資源を選択し、計画立案することである。このように定義される統合資源計画というコンセプト自体、原子力発電所の発注が一九七八年を最後に途絶え、新規の電源立地が困難化した時代における連邦エネルギー省やアメリカの電力業界の問題意識を端的に示している。政府や電力業界が八〇年代の状況から何を学んできたのか、社会的学習の例証である。実際、アメリカでは統合資源計画にしたがってコストが評価し直され、九四年に建設途中の三基の原発の工事がとりやめになっている（第4章第1節）。

このようなあり方と比較してみると、九五年一二月から施行された日本における電気事業法の改正は、制定以来三一年ぶりの改正としてマスメディアで大きく取り上げられているが、卸発電事業の自由化にふみきり、料金算定の方式を部分的に変更した程度にとどまっており、電力政策の基本理念自体に実質的な変化はなかった。

ちなみに統合資源計画の理念は、筆者が九一年以来提唱してきた包括的なリスク・コスト計算とオールタナティブの比較考量にもとづく「エネルギー・アセスメント」の考え方によく似ている[3]。

住民参加

一九九一年に策定され、九三年に改訂されたＳＭＵＤの計画決定に至るプロセスと考え方は、この統合資源計画の理念に沿って、しかも公営電力として住民参加・消費者参加のプロセスを重視したものだった。

一九九一年三月に出された、「ＳＭＵＤのオーナーである消費者のみなさんへ」ではじまるフリーマン総裁名の住民参加の呼びかけは、「サクラメントの未来のエネルギー像をつくるために、あなたができること」と題されたものだが、電源確保問題の意義を述べ、「参加のしかた」として、①情報を集める。報告書を入手する。②専門家と話す。ＳＭＵＤの担当スタッフをグループで呼んで、説明してもらう。または電話でたずねる。③意見をスタッフに伝える。三月二〇日七時開催の公開ワークショップで意見を述べる。またはＳＭＵＤに手紙を書く、という三つのプロセスを入手先・連絡先入りで具体的に示している。

購入電力の削減—脱原子力の徹底化へ

これらの計画は、コジェネレーション設備の一基がコスト高であることから先送りされたものの、他のプロジェクトはいずれもほぼ順調に進行している。

風力発電の一基目五〇〇〇キロワットの試験用の風車が九四年六月に運転を開始した。カリフォルニアは風力発電がさかんだが、公営電力が所有する風力発電としては全米の第一号である。いい風が得られるのは五月から十月の電力消費の多い季節であり、九七年までに残り四・五万キロワット分が増設予定である。

通常の火力発電所では、原子力発電所でも同様だが、発電用のタービンを回したあとの蒸気は捨てられてしまう。これを冷暖房や給湯、生産工程などに再利用する設備がコジェネレーションである。火力発電所のエネルギー効率は通常四〇%前後だが、熱源としての再利用によってエネルギー効率は八〇%程度に高まるのである。エネルギー利用の効率化の代表的な手段である。カリフォルニアでは普及が著しいが、日本では電力会社が電力の買い取りに消極的なために、これまでは採算が低く普及のテンポはきわめて遅かった。

SMUDが建設する、出力九・五万キロワットの発電能力をもつ第一基は、製氷会社と協同のプロジェクトであり、熱分は製氷に使われる。九五年十月に運転を開始した。他の二基も、缶詰などをつくる食品加工会社、石鹸工場との協同プロジェクトであり、三施設とも天然ガスを燃料として、排熱を工場の製造工程で活用する。冷戦の終焉にともなって空軍三基地の閉鎖が決定しているサクラメントでは、こうした地元企業との協同プロジェクトによる地域経済への貢献は、雇用の確保という点でも大きな意味をもっている。

こうした第一期・第二期のプロジェクトの進行にともなって、SMUDはPG&E社に対しては契約終了期間を二年早めて九七年二月に現在五〇万キロワットの購入電力をゼロにすること、SCE社に対しては三〇万キロワットを九六年三月には二〇万キロワットに減らすことを通告した。ランチョ・セコ原発の閉鎖にともなって復活したPG&E社への電源依存から、SMUDはようやく脱することができるのである。

またカリフォルニア州全体の発電設備にしめる原発の割合は約一〇％、発電電力量にしめる割合は二五％だから、ランチョ・セコ原発からの電力をPG&E社などからの購入電力でおきかえたことは、「脱原子力」という観点からは不徹底なものだった。厳密な意味での、つまり原子力発電からの電力にまったく依存しないという意味での「脱原子力」は、両社からの買電がゼロになったときにはじめて実現するのである。

(2) ボランティアで太陽光発電

世界最大の太陽光発電の設備容量

これらのプロジェクトのなかでも、注目を集めているのは太陽光発電の拡充計画である[4]。サクラメ

写真10　閉鎖されたランチョ・セコ原発と太陽光発電装置（ＳＭＵＤ提供）

ント電力公社が紹介されるとき、「象徴的なシーン」としてよく用いられるマスコミお気に入りの写真がある（写真10）。閉鎖されたランチョ・セコ原発と、その周囲の太陽光発電装置の写真である。そのために、しばしばランチョ・セコ原発を閉鎖して以後、それにかわって太陽光発電が新増設されたかのように誤解されやすい。「サクラメントの住民は、原子力に代わって太陽電池を選んだ」という記述が散見さ

れるが[5]、正確に表現すれば、サクラメントの住民とSMUDが原子力に代わって選んだのは、すでに述べたようにエネルギー利用の徹底した効率化と電源の多様化である。太陽光発電は、その選択肢のなかの一つにすぎない。しかも太陽光発電は原発閉鎖後に新たに導入されたわけではない。

伝統的に電源確保に悩んできたこと、ランチョ・セコ原発がトラブル続きだったこと、火力発電への反対が強かったこと、また進取の気性に富むカリフォルニアの風土もあって、SMUDは地熱発電や太陽光発電などの電源多角化に早くから取り組んできた。とくにサクラメント周辺は四月から十月までは乾期で晴天の日が続くから、太陽光発電には適している。サクラメント電力公社は原発閉鎖以前の八四年からすでにランチョ・セコ原発の隣接地で一〇〇〇キロワットの太陽光発電を開始し、八五年にはもう一〇〇〇キロワット分を増設していた。当時から電気事業者としては世界最大の太陽光発電の設備容量をもっていたのである。

SMUDは一九九五年八月現在、総計三五〇〇キロワット、全米全体の四分の一、単独の電気事業者としては世界最大の太陽光発電の設備容量をもっている。これは一九九五年現在の日本全体の太陽光発電の設備容量の半分近い水準である。二〇〇〇年には五万キロワットの設備容量をめざしている。

ボランティアで太陽光発電

フリーマンの独創的なアイデアの一つが一九九三年にスタートした「PVパイオニア」と呼ばれる太陽光発電ボランティアの募集である。サクラメント電力公社が最近もっとも力をいれているプロジェクトの一つである。

「再生可能エネルギー」の代表は、風力、太陽エネルギー、バイオマスなどだが（水力を含むことも多い）、その中でも太陽光発電は「究極の切り札」とされる。そもそも地球上の生命活動はすべからく太陽に依存している。太陽のエネルギーはもとをたどれば、核エネルギーや地熱エネルギーをのぞいて、あらゆるエネルギーの源である。

太陽光発電自体はすでに完成された技術であり、普及の上での最大のネックはコスト面である。太陽電池がどれだけ安くなるかはコストダウンのための技術革新と需要の増大に依存する（第5章第2節）。サクラメント電力公社は、世界最大の設備容量を維持してきたから、これまでも、太陽光発電のコストダウンに大きく貢献してきたといえる。

太陽光発電を早急に採算ベースにのせるためには、政策的努力が必要である。発電コストは年々低下しているものの、ＳＭＵＤの場合、九五年の住宅用の四・一キロワットの発電システムでなお一ワットあたり六・八七ドル、稼働期間を三〇年間として発電単価はキロワット時あたり一八セントにものぼる。コジェネレーションの四・五倍程度である。

環境保護のためのグリーン料金制度

フリーマンのアイデアで面白いのは、「太陽光パイオニア」として消費者に南向きないし南西向きの屋根の提供と平均で月四ドルの割増料金（一般世帯の電気料金の約一五％に相当。今後電気料金の改定のつど減額し、やがてゼロにする予定）をもとめていることである。太陽光発電の設置費用はＳＭＵＤが負担し、発電した電力もその家では消費せず、直接ＳＭＵＤの送電線に流れる。標準は四キロワットの設備である。

私有財産である屋根をわざわざ無料で提供したうえに、電力は自分では消費できず、しかも割増の電気料金を払うのだから、これに応募することは通常の経済学の意味では「非合理的」である。メリットは屋根が太陽電池で補強されることと、遮熱効果をもつためにその下の部屋が摂氏三度程度涼しくなることである。基本的には利他的なボランティア的行動である。しかしこのような環境保護のための割増料金制度は「グリーン料金制度（green pricing）」と呼ばれ国際的にも注目を集めている。

「わたしたちは、住民が直接選挙する理事会が最終的な意思決定をする公営電力です。みなさんの意思で原発を閉鎖し、クリーンで安くて安定的な電力供給をめざしています。あなたにできることの一つは南向きの屋根を私たちに貸すことと、月々「チップ」分の財政支援をしてくださることです。ご協力ください」というわけである。営利を目的とした民間の電力会社にはできない、消費者自身がオーナーであり、直接民主主義的に運営される公営電力ならではのシステムである。一五％という数字は、チップのレベルで協力くださいという趣旨である。

九五年四月からは地域のシンボルである教会の屋根にも、二四キロワットサイズ（約六世帯分）の太陽光発電設備が設置されはじめた。しくみは同様であり、教会は屋根を提供し、ＳＭＵＤの費用で設置し、電気は直接ＳＭＵＤに流れる。これら一般住宅以外の規模の大きな設備の場合には割増料金は不要である。

日本の助成制度との比較

日本でも一九九四年度から、ドイツの制度をまねて設置費用の約半額を助成する通産省の太陽光発電モニター制度がはじまったが、予想を上回る応募状況であり、国際的にも注目を集めている。日本の助成制度と比較してみよう。日本の場合には、自家消費のための太陽光発電であり、余剰電力を電力会社に売るというしくみである。一年間をとおして、電力会社への売電分と電力会社からの買電分が相殺できるから、耐用年数二〇年分の電気料金を先払いすると考えてもよい。ただし、年々経費は下がっているものの現状では半額の助成を得てもなお採算はとれない。その意味では、日本でも太陽光発電を設置する人びとは、太陽光発電の普及のために月額三千円余を、助成が得られない場合にはその倍額の六千円余を「グリーン料金」として余計に支出しているボランティア的な存在である（九五年水準での試算、第5章第2節参照）。

日本の場合には初期投資分の約二二〇万円ないし四四〇万円を用意しなければならない。経済的な余裕がないと設置できない。サクラメントのシステムの特徴は初期投資が不要なことである。月々わずか四ドルの追加的な出費で、自分の家の屋根が設置条件をみたしていれば、どこでも誰でもコミュニティのための太陽光発電ができるのである。

誰でも参加できる

九三年三月ＳＭＵＤはまず、割増料金を支払ってでも参加する人びとがどの程度いるのか、マーケット・リサーチをおこなった。その結果、一般市民の二六％、環境保護団体に参加している人びとの五七％が、自分の家で太陽光発電をするために一五％の割増料金を払ってもよいという回答が得られた。九三年からスタートしたが、最初の二年半で二四三件の実績がある。九七年までの五年間に毎年約一〇〇件ずつ設置する計画である。初年度の一〇〇件の募集枠には二〇〇〇件を越す応募があった。希望者は、高学歴のお金に困らない層が多いんでしょう、とたずねると、担当責任者からは、「そんなことはない。社会学的な分析はしてないが、サクラメント全域から希望者がある。エスニシティも所得もさまざまだ。アッパー・ミドルよりも、むしろロワー・ミドルの方が応募者が多い」と返事がかえってきた。設置者の家が色づけしてある担当者のデスク脇の地図で確認すると、実際営業区域全域にひろがっている。アメリカでは、富裕層と貧困層、マイノリティは住み分けをしている場合が多く、サクラメントでも同様である。担当職員の回答は少し割り引いて受け取るべきであるにしても、営業区域全体にひろがっていることは確かめられた。

太陽光発電を設置している家を実際に予約なしでたずねてインタビューしてみた[6]。在宅していたのは妻のみだったが、夫婦ともに州政府の職員であり、夫は州の水道局の技師でかねてより理想の発電方式として太陽光発電に関心をもっており、三年前に家を買った直後にすぐに申し込んだという。夫は日曜の朝などに発電メーターが回っているのを見るのを楽しみにしているという。自分の家の屋根で発電していることを夫は喜んでいる。グリーン料金については、夫は環境運動に一〇〇〇～一五〇〇ドルぐらい、毎年寄付をしている、その延長みたいなものだ、という返事だった。妻自身にとっては、一緒にＳＭＵＤのすすめで自費で太陽熱温水器を取り付けたが、それがありがたいという。

ＳＭＵＤ側の説明でも応募者は、環境問題に関心をもつ人と、太陽光発電の技術に関心をもつ人とが半々だろうという。

（3）規制緩和時代のＳＭＵＤ

規制緩和時代のＳＭＵＤ──一九九五年統合資源計画

一九九四年四月、カリフォルニア州の公益事業規制委員会（ＰＵＣ）は電力業界に新たな規制緩和策を持ち込むことを発表した。航空機・遠距離電話・天然ガス業界に次ぐ、大がかりな規制緩和政策がカリフォルニアをさきがけとしてはじまろうとしている。電力の規制緩和問題は、全米の電気事業者、環境団体、消費者団体の目下最大の関心事である。ランチョ・セコ原発閉鎖とその後の経営再建の立役者スメロフ理事は、九五年八月のインタビューで開口一番「規制緩和の時代という新しい段階に入った」と切り出した。公益事業規制委員会の規制対象は民営電力会社だが、その波及効果は公営電力であるＳＭＵＤにも及ばざるをえない。

では、リストラと業界再編の時代にＳＭＵＤはどう対応しようとしているのか。

カリフォルニア州の電力規制緩和政策の焦点は、ダイレクト・アクセスが実現するかどうかにある。どの電気事業者から電気を買うか、消費者側が選択できるようにするのである（第4章第2節）。電気事業者の地域独占を止めて相互に競争させて、電気料金の引き下げをはかろうという政策である。電気料金の多寡によって、電気事業者間で大口需要家を奪いあう事態も予想される。SMUDにとっては、サクラメント・カウンティの外にも需要家を拡大するチャンスだが、料金設定次第ではPG&E社という大電力会社に侵食されかねない。しかもSMUDは二〇〇八年からはじまるランチョ・セコ原発の廃炉化を控えている。

九五年二月から五月にかけて、SMUDは九一年の計画を見直して、一九九五年～二〇〇五年を対象とする新しい統合資源計画を策定した。策定にあたっては、前回の六つの基準にほぼ対応する①電気料金の安定性と適切性、②サクラメントの大気汚染の改善、③地域経済の発展、④エネルギー資源を多様化しリスクを最小化する、⑤財政支出の一貫性を維持することを戦略目標とした。経営環境がより競争的になってきたことをうけて、環境問題よりも、より経済的側面の比重が増したことは否めない。

クリーンさと安さのジレンマ

図3・3はSMUDの提起した新しい三案の料金変動のシミュレーションであり、図3・4は、三案の電力供給プランを比較したものである。第一案は基本案であり、発電所の増設の面でも、ディマンド・サイド・マネジメント（DSM）分についても九一年の計画をほぼ踏襲したものである。その場合

図3・3　ＳＭＵＤ電気料金設定戦略（1995〜2005年）

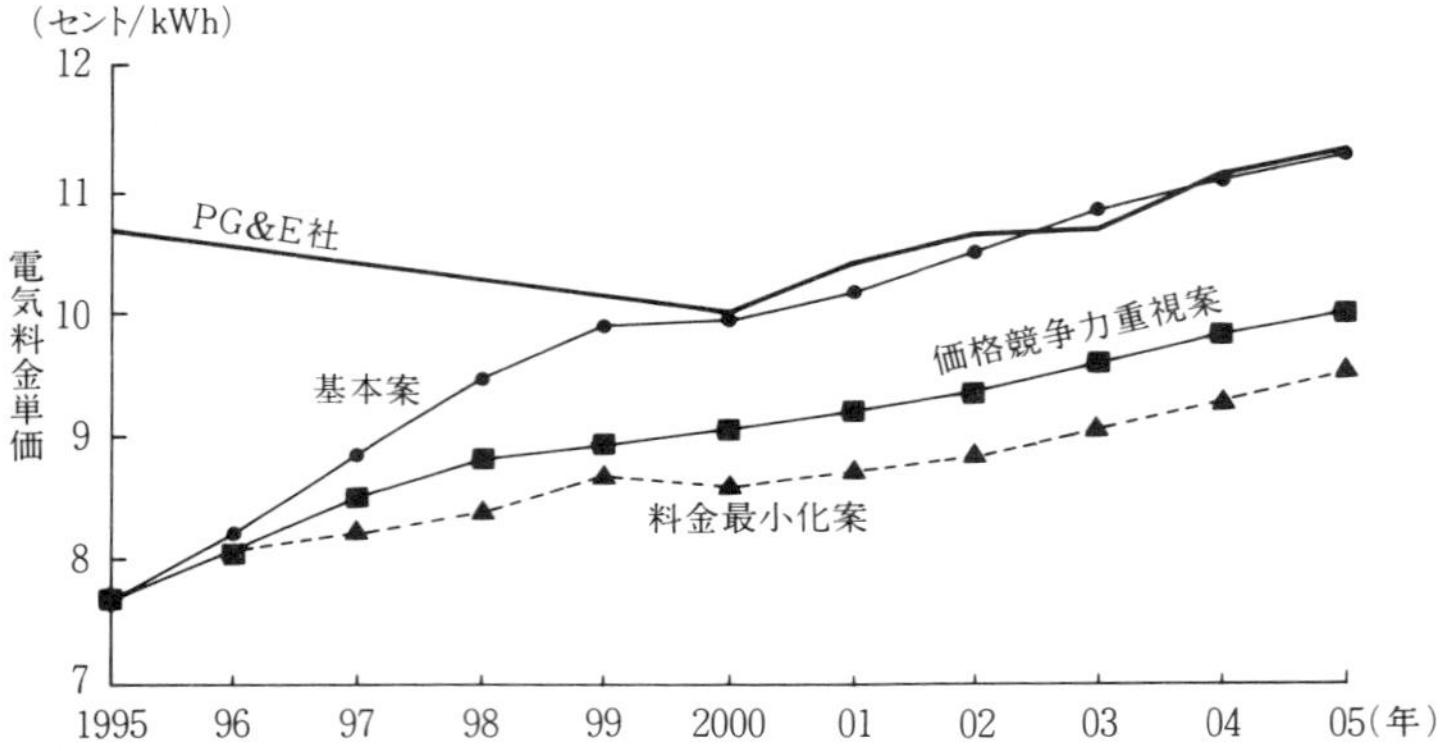

（出典）SMUD（1995, Vol.1, p.24）

図3・4　ＳＭＵＤ電力供給プラン（1995〜2000年）

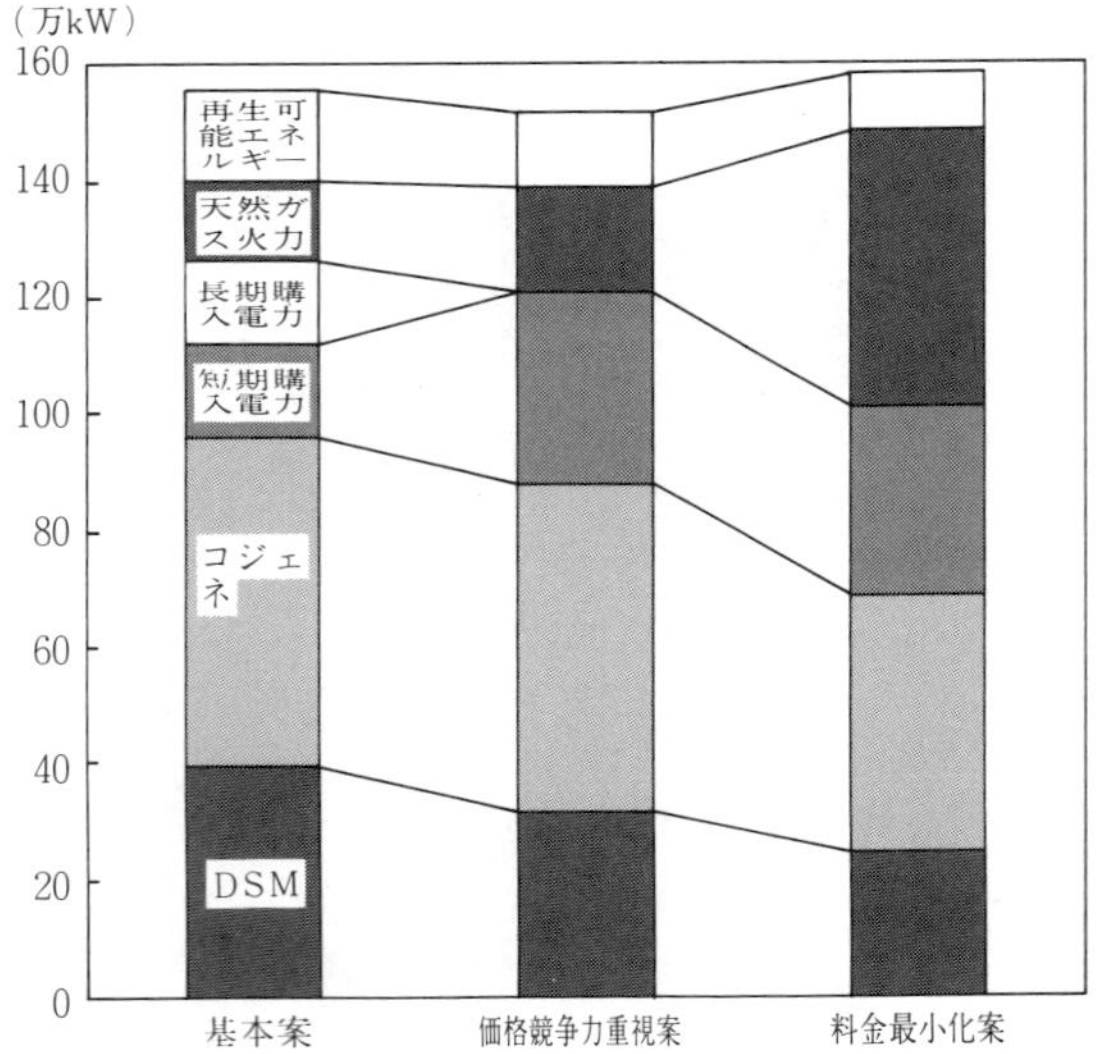

（注）1995年以降2000年までの新規供給電力（DSMによる省電力発電分を含む）。
（出典）SMUD（1995, Vol.1, p.20）より作成。

には二〇〇〇年以降、現在六〇％割高のＰＧ＆Ｅ社の料金とＳＭＵＤの料金単価はほとんど並ぶことになる。ＰＧ＆Ｅ社の経営規模は九倍大きいだけに、同一料金ではＳＭＵＤは不利である。ＳＭＵＤの電気料金の今後の上昇は、廃炉化費用の見積もり額が増え続けているからである（第2章第2節参照）。

第三案は料金最小化案である。割高の再生可能エネルギー設備を圧縮し、電力需要の低迷で価格の安い短期契約の電力購入分を倍増し、発電コストの安い天然ガス火力発電は三倍増にして（第一案との比較）、また「省電力発電」つまりＤＳＭの目標を三九・九万キロワット（二〇〇〇年時点）から二四・七万キロワットに引き下げ、ピークカット以外へのＤＳＭへの投資は中止して、電気料金をできるだけ低くおさえようという案である。ただし二〇〇〇年時点での二酸化炭素排出量は、第一案に比べて約一・六倍の五〇〇〇トンに達する。

結局公開ワークショップや公聴会を経てＳＭＵＤが選択したのは第二案の価格競争力重視案である。第一案と第三案の折衷的な案であり、もっとも手強い競争相手であるＰＧ＆Ｅ社よりも約一〇％低めに料金設定することを最優先した案である。エネルギー資源の多様性の確保は重視するものの、そのためのコスト・アップは可能な限り低くおさえる。ＤＳＭの目標は八〇％にとどめ、報奨金ではなくて融資方式にする。売り上げ収入の一％は再生可能エネルギーの発展とデモンストレーションのために投資する。九八年から二〇〇二年までは年間一万キロワット分ずつ再生可能エネルギーを増やすが、集中的に再生可能エネルギーに投資するのは二〇〇五年以降に繰り延べる。また経費節減につとめるという内容である。

この価格競争力重視案でも二〇〇〇年時点の電力供給の五〇％以上は、水力を含む再生可能エネルギーによるものであり、二酸化炭素排出量を九〇年水準に比べて三〇％引き下げるというアメリカ政府の地球温暖化対策の目標値はＳＭＵＤエリア管内では達成可能であるとしている。

電力規制緩和の時代を迎えて、ＳＭＵＤはフリーマン総裁時代の理想主義的な経営から、新総裁のもとで価格競争力を重視したより現実主義的な路線へと軌道修正をはかることになった。

市民がコントロールできる公営電力を守るために、民営電力会社にいかに対抗するか、電力規制緩和の時代に、そのことの経営戦略上の重要性は一層明確になってきた。（１）エネルギーの短期的かつ長期的な安定的供給、（２）環境負荷の抑制、（３）電気料金の抑制。つまり安くて、クリーンな電力を、いかに短期的・長期的に安定的に確保するか、この三つの課題の間にはトレードオフがある。「料金最小化案」が示すように安さを重視すれば、大気汚染が増し、ＤＳＭを抑制せざるをえない。クリーンさを重視すれば、電気料金の価格競争力を確保できない恐れがある。規制緩和は価格を、地球温暖化問題への関心はクリーンさを最優先すべきことを要請する。この三課題の最適なミックスを目標に、サクラメント電力公社のたたかいは続いている。

けれども部分的な軌道修正はあるものの、エイモリー・ロビンズらが絶賛するサクラメント電力公社の取り組みは少なくとも当分の間、エネルギー利用の効率化と再生可能エネルギーの積極的な利用とで、世界の電気事業者をリードするモデルであり続けるだろう。

第2部　カリフォルニア、ヨーロッパそして日本

カリフォルニアの風力発電（1993年3月, アルタモント・パス）

第4章　新エネルギー革命の時代

第1節　「非原子力化」に向かうアメリカ合州国

（1）原子力ブームの幻影

世界最大の原発大国で進む「非原子力化」

原子力発電への期待と幻想、運転開始後の蹉跌、紛争と混乱、原発閉鎖後の経営の健全化、声望の回復。サクラメント電力公社のこのような歩みは、この電力公社に限った「特別な」話ではない。中規模の公営電力であるがゆえに、アメリカの電力業界、アメリカ社会全体の原子力発電との関わりあいが、もっとも劇的にもっともシャープにあらわれているのがサクラメント電力公社である。この節と次節では、カリフォルニア州を中心に、アメリカ全体の最近の動向を検討してみよう。

アメリカ合州国は、一九九五年末現在一〇九基という稼働中の商業用原子炉の絶対数と発電の絶対量では世界最大の原子力大国だが、アメリカの電気事業者は、七〇年代半ば以降原発の新規建設にきわめて消極的である。原発建設の是非をめぐる論争は基本的に終焉している。日本的な常識からは意外なことに、八一年から三期一二年間続いた共和党政権が一貫して原発推進政策を掲げ、実行したにもかかわらず、電気事業者のこうした意思決定は変わらなかった。

カリフォルニア州知事を経験したレーガン元大統領の主要な支持基盤の一つは原子力産業だった。レーガンと原子力産業の密接な関係は、同政権下のシュルツ国務長官の前職が、原子力施設の設計・施工をおこなう世界最大の建設・エンジニアリング会社ベクテル社の社長だったこと、同様にワインバーガー国防長官も同社の法律顧問だったことに象徴される。レーガン政権は許認可手続きの簡素化をはかるなど、原子力発電の復活に努力した。一九八九年から九二年のブッシュ政権当時、原子力産業をバックとするジョン・スヌヌが大統領首席補佐官として政権の中枢にいたことや折からの「地球温暖化問題」の争点化を背景として改良型軽水炉の新設の可能性が論議された。ブッシュ政権は八九年、原子力業界から要望の強かった原子力発電所の建設許可と運転認可手続きの一本化をはかった。また四〇年間の運転認可期間をさらに二〇年間延期できるように法律を改訂した。しかしこれらの政策的後押しにもかかわらず、新規発注は復活しなかった。しかもその後の民主党クリントン政権の誕生によって、また次節で述べる電力規制緩和の時代を迎えて、新規発注の再開は全米国内では絶望視されている。クリントン政権のゴア副大統領は環境派の有力政治家であり、天然ガス業界を有力な支持基盤としている。

アメリカの原発は、経済性のゆえに一九六〇年代に集中的に計画・発注されたが、七〇年代後半から経済的優位性がくずれ、さらにスリーマイル事故にともなう安全性への疑念、放射性廃棄物処理問題の深刻性が意識されだしたことなどによって、原発建設熱は急速に冷え込んだのである。

アメリカでは、一九九〇年末の一一一基を頂点に稼働中の商業用原子炉の数は漸減しはじめている[1]。ランチョ・セコ原発の閉鎖された八九年以後、おもに経営上・技術上の判断から、予定を早めて閉鎖する原発が続いている。コロラド州のフォート・ブレン（Fort St. Vrain）原発（一九八九年八月閉鎖）、マサチューセッツ州のヤンキー・ロー（Yankee Rowe）原発（一九九二年二月閉鎖）、カリフォルニア州サンオノフレ（San Onofre）原発一号炉（一九九二年一一月閉鎖）、オレゴン州トロージャン（Trojan）原発（一九九三年一月閉鎖）である。このうちトロージャン原発は、九二年一一月に運転継続の是非をめぐって住民投票がおこなわれ、運転継続が多数をしめたものの、同原発を運転する電力会社は二ヶ月後に閉鎖を決定したのである。

また八九年六月二八日にはニューヨーク州のショーラム原発が、州政府と住民の反対が強いために営業運転開始の見込みがたたず、ついに電力会社は一ドルで同原発を政府に売りわたすという事件が起こっている。州政府が運転認可に必要な緊急避難計画の作成への参加を拒否し、電力会社は運転を開始しても経済的メリットがないと判断したからである。同原発は試運転を経て、臨界には達したものの、営業運転をはじめることなく閉鎖された。

ランチョ・セコ原発とあわせて一九八九年以後、九五年末までに計六基が閉鎖を余儀なくされている。住民投票で閉鎖が決定したのはランチョ・セコ原発のみだが、同原発とサクラメント電力公社の抱えていた問題は決して例外的なものではないことがわかる。しかも注目されるのはこれらはロッキー山脈のあるコロラド州および西海岸と東海岸の諸州の原発だということである。いずれも環境運動への関心の高い地域である。経営上・技術上の判断を規定しているのは、当該の原子力発電所に対する世論のきびしさ、社会的批判の強さなのである。

発注済み原子炉二四九炉の運命

表４・１は、これまでアメリカで発注された原子炉二四九基の現在の状況をまとめたものである。この表一枚からだけでも得られる情報はきわめて大きい。①二桁台の発注が続いた原子炉発注ブームは、一九六六〜七四年のわずか九年間にすぎなかった。②七五年以降原発建設の新規発注は年間二〜四基へと急減し、七八年を最後に原発の新規発注は途絶え、一七年以上復活していない。③一九七四年以降発注された計四一基はすべてキャンセルされるか、州政府によって建設を拒否され（四基がいずれもニューヨーク州から拒否されている）、完成した原子炉は一基もない。④キャンセルないし工事が中止された原子炉は全部で一二六基にものぼり、完成し運転を開始した原子炉の数一二三基を上回る。発注された原発の二基に一基以上は建設途中で破棄されたのである。⑤七〇年までに発注された炉一〇八基のうち途中で破棄されたものは一四基にとどまり、八七％は完成し運転を開始しえた。⑥七四年以降の発注が全滅したことはすでにふれたが、七一〜七三年に発注された一〇〇基のうち、操業できたのは二九基で三割を切っている。⑦途中で破棄された炉のうち四割以上はスリーマイル事件以前にキャンセルされている。⑧チェルノブイリ事故のあった八六年以降中止されたものは九基にとどまる。

以上は正式発注された炉に限ったデータである。ランチョ・セコ二号炉（七六年中止決定）のように、正式発注以前に断念された原発も少なくないだろう。

全体をとおして死屍累々という印象を禁じえない。アメリカにおいて原子炉の発注が、原子力発電所の建設がいかにリスクの多い事業であるかをあらためて痛感せずにはおれない。レーガン、ブッシュ両

表4・1　アメリカの原子炉数の推移・発注年別（1995年末現在）

発注年	発注炉数	平均出力（万 kW）	現　在運転中	キャンセル・建設中止			計	閉鎖	建設中
				78年以前	79〜85年	86年以降			
1953	1	6.00	0	0	0	0	0	1	0
1955	2	23.25	0	0	0	0	0	2	0
1956	1	17.50	1	0	0	0	0	0	0
1958	1	6.50	0	0	0	0	0	1	0
1959	1	7.20	1	0	0	0	0	0	0
1962	2	31.60	1	0	0	0	0	1	0
1963	5	60.36	3	1	0	0	1	1	0
1965	7	63.93	6	0	0	0	0	1	0
1966	20	82.57	19	0	0	0	0	1	0
1967	31	85.39	25	1	1	0	2	4	0
1968	16	94.79	11	2	0	2	4	1	0
1969	7	102.90	4	0	3	0	3	0	0
1970	14	101.94	9	1	3	0	4	0	1
1971	21	100.92	9	5	7	0	12	0	0
1972	38	108.88	11	15	8	4	27	0	0
1973	41	114.57	9	11	20	1	32	0	0
1974	28	118.80	0	12	16	0	28	0	0
1975	4	103.70	0	4	0	0	4	0	0
1976	3	126.80	0	0	3	0	3	0	0
1977	4	126.00	0	0	4	0	4	0	0
1978	2	112.00	0	0	0	2	2	0	0
合計	249		109	52	65	9	126	13	1

（出典）EIA（1991，pp. 105-110）より作成，データを補充した。

政権が原子力産業と密接な関わりをもっていたにもかかわらず、新規発注が途絶えたままなのも、むべなるかなである。

最後の一基

なお六基が一九九三年のクリントン政権発足後に正式にキャンセルされている。三基はすでに絶望視されていたが、TVA（テネシー渓谷開発公社）所有で新たに一九九四年にキャンセルが決まった建設中の三基は、代替案とのアセスメントの中から評価をもとめる「統合資源計画」（第3章第3節）にしたがって見直しがなされ断念された。そのうち二基の工事は七〇〜八〇％すすみ原子力業界が完成を期待していた原発である。

九六年二月テネシー州スプリングシティーのTVAが所有するウォッツ・バー一号炉はようやくフル出力での運転認可を得、九六年四月末現在試運転中である。この原発は一九七〇年に建設の許可を得て発注され、七三年に着工がはじまったが、七九年のスリーマイル事故を機に、TVA総裁時代のフリーマン執行部によって建設を凍結されていた。フリーマン退任後の八五年から建設を再開し、ようやく運転開始に至ったものである。最後に断念された三基と、アメリカで最後に運転を開始した一基が、いずれも連邦直営のTVAの所有であることは興味深い。TVAはフリーマンが任期切れにより総裁職を去って以降は、レーガン、ブッシュ政権下で共和党系が要職を占め、原発建設の継続に積極的だったのである。これらは、原子力発電は国家の強力な政治的後押しがない限り存続できない、という第2部全体の仮説を例証している。

原発漸減の時代

アメリカの商業用原子炉は、図4・1のように、今後次第に減る一方であると予測されている。論理的には改良型軽水炉への発注が復活するという原発復活ケース（ハイ・ケース）、発注はないが半数の原発の運転認可期間を二〇年間延長するケース（ミッド・ケース）、発注の復活も認可期間の延長もない原発急減ケース（ロー・ケース）の三とおりを予測しうる。原発が復活するためには①廃棄物処理

図4・1　日米仏の原子力発電設備容量の見通し（1994〜2030年）

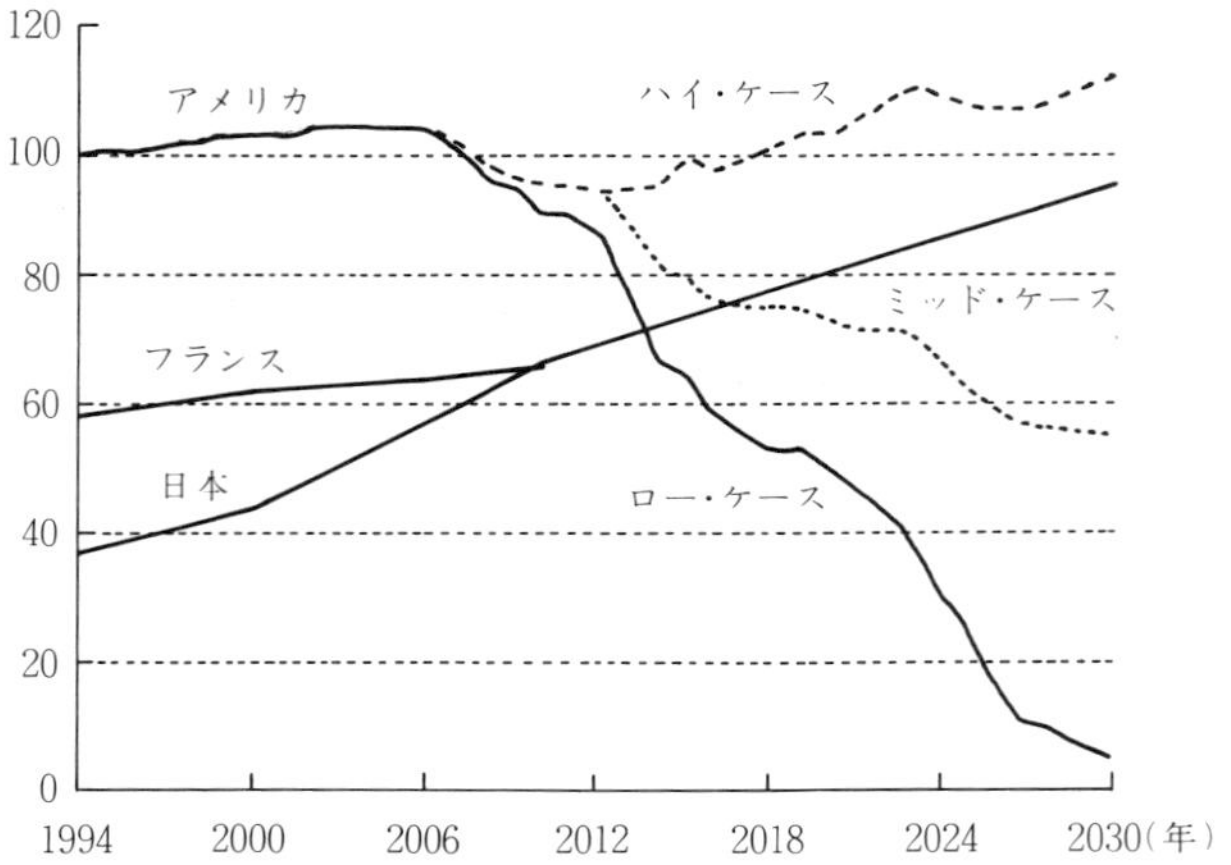

（注）下記出典のFigure E1に，同書Table 3のフランスのロー・ケースと，表5・1の日本の政府見通しとを書き加えた。
（出典）ＥＩＡ（1994）より作成。

問題の解決、②運転・維持コストの軽減、③人びとの原子力イメージの変化が不可欠だが[2]、いずれも絶望的である。ロー・ケースの場合には、現行の運転認可期間は四〇年間だから、ライセンスの延長がない限り一九七〇年代前半までに運転を開始した三五炉が一斉に引退期を迎える二〇一〇年代前半に原子炉は急減することになる。カリフォルニア州を先頭に、電力の規制緩和政策がすすみつつあるから、電力会社は今後一層発電コストに敏感にならざるをえない。コスト高の原発の閉鎖が早まることはあっても、アメリカ国内で電力の供給不足が顕在化しないかぎり、運転認可期間が延長される可能性は乏しく、実際に延長される原子炉の数も少ないだろう。

アメリカは自国で技術開発をおこなう「開発ベース」の国であり、したがって「出口規制」に重点がおかれる。他方日本はアメリカの原子力技術を導入する「導入ベース」の国であり、日本の政府や企業が好むのは「入口規制」である。日本の場合にはすべてお膳立てができあがっていよいよ「発注」となる。このように日米の間では「発注」の実質的な含意が異なるせいもあるが、アメリカで半数以上の原発が建設中止になったのに対して、日本で発注済みの原子炉で建設が中止になった計画は一例もないことは驚異的である。日本で原子力発電を国策として、国と電力会社、都道府県が一体となって推進してきたことの何よりの証左である。

図４・１には、日本とフランスの将来予測を加えておいた。このますすめば、日本は二〇一〇年代半ばまでに世界最大の原発大国となる可能性が高いのである（第5章第1節）。

原子力ブームの幻想

原子力商業利用は一九五三年一二月のアイゼンハワー大統領の有名な国連演説「平和のための原子力（Atoms for Peace）」を契機に、五〇年代・六〇年代にこそ大いに幻想をかきたてたが、七〇年代はじめ実用炉が営業運転を開始するやたちまち幻想を冷めさせはじめたのである。ニクソン大統領は、一時二〇〇〇年までには全米だけでも一〇〇〇基の原発が建設され、電力の半分が原子力によって供給されるだろうと語ったが、原子力ブームは「大いなる幻想」であり、一過的なものだった。一九七四年にフォード大統領は一九八〇年までに二〇〇基の原発を稼働させることをもとめたが、その二年後には、一九八五年時点で一八〇基が稼働するのも難しいだろうと予測されていた。現実には、このように九〇年末の一一一基をピークとして、アメリカの原子炉は漸減しはじめている。例えば、北カリフォルニアをエリアとするPG&E社は一九六〇年代前半にはカリフォルニア沿岸に、平均四〇キロおきに一基、計六三基の原発を建設することを計画していたが、実現できたのは三基のみである。

なお原子力エネルギーの商業利用には、核燃料を一度だけしか使わない「ワンススルー方式」と、一度燃やした核燃料を再処理し、プルトニウムと燃え残りのウランを回収し、高速増殖炉などで核燃料として再利用する「核燃料サイクル方式」とがある。後者の「核燃料サイクル=再処理路線」もアメリカでは早々に行き詰まった。アメリカ初の商業再処理工場ウエストバレー再処理工場(処理能力年間三〇〇トン)は一九六三年に建設され、六六年に操業を開始したが、七二年には操業を停止し、一九七六年には再開を断念し閉鎖された。続いて一九七一年に建設が開始されたサウス・カロライナ州のバーンウェル再処理工場(処理能力年間一五〇〇トン)は一九七五年にほぼ完成したが、一九七六年一〇月共和党フォード大統領の再処理三年間凍結の政策により凍結された。

さらにアメリカは、採算性と核不拡散、安全性を理由に、カーター政権下の七七年に商業用再処理の凍結、高速増殖炉の開発延期を発表した。その後レーガン政権が一時凍結を解除したものの、一九八三年一二月に両再処理工場とも正式に閉鎖された。再処理路線はアメリカでは二〇年前に放棄されている。

では、アメリカではなぜ、このように短期間に急速に原発離れがすすみ、「非原子力化」が進行しつつあるのだろうか[3]。表4・1から、日本的な「常識」にとって新鮮に感じられる幾つもの興味深い論点が浮かび上がってくる。

（2）一九七五年の転機

第一の転機――一九七四〜七六年

第一に、アメリカの場合原子力離れは七〇年代半ばにはすでにはじまっていた。スリーマイル事故は原発離れを決定的に加速し、チェルノブイリ事故は原発復活を決定的に断念させる効果をもったとはいえようが、問題はそれ以前に顕在化していたのである。

最初の転機は一九七四年から七六年の三年間である。ランチョ・セコ原発一号炉が運転を開始した前後の年でもある。アメリカの原子力問題を画する重要な出来事が、幾つもこの時期に起こっている。

一九七六年はニクソン政権を引き継いだ現職のフォード大統領を民主党のカーターが破って、民主党が八年ぶりに政権に返り咲いた大統領選挙の年だった。七四年から七六年にかけてカリフォルニアなどを中心に、反原子力運動が高揚し、原子力問題は七六年大統領選挙最大の争点の一つとなった。カリフォルニアはじめアリゾナ州など六つの州で、州法で原発計画を中止させることを争点に住民投票がおこなわれた。いずれの州でも住民投票の結果は原発推進派が勝利したが、建設中止をもとめる票は三〇〜四〇％にも達した（第2章第2節註12参照）。建設の阻止それ自体には成功しなかったが、原子力は政治問題化した。当選したカーター大統領は、反原子力運動を追い風にしていたともいえる。原子力発電の是非が争点になったのは、アメリカ大統領選挙史上このときのみである。

ベトナム反戦運動は七三年一月の北ベトナムとの和平協定調印、三月のアメリカ軍のベトナムからの全面撤退によって、運動目標の転換を余儀なくされた。ベトナム反戦運動と、七〇年のアースデーを契機に活発化した環境保護運動とが結びつき、反原子力運動は全米的なひろがりと高まりを見せるのである。七四年一月、それまでは原発を容認していた全米最大の自然保護団体シエラ・クラブ理事会が原発の新設反対を決定した。また著名な消費者運動家ラルフ・ネーダーらの呼びかけで全米反原子力集会「クリティカル・マス七四」が一九七四年一一月に開かれ、消費者運動パブリック・シティズンの原子力問題担当グループ「クリティカル・マス」が結成されている。

一九七四年一一月には、オクラホマ州のカーマギー社の核燃料製造工場の女性技術者カレン・シルクウッドが、何者かによってプルトニウムで汚染させられ、交通事故死させられるという「シルクウッド事件」が起きている。彼女は同工場の労働組合活動家であり、会社の安全管理のずさんさを告発していた。この事件の真相は今もって解明されていないが、原子力産業の暗部を全米全体に強く印象づける出来事となった。

七四年八月のウォーターゲート事件によるニクソン大統領辞任もアメリカ人にとってショッキングな事件だった。国家権力への不信が全米にひろがり、国家と結びついた原子力開発に対しても疑念と不信感が強まるのである。

七五年には高速増殖炉開発の是非をめぐって、また電気事業者に対して原子力発電所の大事故の際の損害賠償金の支払いを国家が保証するというプライス・アンダーソン法の適用期限を一〇年間延長するという問題が連邦議会で大論争となっている。

カリフォルニア州では七五年、建設中のディアブロ・キャニオン原発が活断層近くに立地されていることが争点化し、同原発の耐震性・安全性問題が急浮上した。これらを背景に七六年六月、原発の新設を禁じる原子力安全法が成立した。

オイルショックを契機とした原発離れ

第二に、アメリカの場合にはオイルショックはむしろ原発離れを促進する契機となった。七四年以降発注が増大したのではない。事実はまったく逆である。

オイルショックを契機にウラン価格が急騰し、燃料費の安さという原発のメリットを直撃したからであり、またオイルショックによるインフレが建設費・人件費のコストアップをもたらしたからである。しかもオイルショックは経済成長の抑制とあいまって電力需要の伸びを鈍化させる契機ともなった。第2章第1節で見たランチョ・セコ原発二号炉の建設を断念したSMUDのレポートに、これらの事情は率直に述べられている。

さらに、カリフォルニア州などを中心に、オイルショックを契機に、予測される電力供給の不足と電気料金の高騰にもかかわらず市場原理が教えるように電力供給は増えないことが問題視されるようになった。そして、その原因が電力市場の閉鎖性にあること、大規模な装置産業である電力業界では新規参入への誘因が乏しいこと、電力業界に対しても市場メカニズムの活用を前提として再生可能エネルギー開発やエネルギー利用の効率化政策をはたらきかけるべきであること、これらの点が認識されるようになった。

このような認識を背景に一九七八年にパーパ（PURPA、公益事業規制政策法）が成立したのである。同法は各州政府に対し、電気事業者に独立発電者からの買電を義務づける制度づくりを命じた連邦の法律であり、実際、カリフォルニア州などでの風力発電の普及に大きな役割をはたすのである。

（3）NRCと原子力安全委員会

原子力規制委員会の発足

一九七五年のもう一つの重要な出来事は一月にNRC（アメリカ原子力規制委員会）が発足したことである。反原子力運動などからの批判にこたえて、一九七四年一一月、それまでのAEC（原子力委員会）に代わって、原子力の開発はERDA（エネルギー研究開発局）が担当し、規制と安全管理の問題はNRCが担当することになった[4]。一九七七年にはエネルギー省が発足し、ERDAの仕事を継承した。あわせて環境影響評価が強化されている。

アメリカではなぜ原発建設のリスクが大きいのか

日本では、いまも通産省や電力会社は原発の経済的優位性を強調している。しかしプラント建設に要する資本費の割合が高いこと、原発の運転に対して社会的合意がないために、住民の反対などによって、着手から完成まで長期間を要することなど、原子力発電をめぐる問題状況の基本的な構図には共通点が多い。では、何がアメリカの原発をコスト高にし、建設・運転のリスクを高めているのか。

アメリカの原子力離れの背景として日本でよく指摘されるのは、電気事業者の経営規模の相対的な小ささと経営の独立性、競争的な市場環境である[5]。地域独占ではあるが、電力会社の吸収合併は日常的であり、経営環境は日本の電力会社の状況に比べれば現時点でもはるかに競争的である。競争拡大による電気料金の引き下げと業界再編は規制緩和政策の大きなねらいであり、電力会社にとって経営環境はますますきびしいものになってきている。リスクとコストの大きな原発建設への投資は、経営を危うくさせかねない。

ただし経営規模の小ささを一面的に強調することは事態を正確に認識することにはならない。民営の電力会社が供給量の約八割を占めているからであり（表1・1参照）、また世界各国の電気事業者を発電設備容量順に並べたとき、上位一五社のなかにＴＶＡ、ＰＧ&Ｅ社、ＳＣＥ社などアメリカの四社が名を連ねている[6]。ＳＭＵＤのような中規模の電気事業者のみならず、これら世界有数の大手の電気事業者を含めて、原子力発電の新規発注が一九七八年を最後に途絶えていることを認識しなくてはならない。

表4・2は、全米の民営電力会社所有の原発の発電コストを要約したものである。風力発電の発電コストは、アメリカの場合最近ではキロワット時あたり六セント程度に下がっている。表からうかがえるのは、キロワット時あたり六セント以下で発電できるのが、アメリカの原発の三分の二程度、時期的に

表4・2　アメリカの原子力発電コスト（1991年）（単位：セント/kWh）

	総費用	運転・維持費	燃料費	資本関連費	資本費割合(%)
最小コスト原発	1.55	0.77	0.46	0.34	21.9
25%平均原発[(1)]	3.24	1.88[(3)]	0.54	0.76	23.5
50%平均原発	4.77	1.66	1.09	2.02	42.3
75%平均原発	8.04	1.36	0.52	6.16	76.6
最多コスト原発[(2)]	25.05	2.27	0.36	22.41	87.9

(注)　民営電力会社所有の原発に関するデータ。
(1) 25%平均原発は，発電コストが安い方から数えてちょうど1/4番目に位置する原発（以下同）。
(2) 最近完成した原発は完成に20年以上を要し，資本費割合が高く，著しくコスト高である。
(3) 初期の原発は，資本費が安くこれまでは有利だったが，今後老朽化にともなって運転・維持費が急騰する可能性が高い。
(出典) EIA（1993, p. 91）より作成。

は一九七〇年以前に発注されたものであるということである。七〇年以降に発注され、キャンセルを免れ、生き残って運転中の原発の多くも、最新の風力発電よりも発電コストが高い。その直接的な理由は、コストの高い原発では、資本費の割合が八割近くにものぼるからである。

通産省によれば、日本の原発の発電コストは、LNGによる火力発電と同額のキロワット時あたり九円であり、石油火力よりも一円安く、もっとも安いとされている。ただしエネルギー省が全七一発電所（一一一炉分、一九九一年）の発電コストの明細を発電所ごとに公表しているのに対して、日本では公開されていない。通産省の発表は全体の見積もり値であって、一基ごとの実績値ではない。通産省が安いといっている以上、信じなさいというのが日本側の姿勢である。

ではなぜアメリカの場合には原発の発電コストがこれほど高くつくのか。よく知られているように、石油・石炭や天然ガスなどのエネルギー資源に恵まれ、これらの価格が安いために、原発は経済性を失っている。さらに風力発電はアメリ力では量産化・規格化がすすみ、また風量が日本にくらべて相対的に安定して得られるため、一ワット時あたりの風力発電のコストは日本の場合と比較して四分の一程度である。

社会学的にもっとも重視したいのは、原発建設の経営リスクを増大させ、発電コストを増大させる社会的メカニズムである。規制当局から設計の変更が要請されたり、社会的な反対が強まるほど、建設期間は長期化し、それにつれて建設費用は膨大化する。

ＮＲＣと原子力安全委員会の相違点

日本との対比でもっとも重要なのは、原子力規制のあり方の根本的な相違である。

日本の規制体制は基本的にアメリカを真似たものだが、三つの点で大きく異なっている。第一は、日日本の原子力安全委員会が形骸化しており、アメリカのＮＲＣのような独立した強大な権限をもっていないことである。原子力安全委員会は一九七四年の原子力船むつの放射線漏れ事故をきっかけに、原子力委員会の機能のうち「安全規制」を独立させて一九七八年に発足したが、その事務局は、科学技術庁の原子力安全局原子力安全課が担当しており、原子力安全委員会の専従スタッフがいるわけではない。原子力安全委員会は「原子力開発庁」と呼ぶべき科学技術庁内の原子力担当部局に、ヒト・予算・情報を依存している。ちなみに原子力安全委員会の予算が三億六七〇〇万円であるのに対し、科学技術庁原子力安全局の予算はその二・八倍の一〇億二二〇〇万円である（九四年度）。

ＮＲＣは、日本でも有名な証券取引委員会（ＳＥＣ）や州レベルの公益事業規制委員会（ＰＵＣ）とともに、司法・行政・立法の三権から独立し、裁定および規則制定の準司法機能と準立法機能をあわせもち、独自の許認可権をもつ行政委員会である。これに対して原子力安全委員会も原子力委員会も「審議会の性格」をもつ諮問機関であって、通産省や科学技術庁などの諮問に応じて答申をおこなうのであり、何ら許認可権をもっていない[7]。原子力安全委員会が原子炉の設置に関する申請や安全審査を直接扱うわけではない。独自の視点から、個々の原子力施設に対して実質的なクレームをつけたというような事例はない。NRC発足後に、アメリカで発注が急減し、キャンセルが相次いだのに対して、原子力安全委員会が、原子力施設の建設手続きを遅延させたというような例をきかない。

日本の場合には、発電用原子炉については通産省が、研究開発段階までの原子炉および核燃料サイクル施設については科技庁が、それぞれ許認可権をもち、直接的な安全審査をおこない、原子力安全委員会は、これらの審査結果の妥当性を指針等に照らしてチェックしているにすぎない。誤解を解消するためには、実情にあわせて原子力委員会は「原子力開発審議会」に、原子力安全委員会は「原子炉等安全審査審議会」に改名すべきである。

第二は、日本では原子力関係の法律は原子力基本法（一九五五年公布）以下、独自の法体系をなしており一元的であり、公害対策基本法などの規制対象から外されている[8]。通産省と科学技術庁、実質的には科学技術庁に属しているといえる原子力委員会と原子力安全委員会（形式的には総理府の機関だが、オフィスは科学技術庁の内部にあり、原子力委員会委員長は科学技術庁長官が兼務する）、財政当局である大蔵省をのぞいては、原子力行政に関して権限をもつ官庁はない。環境庁や国土庁はこれまで放射能汚染や原子力災害に対して何らの権限をもたないし、積極的に関与しようとしてこなかった。

アメリカの場合、一九七〇年から発効した国家環境政策法（NEPA）と、日本の環境庁にあたる環境保護局（EPA）が、原子力発電所の建設計画を遅らせ、建設コスト上昇の要因の一つとなったことと対照的である。例えば一九七四年に成立した水資源浄化法は、温排水問題を理由として多くの提訴の根拠となっている。

第三は、日本では原子力施設の立地する都道府県が、州の公益事業規制委員会（PUC）やカリフォルニア州の場合のエネルギー委員会（CEC）のような独自の規制権限をもっていないことである。むろん立地手続きの一環として地元同意・知事同意は必要とされているが、規制の権限や許認可の権限は都道府県にはまったくない。稼働後の原発について都道府県がなしうるのは、独自の放射線測定や監視活動的なものにとどまり、当事者能力をもたないのである。

これに対して州の自治の強いアメリカでは、公益民間企業に対する規制は州政府の重要な役割の一つである。公益事業規制委員会は、とくにカリフォルニア州などのような大きな州においては職員数も予算規模も大きく強い権限をもっている。ただし公益事業規制委員会が規制するのは民営の会社に限られ、サクラメント電力公社のような公営電力は規制の対象外である。

カリフォルニア州の電力規制緩和政策や風力発電の推進政策などを強力におしすすめてきたのは、次節で述べるようにカリフォルニア州の公益事業規制委員会である。公益事業規制委員会は、電力会社から申請された電気料金の妥当性の審査をつうじて原子力発電所の建設の継続や運転継続に関する事実上の生殺与奪の権限をもっている。

アメリカの民営電力会社の電気料金も、日本の電気料金と同様に、レートベース方式といって現有発電設備などの固定資産にもとづいて算定される。問題は、建設中の発電施設の建設コスト（建設仮勘定）をレートベースに算入して、現在時点の消費者に転嫁できるか否かである。ミシガン州などアメリカの幾つかの州では、レートベースへの算入を認めていない。ミシガン州のミッドランド原発が建設途中で天然ガス火力発電所への設計変更を余儀なくされたのも、同州の公益事業規制委員会がレートベースへの繰り入れを認めていなかったからである[9]。カリフォルニア州の公益事業委員会は、例えば次節で述べるように、ＰＧ＆Ｅ社の電気料金の値上げ申請に対して、消費者団体や環境団体の異議申し立てをうけて、同社のディアブロ・キャニオン原発の建設費の二〇％程度しかレートベースへの繰り入れ、つまり消費者への転嫁を認めなかった。建設費の残り八〇％は、経営判断の誤りなどに帰すべきものであり、消費者に転嫁できないと判断したのである。

他方日本では電源開発基本計画に組み入れられ、建設計画が正式に決定となった「新規着手」の時点から、建設仮勘定の五〇％までをレートベースに算入できることになっている。つまり建設コストの半分を運転開始前の段階から消費者に転嫁できるから、原発建設は格好の利益の内部留保機会となっているのであり、原発の建設コストの高さが投資抑制に結びつきにくい構造になっている。これらの点は九六年一月から実施された新電気料金制度のもとでも基本的に変わっていない。コストにしめる資本費の割合が高いことは、日本やフランスのような独占企業で、原子力発電所建設に積極的な電気事業者に共通の特色である[10]。

またカリフォルニア州エネルギー委員会（ＣＥＣ）は、州内に建設される一定規模以上の発電設備に対する許認可権をもっている。むろん原子力発電所も例外ではない。実際、本書で何度か言及した一九七六年に制定されたカリフォルニア原子力安全法は、ＣＥＣに対して、放射性廃棄物の処理技術が実証されるまで、州内に新たに建設される原子力発電所を認可することを禁じた法律である。

このように連邦レベルの原子力規制委員会や環境保護局の規制権限とは完全に独立に、州もまた原子力発電所に対する許認可権と規制権限をもっているのである。

日本の場合には、国策である「原子力推進」とは独立の立場から、建設予定の、建設中の、また稼働中の原子力発電所がチェックをうける制度的機会がない。

社会的監視機能の役割

このような制度的な規制機会のみならず、裁判所の独立性、政党の原子力政策、消費者団体・環境団体の実力など、各種の社会的監視機構の力の強さもまた、アメリカにおける原子力発電のコストと建設のリスクを高めている要因である。

日本の裁判所は、原子力施設をめぐる訴訟に関して被告の政府や電力会社寄りの姿勢が目立っており、日本では原子力発電の建設にブレーキをかけたような判例は一例もない。原子力発電所・高速増殖炉・核燃料サイクル施設など、実験炉をのぞくほとんどすべての原子力施設の建設および運転の差止めをもとめる行政訴訟や民事訴訟が提起されてきたが、今日までいずれも原告敗訴に終わっている。提訴によって、建設工事が一時的に中断させられたこともない。

アメリカでは原子力発電の是非は、政府の経済政策のあり方や妊娠中絶の是非論などと並んで、民主党と共和党の政策の典型的な対立軸の一つである。多くの州で両党の勢力・支持率が拮抗しているだけに、原発建設は州レベルでの政治的争点となりやすく、電力会社にとっては政治的リスクが大きい。カリフォルニア州のように民主党の勢力が比較的強く、かつ民主党のなかでもよりリベラルな勢力の発言力が大きく、しかも環境団体の勢力が強い州においては、とりわけこのリスクは大きい。

対するに日本の場合には、一九六五年に発足した通産大臣の諮問機関である総合エネルギー調査会が三〜四年に一回、ほぼ一五〜二〇年後を目標年度とする長期エネルギー需給見通しを発表し、それにもとづいて電源立地がすすめられてきた。エネルギーの安定供給をめざす通産省の公益事業部の政策と各電力会社の電源開発政策との整合性はきわめて高い。合意形成に時間はかかるが、いったん中央官庁と事業者との間に合意形成ができてしまえば、その方針が末端まで貫徹しやすいのが、日本のシステムの特色である。

結局日本では、「国策」である原子力開発に対する社会的監視機構や社会的規制の体制が発達していないのである。民主主義の成熟度の相違や民主的な制度を志向する伝統の相違が、日本とアメリカでの原子力の発電コストとリスクの相違をもたらしている。原発の社会的コストの大きさは、当該社会の民主主義のバロメーターとさえいえよう。

第2節　カリフォルニアの実験

（1）公益事業規制委員会（ＰＵＣ）

変化と挑戦はカリフォルニアからはじまる

「変化と挑戦はカリフォルニアからはじまる」。進取の気性は、「教育のある移住者」の国、カリフォルニアの誇りである。電力ビジネスに関しても事情は同様である。カリフォルニアといえば世界の風力発電のメッカであり、公益事業規制委員会の権限と力は全米一強い。最近では民営電力会社を分離分割する大胆な規制緩和政策の実現に向けて大きく踏み出したことで、世界中の電気事業者、環境保護運動、反原子力運動、消費者運動の耳目を集めている。

「非原子力化」の時代は「新エネルギー革命」の時代でもある。電力の大量消費を前提として原子力発電所、大型の火力発電所を建設する時代は終焉しつつある。それにかわる新しいキィー・ワードは、原発閉鎖以来サクラメント電力公社が精力的に取り組んできたように、①エネルギー利用の効率化と②コジェネレーションや再生可能エネルギーの開発をはじめとする小規模分散型の電源供給システムへの転換である。

しかもこれらは近年ますます明確になりつつある「発電の自由化」や「規制緩和」の動きと密接に関わっている。地域独占が常識だった電力事業に競争原理を導入し、電気料金を低めにおさえようという動きである。そしてこれらは次節で見るように、一九八〇年代末期以降、イギリスを先頭にヨーロッパでも大きな動きとなりつつある。アメリカでは東海岸と西海岸の州の電気事業者が積極的に取り組んでいる。このような一連の動きを一九七〇年代半ばからリードしてきたのが、カリフォルニア州である。

カリフォルニアの電力規制緩和政策に対して、日本の電力業界はとまどいを見せている。カリフォルニアの電力改革に関して、日本の電力業界の側が目を塞ぎ、理解しようとしていないのは、一連の改革の底流に、むろん紆余曲折はあるものの民営の大電力会社を市民サイドで、需要家=消費者サイドで、対抗的にコントロールしようという意思が流れていることである。大電力会社批判論と擁護論との対立・拮抗関係のなかで、カリフォルニアの電力改革の実験は進行している。

パブリックと公益

営利万能の国アメリカというステロタイプは、日本社会に関する「恥の文化」「タテ社会」というレイベリングと同様に、少なからぬ誤解と過度の単純化を含んでいる。消費者の利益や公益（public interest）は、アメリカ社会において、アメリカのビジネス社会においてもっとも重要な概念の一つである。アメリカは消費者運動がもっとも活発で強力な国の一つであり、NPO（非営利組織）やNGO（非政府組織）の隆盛ぶりは近年日本でもよく知られるようになってきた。「営利」という観念と「非営利」という観念とが、さまざまの局面で対抗し、拮抗しあっているのがアメリカ社会である。消費者の利益を忘れた企業は生き残れない、というのはアメリカの企業経営の鉄則であるといっていい。日本では監督官庁や業界団体が守ってくれるが、アメリカの場合には、消費者、とりわけ優秀な弁護士やスタッフを抱えた環境団体や消費者団体は、敵に回せばもっとも手強い相手である。

アメリカにおける「公」パブリックという観念も、日本ではなかなか理解されがたい概念である。日本語の「公」は、そもそも「おおやけ」つまり朝廷や国家を意味した言葉である。「滅私奉公」の公は、天皇と国家を意味する。歴史的語源的には「みやけ」、天皇家の財産が、公である。したがって、現在でも政府＝公、国益＝公益という観念が日本では根強い。例えば国鉄が民営化される以前は、新幹線が公共性をもつのは、新幹線を建設・運営する主体が国鉄という政府機関だからであると説明され、主張されてきた。

他方英語のパブリックは、英英辞典で容易に確認できるように、「一般の人びとに関わる」という意味である。ドアに「PRIVATE」と表示があったら、それは従業員や家族のような特別に許された人しか開けてはいけないドアである。もし「PUBLIC」とあったら、誰でも開けることができる。誰でもアクセスできる、誰に対しても開かれた、というのが、プライヴェイトに対するパブリックの端的な意味である。英語の公益の語感は「一般市民の利益」である。公益＝国益というニュアンスは薄い。

公益事業規制委員会

公益企業には、矛盾しかねない二つの契機がある。一般市民の日常生活にとって欠かすことのできないライフラインに関わる公益事業（public utility）を、私企業（private company）が営利目的で、つまり少数の株主の利益に動機づけられて経営しているという矛盾である。当然企業の私的利益と、一般市民にとっての公益との間に、緊張や軋轢が生じ、矛盾が表面化してくる。しかも独占企業の場合には、マーケット・メカニズムがはたらかないから、公益、つまり消費者の利益を擁護するという観点からの政府の介入が不可欠である。電力や電話・ガス事業などに関して公益事業規制委員会（public utility commission, ＰＵＣ）の活動が必要なのはこのためである。ＰＵＣは、日本では公益事業委員会と直訳されることが多いが、公的規制という使命を明示するために、本書では一貫して公益事業規制委員会と訳している。ＰＵＣは、「蛸」と揶揄された巨大な独占企業サザン・パシフィック鉄道会社に対する規制を目的として一九一一年に発足した鉄道事業規制委員会を前身としている(第1章第1節)。

一九七〇年代半ば以来のカリフォルニア州の電力政策の大転換の最大の推進力は、公益事業規制委員会であり、これと環境保護運動、消費者運動との間のコラボレイションである。コラボレイションは、後述のように、企業と政府機関や在野の政策提言集団、環境団体などが、従来の活動領域の区分を超えて結ぶ、対等な協力関係をさす新しい概念である。

サクラメント電力公社（ＳＭＵＤ）のシェアは、販売電力量で、カリフォルニア全体の四％にすぎない。ＰＧ&Ｅ社、ＳＣＥ社、サンディエゴ・ガス電力会社の三社が、七四％を供給している（一九九三年）。この三社をコントロールし、その市場支配力を弱めることが、公益事業規制委員会のほぼ一貫した目標であり続けてきたとみることができる。

回避可能原価での買電の義務づけ—パーパのインパクト

第一次オイルショック後の一九七八年に、連邦政府はカーター政権下、PURPA（公益事業規制政策法、略称パーパ）を制定し、各州政府に対し、電気事業者に、①一定の資格を満たす、②再生可能エネルギーを使用する八万キロワット以下の小規模発電施設ないし③コジェネレーション施設（これらをQF（認定設備、qualifying facility）と呼ぶ）からの買電を義務づけた。④しかも、各州の定める「回避可能原価（avoided cost）」で電気を買うよう、電力会社に命じたのである。回避可能原価は、理論的には限界生産費用に相当する価格であると説明されている。つまり電力会社は、QFから買電することで、発電所建設のための膨大な新規投資を回避できるから、その分のコスト（追加的な発電単価）と同額でQFから買電することが「適正な」価格だという考え方である。

そのねらいは、オイルショック後のエネルギー価格の高騰と当時予測されていた慢性的な電力供給不足に対応するため、代替エネルギーの開発を促進し、化石燃料の使用を抑制し、輸入石油への依存率を引き下げることにあった。価格が上がれば供給が増えると経済学の教科書は教えるが、オイルショック後、電気料金が高騰したにもかかわらず、供給電力量は増えなかった。理由は発電の市場が独占的で、新規参入がきわめて困難だからである。再生可能エネルギーとコジェネレーションによる発電の新規参入を大幅に増やすために、小規模発電に「認定設備」としての資格を与えることによって、通常の電気事業に課せられる規制を免除し、また電力会社による買い取りを保証したのである。

アメリカは地方分権の国であり、パーパの具体的な運用と制度づくりは各州にまかせられていた。カリフォルニア州の公益事業規制委員会は、同法の精神にしたがってもっとも熱心に取り組んだのである。連邦レベルでパーパが法制化されたにもかかわらず、他の州ではそれほど独立の発電事業者や風力発電の設置者は増えなかった。カリフォルニア州で急増した最大の理由は、カリフォルニア州のPUCの力が強く、この委員会が、電力事業への競争原理の導入による電気料金の引き下げという課題に対して強い使命感に燃えていたからである。

PUCは回避可能原価を高めに設定するとともに、風力発電施設を免税するなど税制上優遇した。電力会社側の買い取り価格が流動的であれば、リスクが大きくて発電事業への新規投資はできにくい。PUCは「スタンダード・オッファー4」という制度をつくり、八〇年代はじめの石油と天然ガスの価格が将来にわたって上昇するという予測にしたがって、回避可能原価と買電価格が固定的に上昇していくように設定したのである。八三年秋から一〇年間、買電価格の上昇と電力会社による買電が約束されていた。

カリフォルニア・エナジー・ゴールドラッシュ

連邦政府は風力発電などの分散型の再生可能エネルギーの施設に対して、一九八一年から投資減税一〇％に、一九八一年から一五％を加え、二五％の減税措置を実施した。カリフォルニア州は、さらに二五％の減税を上乗せし、州内での風力発電施設の建設には五〇％免税することにしたのである。

この二つの政策の結果一九八二年から八五年にかけて、「カリフォルニア・エナジー・ゴールドラッシュ」と呼ばれる現象が起こった。ヴェンチャー企業が風力発電などの建設・運転に全米から殺到した結果、八一年にはわずか一五〇基しかなかった発電用風車は、たちまち八六年にはその一〇〇倍の一万五千基を越えるに至ったのである。その後台数はあまり増えていないが計一万六千基、一六〇万キロワット（一九九二年）、世界の風力発電施設の七五％、全米の九八％の施設がカリフォルニア州に集中している[1]。エネルギー省は二〇一〇年までに全米で六三〇万キロワットまで伸びると予測している。

ディマンド・サイド・マネジメント

ディマンド・サイド・マネジメント、エネルギー利用の効率化政策もまたカリフォルニア州全体の動きとなっている[2]。その第一の契機は、一九八二年に、カリフォルニア州政府がＥＲＡＭ（電気料金適正化制度）を採用したことである。電気の実績販売量が想定販売量を上回れば、超過収入は消費者に翌年還元し、下回れば収入の欠損分は翌年値上げによって回収するという料金制度である。もっとも重要なことは、この制度によって電力量の売り上げと電力会社の利益との連動がたちきられたことである。電力従来のように電気を売れば売るほど、電力会社はもうかるというしくみではなくなったのである。電力会社にとっては、電力需要の変動による経営リスクが逓減し、新規設備投資の抑制がさらに動機づけられることになった。電力需要が飽和化し、かつ新規電源立地が困難化した社会にこそふさわしい料金制度である。

これをうけて、全米有数の民営電力会社であるＰＧ＆Ｅ社、ＳＣＥ社とサンディエゴ・ガス電力会社

表4・3　ＤＳＭの費用と効果（1990～93年）

	費　用（100万ドル）	純　益（100万ドル）	純益／費用
PG & E 社	489.6	118.9	0.24
SCE 社	281.9	32.3	0.11
SDG & E 社	130.1	37.8	0.29
合　　計	901.6	189.0	0.21

（注）　SDG & E 社はサンディエゴ・ガス電力会社。PG & E 社と SDG & E 社についてはガス部門も含む。1990・91年分は実績。92年・93年分は推定。
（出典）PUC 資料，1993。

も、サクラメント電力公社とよく似たエネルギー利用の効率化政策をおしすすめることになった。ＳＭＵＤの政策転換は孤立してあるわけではない。ＳＭＵＤがより徹底していると評価することはできるが、基本的にはこれら周辺の電力会社の政策と類似性が高く、相互に学習し影響しあっているのである。

第二の契機は、一九九〇年一月、州政府機関のＰＵＣ、ＣＥＣ、民営の電気・ガス事業者であるＰＧ&Ｅ社、ＳＣＥ社らと、環境団体・消費者団体が、「カリフォルニア・エネルギー効率利用計画書」に調印したことである。その副題は「州域でのコラボレイティブ過程の報告書」となっている。半年間の交渉ののちディマンド・サイド・マネジメントとエネルギー効率利用計画への本格的な投資の転換が約束された。これらが電力会社の経営の安定化、化石燃料の消費の削減と電力料金の抑制をもたらし、関係四者にとっての共通の利益であることを確認している。とくにこの協定が注目されるのは、ＮＲＤＣ（自然資源防衛会議）という全米有数の環境団体が主導権を握って、このような合意に至ったことである。

ちなみにこのコラボレイティブにもとづく州内の民営電力三社全体で

のエネルギー利用の効率化のための総投資額は一九九〇～九三年で計九億ドル、そこから得られた純益は一・九億ドルであり、投資額の二割に達すると推定されている（表4・3参照）。

消費者保護と住民参加

このようにカリフォルニア州の電力政策の転換を牽引してきたのは、公益事業規制委員会（PUC）である[3]。最大の州であるがゆえに、カリフォルニアの場合にはPUCはスタッフの数も多く、公聴会への住民参加が奨励されている。PUCはどの州にもあるが、カリフォルニアPUCに特徴的なことは、「料金負担者擁護局（Division of Ratepayer Advocates）」という、消費者の利益を代弁し、公共料金の抑制と消費者の選択肢をひろげることを任務とする部局があることである。PUCは消費者保護を主要な柱の一つとしているのである。

ブラウン知事時代以後のPUC

PUCが、開明的な政策に積極化する転換点は一九七四年にあった。ウォーターゲート事件によるニクソン辞任から二ヶ月後の一一月、二期続いた保守派のレーガン知事に代わって、民主党のブラウン知事が当選した。ブラウン知事を中心的に支えたのは、環境保護派の「六〇年世代」であり、同知事時代に州内での原発の新設を今後は認可しないことになった。

公益事業規制委員会のコミッショナー（委員）は定員が五人だが、六年の任期切れを迎えた者や欠員分から順次後任を州知事が任命するしくみである。ブラウン知事は、八二年までの知事在任期間二期八年の間に、環境保護派の委員を次々任命した。一九八二年から八五年の「カリフォルニア・エナジー・ゴールドラッシュ」を支えたのは、ブラウン知事によって任命された環境保護派のＰＵＣコミッショナーだったのである。

またレーガン州知事時代の末期には、オイルショックを契機に一九七四年カリフォルニア・エネルギー委員会（ＣＥＣ）が発足している。エネルギーの安定供給と環境改善の両立をめざして、①エネルギー需要予測、②発電所の認可、③省エネルギーと効率利用の促進、④再生可能エネルギーの開発、⑤エネルギー危機への対応がその任務である。ブラウン知事時代にはＣＥＣのコミッショナーもまた環境派が主流となった。

環境保護派のスタッフ

これらの政府機関にはリベラルで、環境問題に対する関心が高く、電力会社やエネルギー産業への規制に熱心な職員が多い。アメリカの役所は日本と異なって人事異動が少なく、専門職的な性格が強い。それだけ個々の職員のイニシアティブが発揮されやすい。

ＣＥＣやＰＵＣは、環境保護派の若者たちにとって働きがいのある職場である。公僕（public servant）として、民営の大電力会社に対抗しながら、風力発電や太陽光発電の普及、消費者の利益の擁護という課題に没頭できる。そのうえその政策が全米を、全世界をリードしているとなれば、カリフォルニア大学バークレー校やロサンゼルス校、スタンフォード大学などの有力校で、環境主義的な世界観を磨かれた、意欲的で有能な「教育ある移住者」がこれらの委員会のポストを仕事場としてもとめるのは当然である。しかもサンフランシスコやサクラメントの環境保護団体では大学時代以来の友人や先輩たちがリーダーや活動家として活躍している。このような人的ネットワークと相互の信頼感がコラボレイションの基礎である。

ＰＵＣのコミッショナーは、一九八三年以降今日まで続く共和党知事時代に、順次共和党系の人びとに交替していったが、中堅層以下は、原子力発電所や大規模な火力発電所に疑問をもつ環境保護派やそれに共感する人びとでしめられている。「テクノロジーを信望し、科学を進歩と等置した旧世代の人びとは、この一五年間に次々と引退し、ＰＵＣの職員の主流はすっかり環境派に変わってしまったんだ」。三〇代後半のＰＵＣ職員の述懐である[4]。

（２）環境派が主導権を握るとき

環境保護団体のリーダーから全米一の電力会社のトップへ

このような風潮は、電力会社の経営スタッフにも大きな影響をもたらしている。その代表は、サザン・カリフォルニア・エジソン（ＳＣＥ）社会長で最高経営責任者（ＣＥＯ）のジョン・ブライスン（John Bryson）である[5]。かれは一九四三年生まれの環境保護派の元弁護士で、一九七〇年に設立された全米を代表する有力環境保護団体ＮＲＤＣ（自然資源防衛会議）の創設者の一人である。七四年にＮＲＤＣを離れたあと、ブラウン知事時代に、州政府の水資源管理評議会会長として頭角をあらわし、七九～八二年にかけて公益事業規制委員会の代表コミッショナーを務めた。前述のような制度をつくってカリフォルニア・エナジー・ゴールドラッシュを準備したのは、かれがトップをつとめていた時代のＰＵＣである。

一九八四年民間会社の経営にたずさわったことがなかったにもかかわらず、ブライスンは、突然四〇〇万件以上の需要家を抱える全米最大規模の民営電力会社ＳＣＥ社の財務担当副社長に抜てきされ、世間を驚かせた。同社の会長が、後継者候補として招請したのである。引退する同会長のあとをうけて、六年後かれは一九九〇年一〇月四七歳でＳＣＥ社のトップに就任した。

ＮＲＤＣは、「影の環境庁」の異名をとる環境団体であり、連邦政府や州政府の環境政策を批判し、法廷闘争を得意として大気汚染や有害化学物質による汚染などを攻撃してきた。七四年に離れはしたが、ＮＲＤＣの現旧メンバーはブライスンの有能さと環境問題へのセンシティビティを高く評価している。環境問題の元活動家で、現在も環境団体とのネットワークをもつ人間が、業界トップクラスの企業の最高経営責任者に就任したのは、全米でもはじめての事態だった。しかも原子力発電やダム建設、火力発電による大気汚染などをとおして、環境破壊の最大の元凶の一つとされる電力会社のトップに就任したのである。ＳＣＥ社の営業区域は、カリフォルニアでも大気汚染の深刻なロサンゼルス市の周辺地域である。日本的な文脈に翻訳すれば、原子力政策や政府の環境政策に敵対的な環境団体の元創設者の一人が通産省の公益事業部長に抜てきされ、その後東京電力の重役に招かれ、現在社長を務めているというような状況である。ちなみに、PUCの代表コミッショナーだった時代に、かれはSCE社に対して、八〇〇万ドルの制裁金を課している。

トップダウン的で、経営トップの個性が反映しやすいアメリカであるがゆえに、日本的な常識からは信じがたい抜てき人事が可能になるのであり、またこのような人事を断行し、それが通用するところに、カリフォルニアの進取の気性と社会のダイナミズムがあるといえる。カリフォルニアといえば、日本ではしばしばシリコン・ヴァレーのサクセス・ストーリーが語られ、ヴェンチャー・ビジネスが称揚される。しかしその底流にあるのが、前例や前歴に拘泥しない社会の柔軟さや大胆な発想と決断であることを、日本の産業界はどれだけ理解しているのだろうか。

むろんPUC時代のブライスンは、バランス感覚にすぐれ、ひろい識見と人脈をもつ「練達の調停者(deft negotiator)」と評価されていた。SCE社がブライスンをトップに指名したのは、かれが二〇年前のようにもはやラディカルではなくなっているからであり、「環境に配慮する」電力会社へのイメージ刷新を意図したからでもある。また環境団体との協力関係、コラボレイションを抜きにして、もはや電力会社が生き残れないことを、SCE社の経営陣が痛切に意識しているあらわれでもあろう。

環境グループのリーダーで、NRDCの共同創設者の一人エイヤースは、ロサンゼルス・タイムズ紙のインタビューに対して、「ジョン（ブライスン）が会長に任命されたことは、環境倫理の持ち主が、権力への批判者としてではなく、いまや権力を握る者として、環境倫理を実践できるようになったことを意味している」と歓迎のコメントを述べた[6]。

ＳＣＥ社は、民営の電力会社としては買電や太陽光発電にもっとも積極的な会社である。ブライスンは、九五年一二月にまとまったカリフォルニア州の電力規制緩和策の策定過程においても後述するように、キィー・パーソンの一人だった。

消費者運動ＴＵＲＮ

環境運動のみならず、消費者運動もまた電力政策の転換に重要な役割をはたしている。カリフォルニアにおける公共料金、電力料金に関する消費者運動の代表がＴＵＲＮ（Toward Utility Rate Normalization 公共料金適正化連盟）である[7]。一九七三年に五六歳の主婦シーガルが公共料金が高いのはなぜだろう、と疑問をもったことからはじまった組織である。電気、ガス、電話の公共料金の値上げを監視し、一般の消費者や小口需要家の利益を守る運動を続けてきた。カリスマ的な女性だったシーガルが一九八九年に引退したあと、草の根の平和運動などの活動経験をもつ元女性記者オードリー・クラウゼが代表を引き継ぎ（九五年夏に引退した）、弁護士四人、専門的なアナリストを含む一二人の有給スタッフを抱えている。カリフォルニア州内の会員は三万人である。年間収入は一二七万ドルにものぼるが、収入の半分近い五六万ドルは法廷費用分として勝訴によってかち得たものである（九二年実績）。

ＰＵＣは準司法的機能および準立法的機能をもつ行政委員会だが、ＴＵＲＮは、ＰＵＣの料金値上げの認可の審査過程に介入するのである。審査過程で異議申し立てが認められ、原告勝訴になれば、法廷費用は被告側が負担しなければならない。ＴＵＲＮの九二年の年間支出の六一％は、法廷活動に使われている。獲得した法廷費用は、順次つぎの提訴の資金となるしくみである。有能な弁護士とスタッフを抱える消費者運動や環境運動がこうした行政委員会での異議申し立てに勝利することは、組織拡大の重要なポイントでもある。プラグマティックなアメリカの風土では、運動は長続きするためには、その有効性と存在意義とを顕示しなければならない。

ＴＵＲＮは、カリフォルニアの原子力発電所がコスト高で、カリフォルニアの電気料金をニューヨーク州などとともに全米一高いものにしている元凶であるとして、原子力発電に批判的である。電気料金を低めにおさえることを最優先の運動目標にしており、ＮＲＤＣなどの環境団体と異なって、再生可能エネルギーやＤＳＭを積極的に奨励することからはやや距離を置いている。

（３）電力規制緩和問題

規制緩和問題

一九九四年四月カリフォルニア州公益事業規制委員会は、電力ビジネスに市場原理を持ち込む新しい規制緩和策を検討中であると発表した[8]。規制の簡素化と、地域独占のもとで、「電力会社の囚人」となっている需要家の選択肢を拡大することによって、電気料金の引き下げをめざす政策である。再生可能エネルギーの普及や環境保護を犠牲にすることなく、これらの目標の実現がめざされている。発表直後、規制緩和の対象となるPG&E社などの株価は暴落した。SMUDのスメロフ理事が、九五年八月、開口一番「SMUDは規制緩和という新しいステージに入った」と切り出したように、八〇年代以後のアメリカの電力業界をリードしてきたカリフォルニア州PUCの提案は、全米の電気事業者、産業界、環境団体、消費者団体の大きな関心を集めることになった。AT&Tの分離分割による遠距離電話網の規制緩和、航空機業界、ガス業界に続く大がかりな規制緩和・市場化政策が予想されるからである。

日本では電力規制緩和問題は、通産省や電力業界がもっぱら関心をもち、原子力に批判的な市民運動や環境運動は、一般に規制緩和政策がコストの論理を優先し、社会的弱者への保護を撤廃する「新保守主義」な政策であることから、規制緩和政策への評価が低く、規制緩和問題自体にあまり関心をもたない傾向がある。したがって、双方の陣営ともに、電力規制緩和問題と、原発問題、再生可能エネルギーの普及とを切り離して、別々の事態であると理解する傾向が強い[9]。しかし、カリフォルニア州の場合、以下に述べるように、原発問題と規制緩和問題とは密接不可分の関係にある。

規制緩和問題の社会的政治的背景

では、いまなぜ規制緩和なのか。その社会的政治的背景を確認しておきたい。

第一にカリフォルニア州の規制緩和政策の直接的な引き金は、カリフォルニア州の電気料金がニューヨーク州などとともに全米一高い水準にあり、全米平均の一・五倍にも達するからである。その原因は、PG&E社のディアブロ・キャニオン原発、SCE社とサンディエゴ・ガス電力会社が共同で所有するサンオノフレ原発の発電コストが高いこと、前述のようにPUCが設定した電力会社の買電価格が、石油価格の上昇の予想を前提として高めに設定されていたことにある。

第二は「電力規制緩和→電気料金の引き下げ→製造業の競争力回復→経済活性化」というストーリーへの期待である。カリフォルニアでは、冷戦構造の終焉にともなって、基地の閉鎖や軍需産業のリストラが相次ぎ、州の経済は停滞している。しかもオレゴン州など、水力発電に頼る隣接州の電気料金が安いために、製造業が工場を国外や州外へ移す動きが目立っている。製造業を州内にとどめおくためにも、電気料金の引き下げは焦眉の課題となったのである。この点は、九五年一二月から施行された電気事業法の改正をめざした日本の通産省や産業界の意図と一致している。

規制緩和は新保守主義的な経済改革の常套手段であり、規制緩和を強くもとめているのは九四年の中間選挙で連邦議会の多数を制し、カリフォルニア州議会でも発言力を強めた共和党である。カリフォルニア州では八三年以来の共和党知事のもとで、PUCのコミッショナーは共和党色が強まっていた。DSMや再生可能エネルギー開発をリードしてきた民主党系の環境派やリベラル派は守勢を余儀なくされている。

しかも注目されるのは、〈環境派・民主党支持者〉対〈電力・大企業・共和党支持者〉という長年の対立図式が変化し、新たに〈大企業〉対〈規制緩和をしぶる大電力会社〉という利害対立が顕在化してきたことである。原子力発電との関連でみれば、大企業も電力会社自身もますます原子力発電所を厄介物扱いするようになり、コスト高の国内の原発を擁護するのはもはや原子力産業のみになったことは重要なポイントである。

第三はコジェネレーションや再生可能エネルギーなどの小規模分散型発電の普及に代表されるような電気事業の技術革新である。誰でも発電・売電ができる時代が到来しつつある。電力供給を電力会社に独占させておく技術的・経済学的根拠は崩壊したのである。

アメリカでも日本でも遠距離電話の規制緩和がおこなわれたが、その背景にあるのはファクシミリやデータ通信、パソコン通信やインターネットの発達、テレビ電話の実用化などによって、電話回線が単なる音声情報の伝達手段から、文字情報や図形情報、さらには双方向の動画情報の伝達手段へと変化してきたことである。情報通信革命という技術革新が、そして電話回線の利用形態の変化が、電話料金の引き下げ圧力をうみだし、規制緩和をプッシュしている。

第四に電力会社側にもこのような背景のもとで規制緩和を抗しがたい流れとして受け入れ、ひきかえに第三世界への進出に新しいビジネス・チャンスを見いだそうという思惑がある。アメリカの電気事業者は、日本の電力会社と同様に、最近まで保護と引き換えに、他国でのビジネスを禁じられていた。けれども原発ビジネスを含め今後うまみがあると見られているのは、電力需要が急増しつつある東アジア諸国や第三世界である。

ディアブロ・キャニオン原子力発電所問題

これらの要因群のなかでも、七〇年代末期以来のカリフォルニアの電力規制緩和政策を考えるうえで、とくに重要な意味をもつのが、ＰＧ＆Ｅ社のディアブロ・キャニオン原子力発電所問題である[10]。

ＰＧ＆Ｅ社は民営では需要家数で全米第一位、販売収入で第二位の電力会社だが、同社の電気料金は、ＳＭＵＤに比べて六〇％、全米平均と比べても四〇％も割高である（一九九三年、一般住宅用）。北カリフォルニアでは、サクラメント・カウンティの住民や企業は安い電気料金を享受し、その周辺のＰＧ＆Ｅ社のエリアでは六〇％増しの電気料金を支払わなければならない。公営電力には税制面での特典があるものの、なぜこれほどまでに差があるのだろうか。料金格差の最大の理由がディアブロ・キャニオン原子力発電所の存在である。ＰＧ＆Ｅ社の支出の一六・六％、最大の費目が同原発の建設費の支払いである。

同原発は二基の原子炉（最大出力はともに一〇八万キロワット）からなる。一九六五年に立地調査がなされ、一号炉は六八年に、二号炉は七〇年に認可され、建設がはじまった。運転を開始したのは一九八五年と八六年である。当初計画では運転まで五年、総建設費は三・二億ドルの見積もりだったが、付近で大きな活断層が発見され、またスリーマイル事故の影響をうけてＮＲＣによって再三の設計変更命令がなされ、総建設費は二基あわせて五五・二億ドルにまで高騰した。ちなみにその内二〇億ドルは金利支払い分である。結局一キロワットあたりの建設費は二五四五ドルと、同時期に建設された他の原発のほぼ三倍である。発電単価はキロワット時あたり一二セントと、コジェネレーションや新型天然ガス火力発電所の三倍、最新鋭の風力発電の約六セントに比べて二倍のコストである。

同原発の建設反対運動は、七〇年代から八〇年代はじめにかけて全米の反原発運動を代表する存在だった。運転開始後、運動側は、同社の電気料金の高さをPUCに対して異議申し立てする戦術に転じている。高い電気料金への社会的圧力を高め、同原発の稼働率が低下し（現在まで稼働率は八〇％前後と良好である）、経済性がさらに低下した段階で運転中止に追い込もうというねらいである。

電力会社と消費者団体・環境団体との間の最大の争点は、高騰した建設費のどこまでがPG&E社の経営判断の誤りに帰すべき部分であり、どこまでが消費者に転嫁できるのかという点にあった。結局仲介役のPUCは、建設費のうち二割弱の一一・五億ドル分しか電気料金のレートベースへの算入、つまり消費者への転嫁をみとめなかった。八割は、経営判断の誤りとして株主が負うべきものとしたのである。ディアブロ・キャニオン原発は、PG&E社の経営の屋台骨をゆるがし、同社の社会的威信を大きく低下させる要因となったのである。

PG&E社は、資金的にも新規の大型発電所の建設が困難な状況に追い込まれている。新規投資をおさえるためにも、カリフォルニア州においては真夏のピーク需要を抑制することが喫緊の課題である。こうして同社もまた、エネルギー利用の効率化とディマンド・サイド・マネジメントを強く動機づけられることになったのである。

膨大な回収不能コスト

事態は基本的には、サンオノフレ原発の七五％の所有権をもつ全米有数の電力会社SCE社でも共通である。現在の料金制度のもとでは、電気料金に加算して消費者に転嫁できない、回収見込みのない投資額を「回収不能コスト（stranded cost）」と呼ぶ。会計学上は残存簿価と市場価値との差額である。ＳＣＥ社の場合には回収不能コストは一二四億ドル、ＰＧ＆Ｅ社の場合には、九五億ドルにも達している[11]。ＳＣＥ社の場合には株主資本の二・五倍、ＰＧ＆Ｅ社の場合にも一・二倍にも達する額である。回収不能コストをどのように処理するかは、規制緩和問題にともなう最大懸案の一つである。

ダイレクト・アクセス案と電力プール案

ＰＵＣはまず二つの電力規制緩和案を検討した。第一案は、需要家・消費者が、自由に電力会社を選べるというダイレクト・アクセス（個別契約）案である（図５・６参照）。例えばＮＴＴと〇〇七七、〇〇八八が選べるように、消費者が自由に電力会社を選べるようにするのである。電力会社は顧客を開拓し、つなぎとめるために、価格とサービスの競争に迫られる。環境問題に関心をもつ消費者は、再生可能エネルギーに力をいれる会社と契約するなど、消費者が電気事業者のポリシーを選ぶことができるのである。電気事業者に対して交渉力をもちうる大口需要家に好まれる案である。

第二案は、次節で述べるイギリスのしくみをまねた電力プール案である（図５・７参照）。①電力会社三社は送電線網を、電力を売買しようとするすべての会社に開放する。②三社はいったんすべての電力を電力プールに売り、市場価格で電力プールから買い取らねばならない。電力プールは株式市場のような電力取引所であり、電力の需給を反映するように一時間ないし三〇分単位で電力の卸売価格を決定するのである。一物一価の法則にしたがって、卸売価格は一元的に決定される。③電力プールと送電線網を一元的に管理する機構、システム・オペレーターを新設する、というものである。

電力産業は、エネルギー源を電気エネルギーに変換する「発電」、発電所から需要地まで電気を高圧で輸送する「送電」、高圧電気を中圧・低圧電気に変電して、需要家に配分する「配電」の三部門からなる。三部門を基本的に一つの企業が、一定の区域について独占的に担当するフランスや日本のような発送配電一貫型の伝統的な電力供給体制と、次節で述べる一九九〇年以後のイギリスのような三部門が分業化され、それぞれ別の企業が担当する体制がある。これが両極である。現在のアメリカやドイツは、多様な形態が併存するその中間的存在だが、両国でも主流は発送配電一貫型の電力会社である。

電力プール案の場合には、発送配電三部門が分離され、発電部門は完全に市場化され、配電（卸・小売）部門も地域独占がなくなり競争にさらされる。また送電業務は、独立のシステム・オペレーターによって一元的にコントロールされる。

この案に対しては、電力業界の抵抗は比較的少なかったものの、電力プールが自由競争市場的に機能し、電気料金引き下げにつながるかどうかを懸念し危ぶむ声が、産業界や消費者団体・環境団体から強かった。イギリスでは大手の発電会社二社が電力プールの価格を実質的にコントロールし、高値安定する傾向があるからである。

妥協案

結局、ウィルソン州知事とブライスン率いるＳＣＥ社が仲介役となって、両案のすりあわせがおこなわれ、九五年一二月二〇日にＰＵＣのコミッショナーが決定したのは、電力プールを基本としながらも、ダイレクト・アクセスもみとめるという折衷案である。しかも、前述の回収不能コストは、移行特別費用（transitional cost）と意味づけられ、一〇〇％電気料金に加算できるようになった。三月末現在、一〇〇日間の縦覧期間中である。州議会でこのまま立法化されるかどうかが注目されている。計画どおりすすめば九八年一月から実施予定である。

規制緩和政策と原子力

このような規制緩和政策は、原子力発電にはどのような影響をもたらすのだろうか。電気料金引き下げ圧力が強まり、各電力会社は発電コストに一層敏感にならざるをえなくなってくる。老朽化やトラブル続きでコスト高の原子炉から順次、閉鎖が早まるだろう。米国内で原発の新規発注が復活する可能性はますます遠のいたのである。

周知のように電力会社の地域独占と地域支配こそは、原発を支えてきた社会的装置でもある。規制緩和は、既存の巨大電力会社を分離分割し、その市場支配力を弱め、消費者を「電力会社の囚われ人」の位置から脱却させ、電気事業に消費者主権を回復させようとしている。

短期的な影響としては、九〇年代前半に普及したディマンド・サイド・マネジメント（ＤＳＭ）プログラムの縮小や見直しがすでにはじまっている。またコスト的に割高の太陽光発電などの再生可能エネルギーへの投資抑制の動きも顕在化しつつある。

規制緩和はむろん万能薬ではない。一般に強者の支配につながりやすいことを忘れてはならない。しかし電力のような独占事業においては、政策や経営の透明性を高め、消費者主権を取り戻し、市民の意思がより反映する電力政策を実現させる具体的な方策となりうるのである。

（4）カリフォルニアから全米へ

全米にひろがる再生可能エネルギー

カリフォルニアからはじまった電力改革の実験は、確実に全米に浸透しつつある。

太陽光発電についていては全国的にみるとSCE社、公営電力最大手のニューヨーク電力公社はじめ一五社が積極的に取り組んでいる[12]。日本では太陽電池メーカーや住宅産業は熱心だが、電力会社は太陽光発電に冷ややかである。他方アメリカでは有力電気事業者が前面に出て、太陽光発電の普及につとめている。とりわけ再生可能エネルギーに熱心なのは、規模の小さな地元密着型の公営電力である。小規模分散型の再生可能エネルギーの開発は、地域経済活性化の契機ともなりうるからであり、公営電力と地元の市民グループ・環境グループ、地元企業が中心となって、「憂慮する科学者同盟」（UCS）のような全国的環境団体とエネルギー省がノウハウと資金を援助するというコラボレイション（対等な協力関係）によってすすめられる場合が多い。ただしＰＧ＆Ｅ社のように、「規制緩和」という電力リストラの時代に短期的なコスト削減を優先し、太陽光発電から撤退をはかる電気事業者もある。

再生可能エネルギー普及の新たなターゲットはシカゴ以西の中西部である。農村地帯であり、気象条件がきびしく、政治的にも保守的で、石炭が豊富なことから、石炭火力や原子力発電への依存率が高く、再生可能エネルギーへの取り組みが遅れていた。イリノイ州など一二州の平均で、電力の七四％は石炭火力、二二％は原子力に依存している。けれどもそれゆえにＵＣＳなど、環境保護団体は中西部でのプロジェクトに力を入れている。太陽光と風力とバイオマスへの転換が可能であることを、地元の電気事業者や環境団体、エネルギー省などとの共同プロジェクトで調査し、実践をはじめている。とくに風力発電は、ノースダコタ州はカリフォルニア州の三六倍、サウスダコタ州は二四倍の風力資源量があると評価されている[13]。

地球温暖化対策と脱原子力、強い経済の両立

では今後のアメリカの電力供給はどうなるのか。ＮＲＤＣやＵＣＳなどの環境グループは共同で、二〇三〇年時点までの四つのシナリオを一九九一年に発表している[14]。表４・４には折衷案をのぞく二案を示した。Ａ案は、エネルギー省の予測にもとづく現状施策の延長上のシナリオであり、Ｂは、二酸化炭素排出量を二〇一〇年時点で一九八八年水準に比べて二五％、二〇三〇年時点では五〇％削減することを目標とした地球温暖化対策案である。発電電力量は八八年時点の約二倍になるというＡ案に対し

表4・4　アメリカの電力供給プラン（2010，2030年）（単位：10億kWh）

電　源	1988年実績	%	2010年 (A)ケース	%	2010年 (B)ケース	%	2030年 (A)ケース	%	2030年 (B)ケース	%
石　炭	1,598	56.1	2,632	59.4	1,021	39.6	3,970	73.3	158	6.4
天然ガス	276	9.7	598	13.5	215	8.3	648	12.0	199	8.1
燃料電池	0	0.0	0	0.0	0	0.0	0	0.0	454	18.5
石　油	142	5.0	142	3.2	158	6.1	27	0.5	119	4.9
原子力	531	18.6	536	12.1	482	18.7	32	0.6	30	1.2
水　力	237	8.3	326	7.4	343	13.3	339	6.3	342	13.9
太陽光	1	0.0	13	0.3	39	1.5	79	1.5	212	8.6
電力貯蔵	0	0.0	0	0.0	5	0.2	0	0.0	38	1.5
バイオマス	33	1.2	113	2.6	136	5.3	126	2.3	293	11.9
風　力	3	0.1	17	0.4	117	4.5	83	1.5	333	13.6
地　熱	30	1.1	53	1.2	60	2.3	112	2.1	275	11.2
総発電量	2,851	100	4,430	100	2,576	100	5,416	100	2,453	100

（注）(A)はエネルギー省の予測をもとにしたケース，(B)は地球温暖化対策ケース。
（出典）Alliance to Save Energy et. al.（1991, p. 91, p. 94）より作成。

て、B案は、省エネルギー・節電につとめ、A案と同一の経済成長率を前提にしたうえで、電力量を八六％までおさえ、再生可能エネルギーの利用を拡大すれば、総発電量の六〇％は水力を含む再生可能エネルギーで供給できるとしている。その場合、A案に比べて政府や電気事業者は四〇年間で総計二・七兆ドルの追加的な投資が必要だが、エネルギー費用が節約できるために五兆ドルの利益があり、二・三兆ドルの純益があるだろうと予測している。適切な投資によって、経済力の強化と地球温暖化対策、脱原子力化とが両立しうることをB案は示している。その鍵は、省エネルギーと再生可能エネルギーである。

SMUDおよびカリフォルニア州の取り組みは、このような全米的な動きをリードしているのである。

第3節　チェルノブイリ後のヨーロッパ

(1) チェルノブイリ事故と一九八九年以後の大転換

「非原子力化」の転換点としての一九八九年

サクラメント電力公社やアメリカにあらわれた変化は世界的規模で起こっている。従来この点はあまり注目されてこなかったがランチョ・セコ原発が閉鎖した年でもある一九八九年は、国際的にみて「非原子力化」のメルクマールとなる年である。

図４・２のように、世界の商業用原子炉の数は九五年末で、六年ぶりに運転を再開したアルメニアの一基を加えて四三七基である。年々増加しているように見えるが、それは日本とフランスの原発が増え続けているからであって、この二国をのぞくと、ランチョ・セコ原発が閉鎖した年でもある八九年末の三三四基（日本四〇基、フランス五一基、計四二五基）がピークである。一九九五年末は三三〇基（日本五一基、フランス五六基、計四三七基）にとどまった。八九年末から九〇年末の間に七基も減ったのは、東欧の原子力発電が稼働を停止したからでもある。

一九八九年はプロローグにも記したように、世界史的大事件が続いた年である。日本では昭和から平成に年号が変わり、自民党一党優位体制の崩壊、政界再編に向けての動きが顕在化しはじめた。一九八九年は、情報化と国際化を背景として二一世紀の社会のあり方を予兆させるような事態が急速に可視化

図4・2　世界の商業用原子炉数の推移（1985〜95年）

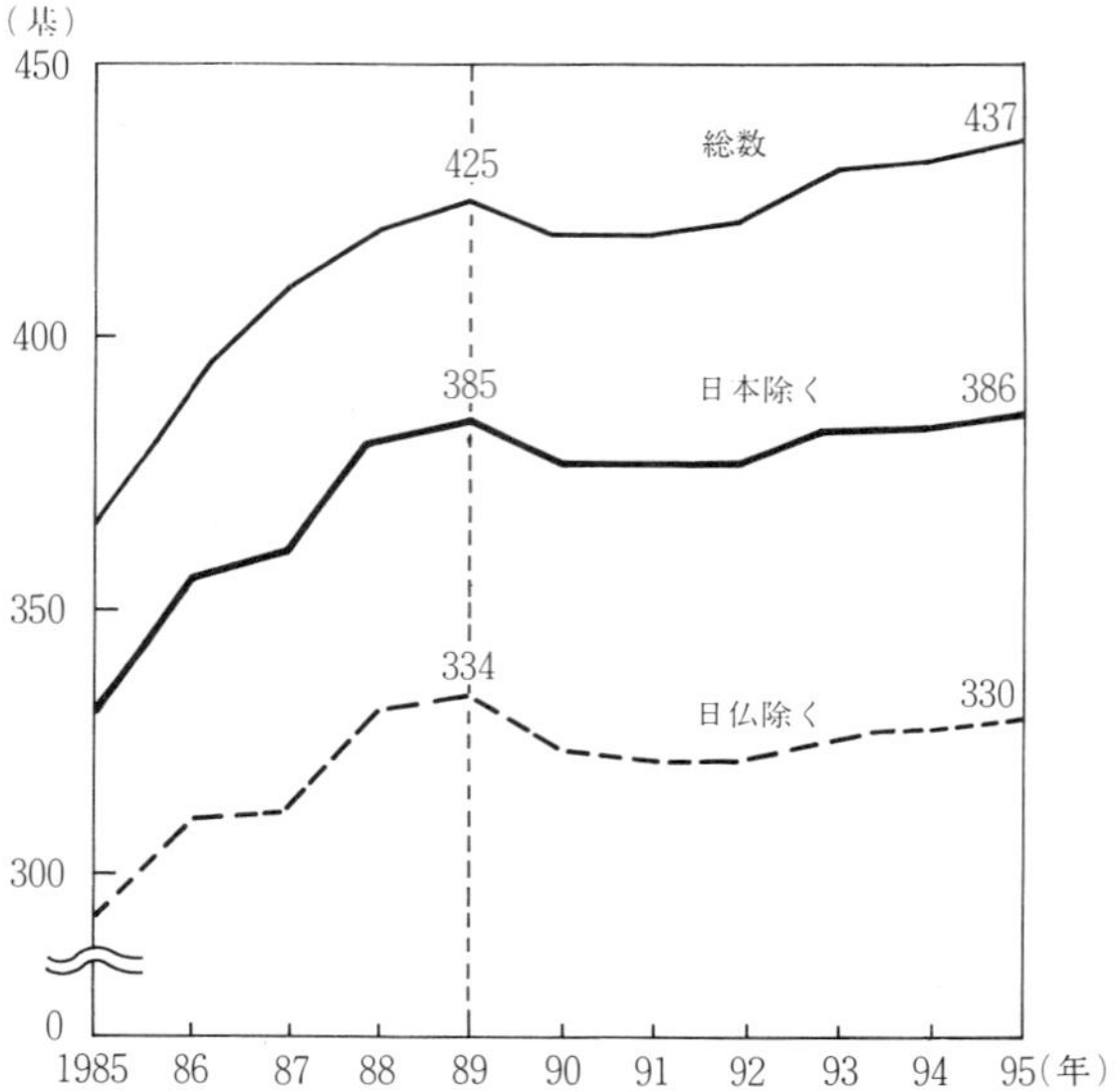

（注）95年のデータから６年ぶりに運転を再開したアルメニアの１基が含まれている。
（出典）IAEA資料より作成。

し浮上した年である。事情は原子力についても同様であり、幾つもの重要な動きがこの年前後にあらわれている。

なぜほぼ共通に一九八九年なのか、偶然の一致なのか。性急に結論づけることはできない。けれども、共通の背景として一九八六年のチェルノブイリ事故の衝撃とそれによる世論の原発離れ、冷戦の緩和による電力国益論の後退、地球環境問題の意識化、電力マーケットの国際化の進展といった事柄が指摘できる。日本とフランス以外の主要先進国は、これら一連の動きに対して敏感に反応したのである。本節では近年の注目すべきヨーロッパの動きを整理してみた。

（2）ドイツの政策転換

非原子力化と脱プルトニウム路線を選択したドイツ

旧西ドイツでは、八九年四月に、激しい反対運動が続いていたヴァカースドルフ再処理工場の建設工事の中止が発表され、五月に工事は停止された。隣国オーストリアを巻き込んだ強い反対運動が続いてきたからであり、採算上の理由からも自国内で再処理することを断念したのである[1]。

列車でコブランツ－ボン間を通るとき、コブランツ近くでライン河沿いに見ることのできるミュルハイム・ケルリッヒ原発が、七五年に完成し、八七年一〇月にようやく試運転開始にこぎつけたものの、六六万六〇〇〇人の提訴によって、運転停止に追い込まれたのも八九年春である。九一年に地裁が試運転停止命令を下し、運転を停止していたが、九五年一一月コブレンツの高等裁判所は地震の危険性を十分に検討していないとして、州政府の建設許可は無効であるとの判決をくだした。これ以後新規の原発の運転は事実上困難になった。ライン河沿いでは、スイスのアウクスト原発、ドイツのウィル原発、カルカーの高速増殖炉など建設中止が目立っている。旧西ドイツの都市の多くはベルリンやミュンヘンをのぞいてライン河沿いに集中している。電力需要が多いことと、原子炉の冷却水の確保と温排水の放出のために原発はライン河沿いに立地されたが、そのために原子炉の存在は可視的である。他方日本のように過疎地の入り江に隠れるように建っている原発は、都市住民にとって見えにくい。

なおドイツは統一後に、西側の安全管理基準をみたしていないという安全上の問題を理由に九〇年に旧東ドイツの運転中の原発六基（いずれもソ連製軽水炉）を全基閉鎖し、建設中および計画中の計九基の計画を破棄した。ドイツの原発は現在二〇基稼働しているが、今後漸減する見通しである。旧西ドイツは一九八五年までに四〇基の原発建設を計画していたが、実現したのはミュルハイム・ケルリッヒ原発を含んで半数の二一基のみにとどまった。

一九九一年三月には、すでに完成していた同じくライン河沿いのカルカー高速増殖炉ＳＮＲ三〇〇（原型炉）が、臨界を目前にして、運転認可権をもつ立地点州政府の反対と経済上の理由、八四、八五年のナトリウム火災など、四度の火災事故による安全上の懸念から閉鎖された。再処理工場の建設中止とあわせて、ドイツは、核燃料サイクル・プルトニウム利用路線から撤退することを決定した。

またドイツは、すべての使用済み燃料に再処理を義務づけていたが、九四年五月原子力法を改正し、再処理義務を解除した。再処理をしないで使用済み燃料を直接地中処分することをみとめたのである。ドイツはイギリスの再処理工場ソープ(ＴＨＯＲＰ)の、日本に次いで二番目に大きい海外顧客だったが、原子力法の改正を契機に英国核燃料公社（ＢＮＦＬ）との再処理契約を解除する電力会社が相次いでいる。しかもこの原子力法改正で、どんな重大事故があった場合でも、放射能を原子力発電所の敷地内から外に流出させない構造にするという条件がつけ加えられたため、今後の原発建設は事実上不可能になった。九五年一二月にはプルトニウムとウランをまぜて、軽水炉で燃やすためのＭＯＸ燃料の新旧加工工場の閉鎖が決定した。

八九年以後、ドイツの非原子力化・脱プルトニウム路線は年々明確化しつつある。ドイツの電力業界は、もはや原子力をめぐる国際的な技術開発競争に将来性を見いだしてはいない。

九二年一〇月、原発推進派のドイツの二大電力会社ＶＥＢＡとＲＷＥの社長はコール首相に、エネルギー政策のコンセンサスづくりをもとめる書簡を送っている。これをうけて九三年から将来の原子力政策・石炭政策に関するコンセンサス、「エネルギー・コンセンサス」形成のための委員会がつくられ、協議がはじまった。けれども、チェルノブイリ事故直後の八六年八月の党大会に「できるだけ早く原発からの撤退を期する」と一〇年以内の原発全廃を決議した社会民主党（ＳＰＤ）の反対が強く、結局まとまっていない。緑の党は、七五年のウィル原発建設反対闘争を契機に発足した政党であり、原発の即時停止は緑の党の党是でもある。原発問題、プルトニウム利用問題は、一九七〇年代以来、ドイツにおける新しい社会運動の主要な争点の一つであり続けてきた[2]。

反原子力運動の拠点から環境首都へ――フライブルク

世論調査の国際比較ではドイツ国民はもっとも環境対策に熱心であり、ドイツは他国に先がけて二〇〇五年までの二酸化炭素排出量の三〇％削減（八七年水準比較）をうちだすなど、地球温暖化対策はじめ、環境政策全般においてもっとも先進的な国である。しかも地方分権の徹底したドイツにおいて、環境政策の主導権は自治体レベルにある。一九九〇年から民間団体「ドイツ環境援助基金」は環境意識の拡大のために、環境首都（エコ・キャピトル）と愛称される「自然環境保護の連邦首都」を表彰する自治体コンクールを実施している。ドイツの西南端の大学街フライブルク市（人口一九・五万人）は約九〇〇年の歴史をもち、シュヴァルツヴァルト（黒い森）を背にし、都心部に堰がはりめぐらされた美しい街だが、ごみ減量化・自動車交通の抑制・エネルギー電力消費の抑制などに関する徹底した環境政策とその成果によって一九九二年の環境首都の栄誉に輝いている。フライブルク市には環境関係の機関が六七も集中しており、隔年にドイツ最大の環境見本市「エコ」が開かれ、エコメディア研究所は毎年国際環境映画祭を開催している。国際環境自治体会議のヨーロッパ事務局なども所在している[3]。

フライブルク市の環境政策のなかでは、路面電車などの公共交通機関と自転車の奨励によって、自動車交通量の抑制に成功した総合交通政策が有名だが、同市はエネルギー政策にも力を入れている。一九九二年に、市自身が新しい建物を建てる場合や、市が貸与あるいは売却する土地には、断熱対策などをほどこした一定基準をみたす省エネルギー建築でなければ建築許可を与えないことを決定した。民間の研究機関の協力などを得て、市有の建物では、過去一二年間に暖房エネルギーの三九％削減、電力の二〇％削減に成功している。またドイツで最初に、節電をうながすために、電気の基本料金制度を廃止し、冬期と夏期、平日と祝祭日別に電力使用のピーク時・平常時・オフ時を設定して消費時間帯別料金制度を導入している。

フライブルク市の環境行政の先進性を規定しているのは、第一に、一九七五年に二五キロ離れたウィルに建設が予定されていたウィル原発建設に対する反対運動とその成功が、ドイツ全土から「環境派」の青年や学生を呼びよせる契機となったことである[4]。日本では公害反対運動や開発反対運動が、阻止型の性格を脱して、オールタナティブ志向型の運動に転換することはきわめて例外的だが、フライブルク市の場合には、ドイツではじめて原発建設を中止させることに成功した反対運動は、全国から環境保護派を招きよせ、ドイツ最大の独立の研究機関「エコ研究所」などをうみだす母体となったのである。それは、サクラメント電力公社が、トラブル続きの原発を閉鎖して、世界の電力業界をリードする電気事業者へと脱皮するという本書の中心的なストーリーと軌を一にするような、反原子力の拠点からエコロジーの拠点へという大転換である。

この反原発闘争は、一九七九年の「緑の党」創設の契機となった。以来、フライブルク市は同党の主要拠点の一つであり続けてきたが、九四年七月現在、市議会では第二党として四分の一の議席をもち（四八議席中一二議席）、九四年六月の欧州議会選挙では二九％の得票を獲得するなど、ドイツ国内でもっとも「緑の党」の支持率の高い自治体となっている。フライブルク市は「緑の党」の環境政策の実験地となっているのである。

環境問題への関心が高く、チェルノブイリ事故で大きな放射能汚染の被害をうけたドイツでは、世論は原発に対してきわめてきびしい。

しかも地方分権制度が発達したドイツでは、原子力施設の許認可および規制の権限は、州政府が握っている。連邦政府がもっているのは、原子炉の安全規制と放射線防護の管轄権である。また州政府が民間の電力会社の株をもち、電気事業に関する地方税も独自に決められるので、電力政策に関する州の権限は大きい。したがって、社会民主党や緑の党が州政府のトップや環境担当の大臣などのポストを握っている場合には、前述のような原子力施設の建設中止や閉鎖決定がなされやすいのである。

太陽光発電と風力発電普及のための政策的努力―アーヘン・モデルなど

八九年以降、脱原子力政策の進展とともに、ドイツでは太陽光発電と風力発電の普及政策が進展し、隣国スイスや日本にも大きな影響を与えている。連邦政府は、非化石燃料による発電を奨励し、二酸化炭素排出量を削減するため、九一年一月から太陽光発電と風力発電からの電力は電気料金の九〇％の価格で（キロワット時あたり電気料金が一五円とすると、電力会社に対して一三・五円で売れる）、水力発電と廃棄物発電などの場合には七五％の価格で買い取ることを義務づけている。太陽光発電については、九一年一月から「ルーフトップ一〇〇〇プログラム」という政府の助成政策を実施している。一般住宅の屋根に一戸平均二・五キロワットの太陽光発電システムを設置するために、政府が設置費用の五〇％、州が二〇％助成する計画である。二二五〇戸分が目標で、九四年四月現在、一七一九戸に設置ずみである。一九九四年度からはじまった日本の助成政策のモデルである[5]。

自治体によっては、この政策に独自の助成制度を上乗せしている。その先駆的な例はアーヘン市（人口二五万人）の場合であり、「アーヘン・モデル」と呼ばれ、ドイツ国内の二〇以上の市やスイスの市が追随しようとしている。日本にも導入しようという提案がなされている（第5章第2節）。基本的な考え方は、早く導入したものが割高の装置を買って損しないように、また価格が安くなるのを待って買い控えしないように、太陽光発電を設置した家庭は設置費用の負担分に見合った約一〇倍の値段で、風力発電を設置した家庭は約一・三倍の値段で、地域の配電公社が今後二〇年間電気を買い取るというしくみである。そのための費用は、配電公社が損しないように、電気料金を毎年一％ずつ値上げすることによって市民がひろく薄く負担しあおうという制度である。「太陽光発電普及グループ」というNPOのアイデアを受けて、大学関係者などが支援し、アーヘン市の環境行政担当部局が政策化し、九五年六月から実施され、半年間で同市内の太陽光発電の設備容量は三倍に増えている[6]。

風力発電については、ドイツ連邦全体で八九年に「一〇万キロワット風力普及プログラム」がスタートし、九一年に目標達成と同時に「二五万キロワットプログラム」に拡張された。九四年六月末現在一一三四基、出力一二万六千キロワット分の風車が稼働している。

このように、八九年は再生エネルギーの普及元年でもあった。

（3）イギリスの電力民営化政策

民営化・市場化とともに非原子力化がすすむイギリス

イギリスでは、サッチャー政権の末期、やはり一九八九年七月に、電力の民営化・自由化を旨とし、電力プール制を柱とする新電気法が制定され、九〇年四月から実施された。サッチャー政権は石油・通信・ガス・空港など基幹産業の民営化をおしすすめたが、電力民営化は政権末期に実現した代表的な政策である[7]。

イングランドとウェールズの場合、中央発電局（CEGB）が発送電を独占し、一二の地区配電局をつうじて消費者・需要家に電気を供給する体制をとっていたが、中央発電局は発電三社、送電一社に分割され、地区発電局も民営化された。そしてライセンスさえ取得すれば、誰でも発電ができ、電気の小売ができるようになったのである。発電した電力はすべて「電力プール」と呼ばれる卸電力市場に入れ、小売供給事業者はすべてこの電力プールから電力を買わなければならない。電力プールでは、翌日の発電量・購入電力量の売買がおこなわれる。電力も、他の商品と同様に市場で需要と供給のバランスを反映して売買されるようになったのである（図5・7参照）。いわば電力の販売代理店にあたる小売供給事業者を選択できるのは、現在のところ大口需要家に限られているが、九八年にはすべての消費者が、小売供給事業者を選べるようにする予定である。送電設備と配電設備は、送電会社と地区配電会社が独占的に所有しているが、ライセンスさえもてば誰でも送電網と配電網をつうじて電気を売買できるのである。

コンピュータの発達によってスイッチの切り替えひとつで、わたしたちは一瞬にしてどの小売供給事業者から電力を買うのか、選べる時代が到来しつつある。それは市外電話をかける場合に、あらかじめ契約していれば、地域や時間帯やサービスによって「〇〇七七」や「〇〇八八」をはじめにダイヤルすることによって、遠距離電話会社を選べるのと似たようなしくみである。

背景にあるのは、イギリスが石油の輸出国であり、エネルギー自給率が九七％を超えるという恵まれたエネルギー事情である。国家がエネルギー政策をもたないこと自体がイギリスの電力政策であるというジョークがある。電力を完全に市場原理に委ねることができるのか、イギリスの実験もまた世界の電力業界の注視の的である。電力を特殊扱いしない、極力他の商品と同様に扱おうというこの政策は、カリフォルニア州の規制緩和政策やノルウェー、スウェーデンなど世界各国の電力政策に大きな影響を与えつつある。

日本の電力会社や通産省が今なお力説するように、原子力発電がもっとも安価であれば、このような市場化によって、イギリスの原発は急増するはずである。しかし事実は逆であり、民営化の進展とともに、原発の新規建設計画はストップしたのである。

民営化の進展と同時に原発建設がストップ

電力民営化にあたって、自由競争下のもとでの原発の採算性を疑問視する金融関係者の反対で、原発の民営化は断念され、原発のみは民営化されず国営の専門会社二社（ニュークレアー・エレクトリック社とスコティッシュ・ニュークレアー・エレクトリック社）によって所有・運転されることになった。軽水炉が世界の大勢を占めるなかで、イギリスは独自開発のガス冷却炉に長い間固執してきた。九五年二月イギリス初の軽水炉がようやく運転を開始した。しかし九〇年の電力民営化の時点で、のこりの軽水炉三基の建設計画は凍結されたのである。

九〇年に発足した国営のニュークレアー・エレクトリック（Nuclear Electric）社など二社は、業務拡大をめざして民営化を決断し、社名からもニュークレアーを抜き、「ブリティッシュ・エナジー社」として新発足した。九六年中には株式が公開され、完全に民営化される予定である[8]。注目すべきことに、新会社は九五年一二月凍結中の軽水炉三基の建設計画を正式に破棄した。民営化にとって重荷になる原発の新規建設計画は捨て、移管された一四基の原子炉の維持と、天然ガス火力発電のように、リスクが少なくて経済的な原子力以外の新規電力源の建設に活路を見いだすことにしたのである。民営化するとともに、原子力発電に対する保護措置が打ち切られることになったこともその背景である。

こうして民営化の段階的進行とともに、稼働中の三四基を最後にイギリスでも原発建設計画はすべてなくなった。イギリスの原子炉は出力が小さく、五〇年代から六〇年代にかけて運転を開始した老朽化した炉が過半数以上を占め、稼働率も低い。そのため新会社の足を引っ張らないように旧型のガス冷却炉（GCR）二〇基は、民営化した新会社には引き継がれなかった。この二〇基は順次閉鎖され、イギリスの原発は早晩一四基体制に移行するはずである。

セラフィールドの悲劇

セラフィールドの新再処理工場ソープ（THORP）が九四年春運転を開始したが、運転認可の是非をめぐって、安全性および経済性への疑問とグリーンピースなどの反対運動によって、世論やマスメディアの論調、政府部内の見解を二分する論争が九二年以来わきおこった[9]。

ソープに対する批判がたかまった最大の理由は、鈴木真奈美『プルトニウム＝不良債権』（一九九三）が詳述しているように、セラフィールド周辺では一九五〇年代以来原子炉や再処理施設の事故が相次いだこともあって、放射能による環境汚染が顕在化し深刻化しているからである。付近での小児白血病や小児ガンの患者の発生割合は全国平均の一〇倍程度である。ただしイギリス政府および英国核燃料

表4・5　セラフィールド周辺の放射線レベル（1994年3月19日）

測定地点	時刻	地表面,測定値	測定地点	時刻	地表面,測定値
1. Newbiggin（湿地）		土	3. Ravenglass（海岸）		砂
	15:52:00	793		14:58:00	114
	10	787		10	106
	20	772		20	106
	30	811		30	100
	40	772		40	134
	50	766		50	109
2. Newbiggin（道路上）		コンクリート	（参考）ロンドン Kensington 公園		土
	15:50:00	283		18:12:00	42
	10	261		10	41
	20	242		20	36
	30	281		30	32
	40	279		40	34
				50	37

（注）　Newbigginは再処理施設から約12km南西。Ravenglassは同施設から約9km南西にある。
測定器：たんぽぽ（NaIシンチレーター，100カウント/10sec＝0.1μSv/Hr）
測定日時：1994年3月19日（参考のみ22日）

公社は、サンプル数が少ないことなどを理由に、再処理施設との因果関係を認めていない。筆者自身も、一九九四年三月に現地を訪れた際、CORE（環境の放射能汚染に反対するカンブリア市民の会）代表のM・フォアウッド氏の案内で汚染地域をたずね、表4・5に示したように、通常の二〇倍程度の高い放射線レベルを測定した。汚染がもっともひどかったのは、セラフィールドの再処理施設から直線距離で一二キロ南西のニュービギン村である。現地は河口近くで複雑な入り江になっており、前夜の雨がたまった湿地帯の泥のうえで測定器は最高値を記録した。この地域の土が高濃度のプルトニウム二三九やアメリシウム二四一を含んでいることは、八九年に「地球の友」などの告発で明らかになっている（前掲鈴木真奈美、一九九三、一二四―一二五頁）。イギリス政府は最終的にソープの運転開始を認めたが、「経済性」をめぐる批判に対しては反論しなかった。

またスコットランドにあるドーンレイ高速増殖炉原型炉は一九七六年から運転していたが、事故続きで、安全性の問題から九四年三月末に閉鎖した。九二年度末には、フランス・ドイツの三ヶ国共同で開発をすすめてきた欧州高速増殖炉計画から撤退を決定した。イギリスは四〇年間継続してきた高速増殖炉開発から完全に撤退したのである。今後三〇～四〇年間は経済性の観点からみて商業化する理由はないというのがイギリス政府の判断である。

ガス冷却炉や改良ガス冷却炉の場合には、軽水炉と異なって使用済み燃料棒の再処理は不可欠である。イギリスの再処理は自国の原子力発電所のためでもあるが、九四年春にオープンした新再処理工場ソープはおもに軽水炉用の再処理工場であり、日本やドイツなどの電力会社をおもな顧客としている。ドイツの電力会社のキャンセルが続くことによって、ソープの採算性はますます悪化しつつある。

イギリスは一九五六年、世界初の商業用原子炉の運転を開始した国だが、原子力施設はイギリスにとって「負の遺産」という性格が年々強まっている。

（4）デンマークとスウェーデン

地球温暖化対策先進国デンマーク

日本の通産省や電力会社は、地球温暖化対策のために、化石燃料の消費を抑制しなければならないから原子力発電の新増設は不可欠であると主張してきた。しかし世界で地球温暖化対策にもっとも熱心に取り組んでいるデンマークがめざしているのは、「持続可能なエネルギー供給システム」である。そこでは原子力発電は、安全性、軍事転用の危険性、放射性廃棄物処理に関わって未解決な問題が山積していることから選択肢からのぞかれている[10]。「持続可能なエネルギー供給システム」の柱は、サクラメント電力公社がめざしているように、①再生可能エネルギーを基礎として、②エネルギーを高い効率で利用することである。これを国をあげて組織的に追求しているのが、人口五二〇万人のデンマークである。デンマークは一九七〇年代半ばからいちはやくこうした方向への転換をはかったが、一九八九年以降は、地球温暖化対策のために、一層取り組みを強化している。

表4・6は、各国の二酸化炭素排出量の削減目標をまとめたものである。北欧の国々が地球温暖化対策とエネルギー政策の転換にもっとも熱心であることがよくわかる。

デンマーク政府は一九九〇年五月「エネルギー二〇〇〇」という行動計画を発表し、二〇〇五年までに八八年水準から燃料消費量を一五％、二酸化炭素排出量を最低二〇％削減することを目標にしてきた。燃料消費量は七％までしか削減しえない見通しだが、二酸化炭素排出量は二三％削減できる見通しである。九三年四月には同計画のフォローアップ計画が発表されている。気候変動に関する政府間パネル（ＩＰＣＣ）が九五年今後四〇年間に、全世界の二酸化炭素排出量を八〇％削減する必要があると発表したことをうけて、デンマークでは計画のさらなる徹底化がめざされている。

表4・6　各国のCO_2排出量削減計画（1990年）

国名	排出量比率[(1)]	CO₂排出量削減計画（90年10月現在）	
アメリカ	22.0%		なし
ソ連	18.4		なし
日本	4.4	安定	2000年までに1990年レベルで安定化
西ドイツ	3.2	削減	2005年までに1987年レベルの30%削減
イギリス	2.8	安定	2005年までに1990年レベルで安定化
カナダ	2.0	安定	第一段階として2000年までに1990年レベルで安定化
フランス	1.9	削減	2005年までに20%削減，2030年までに50%削減を勧告
イタリア	1.8	安定	2000年までに1990年レベルで安定化。別に2005年までに20%削減の議会決議
オーストラリア	1.6	削減	2005年までに20%削減
オランダ	0.65	安→削	1995年までに安定化。2000年までに3～5%削減，その後も削減
ベルギー	0.5	安定	2000年までに1988年レベルで安定化
デンマーク	0.3	削減	2000年までに1988年レベルから20%排出削減を宣言
フィンランド	0.26	安定	少なくとも2000年までに1990年レベルで安定化
(以下，スウェーデン，ノルウェー，スイス，アイルランド，ニュージーランドなど，ほとんどの先進国が策定)			

注(1) 全世界のCO^2排出量を100とする。（出典）米本昌平（1994, p. 91）をもとに改作。

表4・7　デンマークのエネルギー効率利用計画（2020年）（1990年＝100）

部門	2020年の相対値 A．現状の延長ケース			2020年の相対値 B．持続可能な発展ケース		
	サービス・レベル	使用原単位	消費量	サービス・レベル	使用原単位	消費量
暖房	126	65	82	115	45	52
プロセス熱	152	70	106	125	50	63
電気機器類	202	50	101	140	35	49
輸送	173	55	95	130	40	52

(注)　サービス・レベル×エネルギー使用原単位×$\frac{1}{100}$＝エネルギー消費量。エネルギー使用原単位は単位あたりの必要エネルギー量をあらわす。
「現状の延長ケース」では，暖房以外のエネルギー消費量はあまり減らない。「持続可能な発展ケース」では，A案よりサービス・レベルは低下するが，エネルギー効率を30%高め，エネルギー消費量を現状の半分程度に減らせる。
(出典) メイヤー（1995, p.110）をもとに解説を加え，改作。

二〇二〇年の電力需要（二六・二億キロワット時）および熱需要のそれぞれ三分の二を風力・太陽光発電とバイオマスなどの再生可能エネルギーでまかなうことが計画されている。二〇二〇年までに経済成長をゼロ成長におさえ、表4・7のようにエネルギーの効率利用を徹底化することによって、エネルギー消費量を五〇％前後に減らすべきだという提案もなされている。この提案にしたがえば、化石燃料分が不要になり、二〇二〇年には再生可能エネルギーのみによって、輸送部門をのぞいて必要な熱と電力需要の一〇〇％をまかなうことができるようになる。

世界一の風力発電大国

デンマークが一九七〇年代半ば以来とくに力を入れてきたのは風力発電である。九五年一二月現在約三七〇〇基、五五万キロワットの設備をもっている。総量で世界第三位、人口一人あたりでは断然第一位である。風力は発電設備容量の五％、電力需要の三・五％をまかなうまでになっている。二〇〇五年には現在の約三倍近い一五〇万キロワット、電力需要の一〇％を供給することを目標としている。人口一万人を超える自治体で、年間の電力需要の半分を風力発電でまかなっている地域すらある。デンマークは島や半島、浅瀬が多く、今後は現在二ヶ所ある海上ウィンドファームが増加する見通しである。

しかも発電用風車の輸出額は九四年には約二六〇億円にも達し、同国最大の輸出商品に発展している。世界全体の発電用風車台数の四〇％、風力発電の設備容量二五〇万キロワットの五〇％はデンマーク製である。二〇〇〇年には世界全体の風力発電の容量は現在の四倍の一〇〇〇万キロワットになると予想されているから、今後さらにデンマークは風車立国として栄えることになる。

デンマーク製の風車はカリフォルニアはもちろん日本にも輸出されている。例えば宮古島は沖縄エネトピア・アイランド構想にもとづいて、新エネルギー導入モデル地域に指定され、七五〇キロワットの大型太陽光発電（三〇〇キロワットのディーゼル発電を補助電源とする）と五基計一七〇〇キロワットの風車を設置したが、大型四〇〇キロワットの三台はデンマークのミーコン社製である。このほか山形県立川町にも出力四〇〇キロワットのデンマーク製の風車二基が設置されている。

ではどのようにして、デンマークは風力発電の普及に成功したのだろうか。

その契機の一つもまた一九七六年に政府が原子力発電の中止を決定したことにある。デンマークは日本と同様に石炭以外はエネルギー資源に恵まれない国であり、水力発電の可能性もきわめて限られている。エネルギー自給率はオイルショックのあった七三年当時、一・五％と低い水準にとどまり、石油に八九％を依存していた。このような条件下で、フランスや日本とは対照的にデンマークが選択したのは、①計画中の原発を中止し、②一キロワット時あたり七・三円相当の高額のエネルギー税（八〇年創設、引用した値は九一年のもの）を課し、③コジェネレーションの普及をはかり、④エネルギーの利用効率を向上させ、⑤風力などの再生可能エネルギーの開発・普及につとめることだった。⑥同時に石油火力発電所を石炭火力発電所に置き換え、⑦デンマーク海域での石油天然ガス資源の探査もなされている。原発を研究していた国立のＲＩＳＯ研究所もまた、風力発電の技術開発などをおこなう研究所に生まれ変わった。

エネルギー税は再生可能エネルギーからの電力に対してはかけられていない。しかも七九年から一〇年間、再生可能エネルギー施設に対して補助金を支給している。風力発電機の場合には補助金の額は建設費の三〇％にも達した。さらに電力会社は余剰電力を高額で買うことを約束しており、発電用風車の所有者には電力税の払い戻しという経済的便益もある。興味深いのは一〇万世帯以上が風力発電協同組合に加入し、全風車の八割がこうした協同組合によって所有されていることである。

こうしたきめ細かな政府の努力によって、デンマークは一〇年あまりでたちまち世界一の風力発電大国となったのである。石炭の活用や石油天然ガスの探査の成功、再生可能エネルギーの普及によって、デンマークのエネルギー自給率は急速に上昇し、五四・二％（一九九〇年）にも達した。

苦悩するスウェーデン

スウェーデンは、一九八〇年に国民投票の結果をふまえて、国会決議によって原子力発電は運転中および建設中の一二基のみとし、二五年の寿命が来た時点で順次閉鎖し、最終的には二〇一〇年までに原子力発電を全廃することを決定した。発電電力量の約半分を原子力に依拠する国が、具体的にタイムスケジュールを示して段階的な「脱原子力」を打ち出したことから国際的に大きな反響を呼び起こした。

筆者は九四年四月にスウェーデンを訪れた。エネルギー利用の効率化には熱心だが、風力や太陽光発電については特筆すべき普及促進策をもっておらず、視察したデモンストレーション用施設も小規模だった[11]。

スウェーデンは水力発電に約半分を依拠しているが、流域の環境保護のため新規の水力発電所建設の凍結を決定している。二酸化炭素排出量の現状維持、原子力発電の段階的廃止、製造業の国際競争力の維持という四つの条件のいずれをもクリアーできる解答はまだみつかっていない。スウェーデンの人びとは、どの条件をゆるめるべきか、困難な解をもとめて苦悩している。このなかでもっとも容易だとみられているのは原発の全廃時期を二〇一〇年以降に延期することである。実際、九五年、九六年に一基ずつ閉鎖する予定だったが、閉鎖は先送りされた。

電力事業の規制緩和は、スウェーデンでも、安い電力による産業の活性化というかけ声のもとで、新保守主義的な経済改革の目玉となっている。例えば、ストックホルム・エネルギー公社の資本の五〇%は九四年までストックホルム市が保有してきたが、規制緩和によってイギリスのヨークシャー電力が、二〇%をうけもって資本参加することになった。首都のエネルギー公社に他国の電力資本が資本参加し、発電事業に加わり、安さとサービスを競いあう時代を迎えたのである。

(5) 原子力―フランスの栄光

国をあげての原子力推進体制

一九八九年以降に明確になったドイツとイギリスの政策転換によって、西ヨーロッパ諸国のなかで原子力推進政策を堅持しているのはいまやフランスのみになった。軍事用とともに商業用原子力の研究・開発にあたるフランス原子力庁、フランス電力公社、原子炉メーカーフラマトム社、核燃料サイクルを担当するフランス原子力庁一〇〇％出資の子会社コジェマ社という、いずれも国有の独占体制のもとで、オイルショックを契機に、フランスは国策として強力に軽水炉建設をおしすすめてきた。七四年三月当時のフランスの首相は、今後火力発電所の建設は一切おこなわず、電源開発はすべて原子力によると宣言した。このことは、どのような体制のもとで原子力発電が推進できるのかを雄弁に物語っている。国際世論の反対を押し切って、九五年秋から九六年初頭にかけてフランス政府は核実験再開を強行したが、核実験を担当したのはフランス原子力庁であり、核実験強行はこのような原子力推進体制と密接に関わっている。フランスでは原子力の軍事利用と商業利用とは明確に線引きされていない。

他方原子力発電所が次々と運転を開始した八〇年代半ば以降、電力需要は低迷し、設備過剰におちいっている。今後は第三世界への原子炉・原子力技術の輸出にフランスの原子力産業は力を入れていくことになろう。

隣国のための原発？――曲がり角のフランスの原子力政策

アメリカ・エネルギー省の予測では、フランスは二〇〇〇年には伸び率の低いロー・ケースで六四三〇万キロワット、二〇一〇年には同じく六七二〇万キロワットの原子力発電の設備容量となる予定である。フランスはすでに総発電電力量の七五％を原子力で供給しており、九四年六月には新規電源の発注を原子力発電所を含めて今世紀中はおこなわないことを決定した。フランスは国内の電力需要が伸びない限り、現在建設中の四基以外は新増設しない可能性がある。現在でもフランスは総発電電力量の一四%を隣接する国々に輸出している。フランスの隣国はいずれも原子力発電の新増設を止めている。つまり、フランス国内でこれ以上原発を増やすことは、実質的にこれらドイツやイギリス、スイス、イタリアなどの隣国が自国でこれ以上増やさない、あるいは増やせない原発をフランスが肩代わりすることを意味する。原発の技術的・経済的・社会的リスクはフランスに負わせたまま、隣国はフランスからの安い電力を享受するフリー・ライダー的立場に立つという構図である。再処理業務をイギリスとともに一手に引き受けたうえで、他国のための原子力発電をなぜわれわれがさらに引き受けるのか、なぜ損な役割をするのかという批判や反発が、原発の立地点や立地予定地点を中心に今後一層強まるのは必定である[12]。フランスの原発推進路線も曲がり角に来ているのであり、今後どの程度新増設できるかは、大きな疑問である。

なお高速増殖炉スーパーフェニックスは、ナトリウム火災によって九〇年七月から運転を休止していたが、九四年八月から運転を再開した。しかし、プルトニウム増殖は断念し、プルトニウムおよび高レベル放射性廃棄物を燃焼させる研究炉に転換して、ようやく再開をみとめられたのである。

なおフランスは、ディマンド・サイド・マネジメントや再生可能エネルギーの普及について、ヨーロッパの主要国のなかでもっとも消極的な国である。

（6）「非原子力化」の背景

非原子力化のはじまり

表４・８は、国別の運転中と建設中の商業用原子炉の数をチェルノブイリ事故直前の一九八五年末と九三年末、九五年末を対比したものである。八五年時点で一五七基が建設途中であったのに対して、九五年末には三九基と約四分の一に減っている。この一〇年間に運転中の原子炉の数は六三基分増えただけである。アメリカについては前述したが、最後の一基が九六年二月に運転開始したので、フランスの四基をのぞいて西ヨーロッパおよび北米諸国にはもはや建設中のものも新設計画もない。八五年にフランスで進行中だった二〇基のうち、一四基は八年後までに運転を開始しているが、旧西ドイツの四基の建設中止、イギリスでの三基の閉鎖と三基の建設中止、イタリアの原子力全廃などが目立っている。

日本原子力産業会議や国際原子力機関（ＩＡＥＡ）は一九八五年段階で、一九九二年には世界の原子力発電の総発電設備容量は四〇億キロワットを超えるものと予想していたが、現実にはその八割程度にとどまっており、すでに横ばい傾向にある。ドイツ、イギリス、デンマークなどについて詳しくみたが、チェルノブイリ事故をはさむこの八年間に欧米諸国の原子力政策には大きな変化があった。

原子力産業は、冷戦構造の終焉もあって、年々「斜陽産業」という様相を高めている。原子力産業はアジアでの原発建設で活路を見いだそうとしているものの、日本とフランス以外の主要先進諸国において原子力ブームが復活する可能性を本気で信じるものは、日本の原子力産業内部にすらいないだろう。

	1995.12.31現在		1993.12.31現在				1985.12.31現在			
地域・国名	運転中基数	建設中基数	運転中 基数	出力	%依存率	建設中基数	運転中 基数	出力	%依存率	建設中基数
東欧										
(ソ連)							51	2,775.6	10.3*	34
ロシア	29	4	29	1,984.3	12.5	4				
ウクライナ	16	5	15	1,267.9	32.9	6				
リトアニア	2		2	237.0	87.2					
カザフスタン	1		1	7.0	0.5					
アルメニア(4)	1									
ブルガリア	6		6	353.8	36.9		4	163.2	31.6	2
ハンガリー	4		4	172.9	43.3		2	82.5	23.6	2
(チェコスロバキア)							5	198.0	14.6	11
チェコ	4	2	4	164.8	29.2	2				
スロバキア	4	4	4	163.2	53.6	4				
(ユーゴスラビア)							1	63.2	5.1*	
スロバニア	1		1	63.2	43.3					
ルーマニア		2				5				3
ポーランド										2
小計	68	17	66	4,414.1		21	63	3,282.5		54
中南米										
アルゼンチン	2	1	2	93.5	14.2	1	2	93.5	11.3	1
メキシコ	2		1	65.4	3.0	1				2
ブラジル	1	1	1	62.6	0.2	1	1	62.6	1.7*	1
キューバ						2				2
小計	5	2	4	221.5		5	3	156.1		6
アフリカ										
南アフリカ	2		2	184.2	4.5		2	184.0	4.2	
小計	2		2	184.2			2	184.0		
合計	437	39	430	33,771.8		55	374	24,962.5		157

注(1) 出典にもとづいて地域別に作成した。地域内の順位は原則として出力順。ただし旧ソ連5ヶ国は隣接させた。
(2) 出力単位は万キロワット。
(3) 依存率は，総発電電力量に占める原子力発電の割合。＊はIAEAの推定。
(4) アルメニアの1基は95年10月に6年ぶりに運転を再開した。
(出典) IAEA資料より作成。

原子力政策の枠組みの変化

日本では、つい最近まで通産省や電力会社が原発の経済的優位性を強調してきたが、国際的には、①プラント建設に要する資本費が高く、電力会社にとって経済的社会的リスクが大きす

表4・8　世界の原子力発電の推移（1985,93,95年）

	1995.12.31現在		1993.12.31現在				1985.12.31現在			
地域・国名(1)	運転中基数	建設中基数	運転中 基数	出力(2)	% 依存率(3)	建設中基数	運転中 基数	出力	% 依存率	建設中基数
西欧										
フランス	56	4	57	5,903.3	77.7	4	43	3,753.3	64.8	20
ドイツ	20		21	2,255.9	29.7					
(西ドイツ)							19	1,641.3	31.2	6
(東ドイツ)							5	169.4	12.0*	6
英国	35		35	1,190.9	26.3	1	38	1,012.0	19.3	4
スウェーデン	12		12	1,000.2	42.0		12	945.5	42.3	
スペイン	9		9	710.1	36.0		8	557.7	24.0	2
ベルギー	7		7	552.7	58.9		8	548.6	59.8	
スイス	5		5	298.5	37.9		5	288.2	39.8	
フィンランド	4		4	231.0	32.4		4	231.0	38.2	
オランダ	2		2	50.4	5.1		2	50.8	6.1	
イタリア							3	127.3	3.8	3
小計	150	4	152	12,193.0		5	147	9,325.1		41
北米										
アメリカ合州国	109	1	109	9,878.4	21.2	2	93	7,780.4	19.3	26
カナダ	21		22	1,575.5	17.3		16	977.6	12.7	6
小計	130	1	131	11,453.9		2	109	8,758.0		32
アジア										
日本	51	3	48	3,802.9	30.9	6	33	2,366.5	22.7	11
韓国	11	5	9	722.0	40.3	7	4	272.0	22.1*	5
台湾	6		6	489.0	33.5		6	491.8	53.1*	
インド	10	4	9	159.3	1.9	5	6	114.0	2.2*	4
中国	3		2	119.4	0.3	1				1
パキスタン	1	1	1	12.5	0.9*	1	1	12.5	0.9*	
イラン		2				2				2
フィリピン										1
小計	82	15	75	5,305.1		22	50	3,256.8		24

ぎること、②石油価格の低下またウラン価格の急落にともなう経済的優位性の後退、③放射性廃棄物処理の技術的困難さとそのための適地確保の社会的困難さ、④放射性元素の半減期の長さ、⑤重大事故の危険性、⑥平常運転時に環境に排出される、低レベルの人工放射能の環境への影響、⑦核拡散の危険性などが、電力会社の首脳や政府首脳によって一層強く認識されるように

なってきたのである。

とくに、アメリカで原発の発注が相次いだ六〇年代の高度経済成長期、フランスや日本で原発の発注が本格的に増えだしたオイルショック直後の七〇年代半ばと、現代とでは、プルトニウム利用や原子力発電をめぐる社会的枠組み自体が大きく変化している。

(1)石油価格は第二次オイルショック後のピーク時、八二・八三年には一バーレルあたり三四・〇ドル(サウジアラビア産油)だったが、九三年には半分以下の一六・八ドルに低下している(アメリカ・エネルギー省データによる)。石油以上に埋蔵量が乏しく希少性が高かったウラン価格も大幅に低下し、現在は七八年のわずか六分の一、キログラムあたり一六ドル(九一年、天然ウラン)という低水準にある。それだけ燃料費が安価であるという原発の経済的魅力は低下し、再処理や高速増殖のコスト高が一層明らかになってきた。

(2)オイルショックを契機とするエネルギー消費の抑制傾向であり、とくに製造業部門での、エネルギー効率化が著しいことである。また重化学工業から第三次産業へのサービス経済化の流れもまた、エネルギー消費の低下を加速している。

(3)冷戦構造の終焉とEUの機能拡大にともなって、フランスをのぞく西ヨーロッパ諸国においては、これまで電力会社に対する保護政策の論拠となってきた電力国益論が後退し、電力事業の規制緩和による、経営の効率化と競争原理の導入による電気料金の引き下げが経済改革の主要な柱のひとつとなっている。

第4節　環境とエネルギーの調和をもとめて

（1）スケールメリット喪失の時代

メイン・ストリームになった「ソフト・エネルギー・パス」

エイモリー・ロビンズ（写真11）が「ソフト・エネルギー・パス」というアイデアを提唱したのは第一次オイルショックの翌年一九七四年であり、先進国のエネルギー政策と原子力発電をもっとも組織的に批判した同名の著書が刊行されたのは一九七七年だった。同書での基本的な主張は、次のように整理することができる。①増大するエネルギーの需要予測を所与として、いかにして大量のエネルギーを確保し、需要をみたすかという発想から、個々の最終用途に応じて、もっとも効率的な最小のエネルギーでまかなうことへと、エネルギー政策の基本的な考え方を転換すべきである。②そして需要予測と供給能力のギャップを原子力発電や化石燃料で埋めるハード・エネルギー・パスに対して、エネルギー供給の中心を太陽光や風力などの再生可能エネルギーにおき、需給ギャップはエネルギー利用の効率化による需要の抑制によって解決すべきである。③とくに高価で質の高いエネルギーである電力を、たとえば暖房などに用いるのは非効率的であり、代替不可能な不可欠の用途にのみ限るべきであり、そのことによって電力の必要量は大幅に削減できる[1]。

ロビンズ自身は、その後英語的な文脈での「ソフト」の曖昧で否定的な含意（「ぼやけた」や「脆弱

写真11　エイモリー・ロビンズとハンター・ロビンズ夫妻
（ロッキー山脈研究所，1993年3月16日）

な」など）を避けて、より直裁に「費用最小化計画（least-cost planning）」や「ネガワット（negawatt）革命」、「ディマンド・サイド・マネジメント（需要管理型経営、略称ＤＳＭ）」などの呼び方を好み、エネルギーの効率利用をより重視するようになってきたが、かれの基本的なアイデアは変わってはいない[2]。

そして、発表当初は非現実的で奇異な主張と見られたかれの考え方は、本書で見てきたように、チェルノブイリ原発事故と、二酸化炭素排出量の増大による地球温暖化問題への危機感の高まりを契機として、八〇年代末からＳＭＵＤをはじめ、カリフォルニアおよびアメリカ国内全体で、またヨーロッパの電気事業者の経営方針に大きな影響を与えつつある。新規の電源立地がコスト高となり、原子力発電所と火力発電所の新設が経営的にも政治的にも困難さを増すにつれて、「費用最小化計画」や「ディマンド・サイド・マネジメント」は、世界の電力業界の流行語となっている。異端児エイモリー・ロビンズとソフト・エネルギー・パスのアイデアは、ＤＳＭの名のもとに、世界の電力業界のメイン・ストリームに押しあがったのである。

環境保全とエネルギーの安定的供給という二つの目標をいかに両立させ、調和させるのか。この課題は二酸化炭素排出量の大幅な抑制という全地球的要請のもとで、これから二一世紀初頭にかけて、人類が直面している最大の課題の一つである。エイモリー・ロビンズのソフト・エネルギー・パスというアイデアは、この難題への先駆的な答えだった。

スケールデメリットの回避へ

近代を特徴づけるのは、何よりも食糧・工業生産・人口などの幾何級数的成長であり、成長志向である。近代社会はスケールメリット（規模の利益）を追求してきた社会でもある。けれども、スケールメリット追求型の発想自体が「成長の限界」に直面し、地球環境問題に代表されるように、そしてコスト高で立ち往生する原子力発電所に象徴されるように、むしろスケールデメリットや集積の不利益を顕在化させてきたのが、七〇年代以降の社会的現実である。「持続可能な成長」をめぐる論議に示されるように、成長を持続させるためにも、スケールデメリットは抑制し、回避されなければならない。小規模分散型で省資源型の社会へのシステムのつくりかえが全世界的な課題となっている第一の理由はここにある。

スケールメリット追求型の発想を転換し、スケールデメリットを回避しようとする戦略は、成長管理的都市経営のほか、コンピュータのダウンサイジング、会社経営のダウンサイジングや分社化などのリストラクチャリングの諸方策など、すでに環境問題以外のさまざまの分野で観察される。またソ連・東欧型の社会主義は、中央集権的な計画経済のスケールデメリットによって破綻をまねいたとみることもできよう。スケールメリットの追求が一九五〇年代から七〇年代半ばまでの高度経済成長期に対応する思想だったとすれば、七〇代半ばから八〇年代はスケールデメリットが自覚化されるようになった過渡期であり、八〇代末以降、わたしたちはスケールデメリットを回避するためのシステムのつくりかえという課題に、単一の経営体から地球システムに至る、さまざまのシステムレベルで直面しているのである。二一世紀に、わたしたちが「持続可能な社会」にソフト・ランディングできるかどうか、その成否は、わたしたちがスケールデメリットの回避をどう自覚化し、実際にどのように回避できるかにあるといっても過言ではない。

原子力発電は、スケールメリット追求型の現代技術の代表的存在である。産業化がしばしば「近代科学の生産技術への応用による人力・畜力（生物エネルギー）から非生物エネルギーへの動力革命」（ムーア『社会変動』一九六三＝一九六八、富永健一『社会変動の理論』一九六五、ほか）と定義されるように、私たちは非生物エネルギーの消費の増大を経済発展の重要な指標と見なしてきた。そして、電力多消費型のライフスタイルへの変化を長らく進歩と見なしてきたのである。発電のスケールメリットを極限まで追求し、電力大量消費型の経済成長を持続していくこと、これが原子力発電およびプルトニウムの商業利用を支えている思想である。

原発のスケールメリットの喪失

スケールメリットの追求こそ大規模装置産業である電力業界の常識だった。例えば、二〇万キロワットの火力発電所を別々の場所に五基つくるよりは、一〇〇万キロワットの火力発電所を一基つくる方がはるかにキロワットあたりの発電コストは安くつく。用地代も、発電所の建設費用も、燃料費も、人件費も後者の方がはるかに安い。できるだけ大きな発電所をつくり、安くて安定的に供給できる燃料を使う、こうした観点から世界中の電力会社がかつてもっとも期待したのが、原子力発電である。他方、太陽光発電のように各家庭に三〜四キロワット程度の発電設備をつくることは、もっとも愚かしい選択肢のように見える。太陽光発電の発電能力は太陽電池のパネルの面積に比例し、インバーターの設置費用などをのぞいては、規模の利益がはたらかないからである。三キロワットの太陽光発電で一〇〇万キロワットの原発一基分の発電量をまかなおうとすれば、稼働率を加味すると計算上二二五万件の設置が必要である[3]。「経済合理性」は明らかではないか。

しかし本当にそうだろうか。ランチョ・セコ原子力発電所が、そして同原発閉鎖後のＳＭＵＤが、アメリカやイギリス、ドイツが提起しているのは、天然ガス火力発電やコジェネレーション、風力発電や太陽光発電のような、社会的に受け入れられ、合意形成可能な発電技術でなければ社会的リスクが大きく、スケールデメリットが顕在化してしまうという事態である。

スケールメリットを失った原子力発電の優先度を、電力需要の伸びが少なくなった欧米各国が下げるのは当然である。原子力発電に関わる技術開発競争をめぐって各国がしのぎを削りあった時代はせいぜい八〇年代半ばまでである。この一〇年間パソコンや情報通信関連の技術の激変ぶりをわたしたちはまのあたりにしてきた。ではこの一〇年間に、原子力の利用技術にどれほどの技術進歩があっただろうか。目立つのは改良型軽水炉の実用化と原子炉の稼働率の向上程度である。他方、同じ一〇年間に風力発電のコストは急激に低下し、太陽光発電のコストも追随し、ともに発電効率も大幅に向上している。

大電力会社のスケールメリットの喪失

アメリカの研究では、①一九五五年と七〇年のそれぞれ一〇〇社以上の火力発電のデータを用いて、七〇年では発電規模が大きくなるにつれて、スケールメリットが消失する傾向があること、②電力量が六五〇億キロワット時を超えると、スケールデメリットがあらわれるという研究結果が報告されている。日本についても東京電力や関西電力のような最大手の電力会社では、火力発電においても、原子力発電においても、スケールメリットが消滅しているか、ほとんど認められないという結果が得られている[4]。イギリスやアメリカのように電力会社の分離分割による規制緩和政策がとられた根拠は、このような電力会社自体のスケールメリットの喪失である。

（2）環境NPOとコラボレイション

変革の原動力としてのNPO

エネルギー利用の効率化と再生可能エネルギー、コジェネレーションなどの小規模分散型発電の普及を主要な内容とする「新エネルギー革命」の原動力として注目されるのは、アメリカでもヨーロッパでもＮＰＯ（Non Pofit Organization, 公益非営利民間組織）である。ＮＰＯと電気事業者と自治体との間のコラボレイション、対等な協力関係が新しい電力政策の社会学的なキィー・ワードである。

とりわけ注目されるのは、政策提案能力をもつ在野の政策提言集団、シンクタンクである。アメリカにおけるエイモリー・ロビンズ率いるロッキー山脈研究所やＮＲＤＣ（自然資源防衛会議）、ＵＣＳ（憂慮する科学者同盟）などの環境団体、ドイツにおけるエコ研究所などが、両国における近年の電力政策や環境政策の転換に大きな役割をはたしていることはこれまで述べてきた。またアメリカの場合、風力発電を建設してきたのは、多くがヴェンチャー・ビジネス的な企業である。ＮＰＯ組織やヴェンチャー・ビジネス、コンサルティング会社などが、野心的で個性的な人材のトレーニング機関、供給源となり、多様な試みとダイナミズムの源泉となっているのである。

これに対して日本では、人材や情報は官公庁や大会社・大学などに丸抱えされる傾向にあり、国家や自治体、会社の政策に対して、批判的精神と政策分析能力をもつ在野の集団や人材は育ちにくい。とりわけ原子力発電やプルトニウム利用路線に批判的な市民運動と、推進側の官公庁や電力会社との関係は、これまでは全面的に敵対的であり、両者の間には土俵の共有も人間的な信頼感もほとんどないというのが実状である。立場を異にするものへの相互の不信感は、情報公開や双方の対話努力を消極化させ、日本の電力政策やエネルギー政策をさらに硬直的なものにしている。エイモリー・ロビンズによれ

表4・9　アメリカの原子力問題の２つの位相

	ファースト・ステージ（「反原発」の位相）	セカンド・ステージ（「脱原発」の位相）
①時　期	1970年代〜80年代後半	1980年代末期および90年代
②運動目標	原子力発電所の建設反対・建設阻止，営業運転開始阻止	利用の効率化と再生可能なエネルギー源の利用・普及
③戦略・戦術	原子力産業・電力会社との対決，原発建設の隠された意図・原子力産業と電力会社との緊密な関係の暴露・批判，デモ・非暴力不服従（座り込みなど），提訴	電力供給主体の経営過程への参加・市民的コントロール，費用最小化計画，規制のあり方の改革，コラボレイション，経済的誘因の適切な使用，電力会社の経営の正常化
④争　点	原子力発電所の安全性，放射性廃棄物処理問題	原子力発電の不経済性，廃棄物処理問題，老朽化した原発の閉鎖
⑤運動の帰結	大衆の離反，運動の孤立化・影響力の喪失，公衆の関心の沈潜化	投資家にとっての原発のリスクの高さ
⑥価値関心	対抗文化的ライフ・スタイルへの親和性，シンプルなライフ・スタイルへの変革志向，産業文明批判，市場への不信感	新エネルギー政策・エネルギー利用効率化への多方面からの支持，規制方法と規制の哲学の改善，反原子力運動の制度化，既存の生活水準・工業生産の水準の維持と脱原子力の両立の提示・実践，市場原理の活用
⑦典型事例	ディアブロ・キャニオン原発建設阻止闘争（カリフォルニア州） シーブルーク原発建設阻止闘争（ニューハンプシャー州）	原発閉鎖後のSMUDの再建，エイモリー・ロビンズやNRDC，UCSの実践活動

（出典）長谷川公一（1995b, p. 158）。

ば、それは一九七〇年代前半のアメリカの状況とそっくりである。

反原子力からコラボレイションによる政策転換へ

表4・9は、アメリカの原子力に批判的な運動の特質と歴史的段階をファースト・ステージとセカンド・ステージとして対比したものである。

原発建設の是非という論争が終焉すると、残ったのは稼働中の原発をいつ止めるかという問題と、原発に代わるエネルギー源をどこにもとめるかという問題である。ロビンズやＮＲＤＣ、ＵＣＳなどが選択したのは、性急に全原発の閉鎖を要求するのではなくて、トラブル続きで安全性に疑問があり、著しくコスト高の原子力発電所から順次閉鎖していくことと、安くて、クリーンで、安定的に供給できるエネルギー源を確保することである。後者の点で、電力会社と消費者団体、環境団体が共通の利益を見いだすことは比較的容易である。

反原子力運動のみならず、環境保護運動全般、女性解放運動などにおいても、体制の外部から、異議申し立てをおこなう告発型のファースト・ステージから、体制内に参入し政府や企業体の政策決定過程に深く関与し、体制内部から変革のオールタナティブを提起するセカンド・ステージへの移行が観察される。

ヨーロッパの新しい社会運動は、これまでアメリカの運動と比較して非妥協的で政策当局に対して拒否的であるとされてきたが[5]、冷戦構造の終焉とほぼときを同じくして、八〇年代末期頃から、とくに地方自治体レベルで政府機関とこれら対抗的なシンクタンクとのコラボレイションが活発化している。前述のエコ研究所なども、政府機関の仕事の受注が増えることによって、近年セカンド・ステージ的な性格を一層強めつつある。直接行動を強調し、ファースト・ステージ的な性格の強かったイギリスやフランスのグリーンピースも、政策分析能力や政策立案能力を重視するセカンド・ステージ型の運動へと方向転換をとげつつある。原子力施設の建設の是非に代表される対決型のイッシューが後景にしりぞき、共生や持続可能な発展に関わる問題群が政策課題としてのプライオリティを増すにつれて、このような傾向は今後ますます強まっていくだろう。

一九七〇年代の高速増殖炉スーパーフェニックス建設反対運動の分析などをもとに、フランスの社会学者アラン・トゥレーヌは、テクノクラシーに対抗する新しい社会運動という図式を描いてみせた。環境問題のなかでも原子力施設の建設、とりわけプルトニウム利用施設の建設をめぐっては、多くの国で国・電力会社とこれに反対する社会運動や立地点周辺の住民運動が激突し、長年にわたって深刻な対立を経験してきた。反原子力運動は、一九七〇年代から八〇年代にかけて、先進諸国のいずれにおいても国家の基本政策を批判し、現代文明のあり方を鋭く問う代表的な社会運動であり、社会紛争だった。けれどもテクノクラートと社会運動、計画と運動を対峙させるトゥレーヌ型の図式は、ファースト・ステージにこそ適合的だったが、セカンド・ステージにおいては、テクノクラートと社会運動との間での対等な協力関係「コラボレイション」が、環境とエネルギー消費が調和する成熟型の共生社会へのシステムのつくりかえの原動力なのである。

コラボレイションとは、〈自立した複数の主体が対等な資格で、具体的な課題達成のためにおこなう、非制度的で限定的な協力関係ないし共同作業である〉。コラボレイションは単なる協力関係や共同作業ではない。対等性と課題達成志向性と非制度性とが要請される。コラボレイションは「ゆるやかな横のつながり」を示すネットワークやネットワーキングと親和的な概念である。ネットワークの特質は、①非階層的で水平的な横のつながりであり、②分権的で、③各構成単位が相対的に自立的で、④境界の曖昧な、⑤価値観や目標の共有による結びつきであり、⑥プロセスそのものが重視される、⑦情報とコミュニケーションの回路である（リップナック、スタンプス『ネットワーキング』一九八二＝一九八四）。このような関係のあり方は、マックス・ウェーバーが描いたような近代官僚制的な組織構造と対蹠的なものである。コラボレイションの前提には、対等で自立的なネットワークがある。ネットワーク志向的な社会であるがゆえに、またネットワークにもとづく相互の信頼性と日常的な人的交流を基礎にしてはじめて、既存の壁を超えた共同作業が可能なのである。

コラボレイションによる社会運動と電気事業者や政府との共同作業は一方では運動の制度化を意味し、自発的な運動エネルギーや政策当局への批判力や緊張関係を減殺させかねないが、ポスト冷戦時代において社会変革のポテンシャルをもっとも秘めているのは、脱原子力をおしすすめる具体的な担い手は、このようなセカンド・ステージ型の、政策提案型の社会運動である。

第5章　日本の選択すべき道

第1節　岐路にたつ日本の原子力政策

(1) 世界最大の原発大国への道

「鏡」としてのアメリカ、ヨーロッパ

これまで見てきた、サクラメント、カリフォルニア州、アメリカ合州国全体、さらにドイツなどの取り組みをふまえて、日本の電力政策・原子力政策の問題点を検討してみよう。ここまでの本書の議論に対して「原発推進論」の側から予想されるのは、国情や社会のあり方の相違、とくにエネルギー自給率の相違などをあげて、原子力発電の新増設は日本や東アジアの場合には不可欠であるとする反論である。たしかに違いは少なくないが、だからといって、これら諸国の政策とその効果を学習しないことの理由にはならない。そもそも明治以降の日本の電力政策は、とくに戦後の原子力政策は、つい最近までこれらの国々に追随してきたのである。

なによりも、これら各国の動向と制度のありようは、日本の電力政策・原子力政策の特質を映し出す、格好の「鏡」の役割をはたしてくれる。

まず、現在日本がどのような原子力政策を掲げているのか。エネルギーの需給計画をもっているの

か、その点を確認しておこう。

世界最大の原発大国か―二〇一〇年の日本

日本は一九九五年一二月末現在、一七地点に、実用炉としては四九基の原子炉を、新型転換炉「ふげん」（原型炉）、試運転中の高速増殖炉（原型炉）の「もんじゅ」（ただしナトリウム漏れによる火災事故のため九五年一二月八日以来停止中）を加えて五一基の発電用原子炉を運転している。出力四一六三・六万キロワットと、アメリカ・フランスに次いで世界第三位の原子力大国である。

一九八六年四月のチェルノブイリ事故当時、営業運転を開始していた日本の原子炉は三三基にすぎなかった。この一〇年間で一八基の原発が新しく運転を開始したことになる。表４・１、表４・８で確認したように、アメリカで一九七八年を最後に原発の新規発注が途絶えるなど、サミット参加国の主要先進諸国では、フランスと日本をのぞいて原子力発電所の新増設計画はストップしている。日本はこれまではほぼ「順調に」、着実に原子力発電を増やし続けてきたのである。

では日本はこれからどれぐらい原子力発電所を増やし続ける計画なのだろうか。現在は柏崎刈羽六号機など三基が建設中で、女川三号機一基が建設準備中である。二〇〇〇年時点では五三基が運転し、四五六〇万キロワットの発電能力を有する予定である。では二〇一〇年時点ではどうか。

表５・１は、一九九四年六月に通産省の総合エネルギー調査会が発表した「一次エネルギー供給の見通し」である。二〇一〇年時点の原子力発電の発電能力は七〇五〇万キロ、二〇〇〇年と比べて二四九

〇万キロワット増やし、図５・１のように、二〇一〇年時点では供給する電力量の四二％を原子力でまかなう計画である。表５・５（後掲）に示したように、通産省が現在具体的に計画をすすめているのは、建設中の炉三基を含めて、一二基、一三四八・九万キロワット分である。建設予定の炉は六〇～一

表5・1　日本の一次エネルギー供給の見通し（2000，2010年度）

年度 / 項目	1992年度(実績)		2000年度 現行施策織込ケース		2000年度 新規施策追加ケース		2010年度 現行施策織込ケース		2010年度 新規施策追加ケース	
一次エネルギー総供給	5.41億 kl		5.91億 kl		5.82億 kl		6.62億 kl		6.35億 kl	
区分 エネルギー別	実数	構成比(%)	実数	構成比(%)	実数	構成比(%)	実数	構成比(%)	実数	構成比(%)
石油	3.15億 kl	58.2	3.16億 kl	53.4	3.08億 kl	52.9	3.31億 kl	50.1	3.03億 kl	47.7
石油(LPG輸入除く)	2.95億 kl	54.5	2.93億 kl	49.5	2.85億 kl	48.9	3.04億 kl	46.0	2.77億 kl	43.6
LPG輸入	1,530万 t	3.7	1,770万 t	3.9	1,740万 t	3.9	2,080万 t	4.1	2,000万 t	4.1
石炭	11,630万 t	16.1	13,400万 t	16.6	13,000万 t	16.4	14,000万 t	15.3	13,400万 t	15.4
天然ガス	4,070万 t	10.6	5,400万 t	12.8	5,300万 t	12.9	6,000万 t	12.7	5,800万 t	12.8
原子力	2,230億 kWh (3,440万 kW)	10.0	3,100億 kWh (4,560万 kW)	12.1	3,100億 kWh (4,560万 kW)	12.3	4,800億 kWh (7,050万 kW)	16.2	4,800億 kWh (7,050万 kW)	16.9
水力	790億 kWh (2,100万 kW)	3.8	860億 kWh (2,220万 kW)	3.3	860億 kWh (2,220万 kW)	3.4	1,050億 kWh (2,650万 kW)	3.5	1,050億 kWh (2,650万 kW)	3.7
地熱	55万 kl	0.1	100万 kl	0.2	100万 kl	0.2	380万 kl	0.6	380万 kl	0.6
新エネルギー等	670万 kl	1.2	940万 kl	1.6	1,210万 kl	2.0	1,150万 kl	1.7	1,910万 kl	3.0
合計	5.41億 kl	100.0	5.91億 kl	100.0	5.82億 kl	100.0	6.62億 kl	100.0	6.35億 kl	100.0

（出典）資源エネルギー庁編（1994, p. 195）。

図5・1　日本の電力供給目標（発電電力量, 1992, 2000, 2010年度）

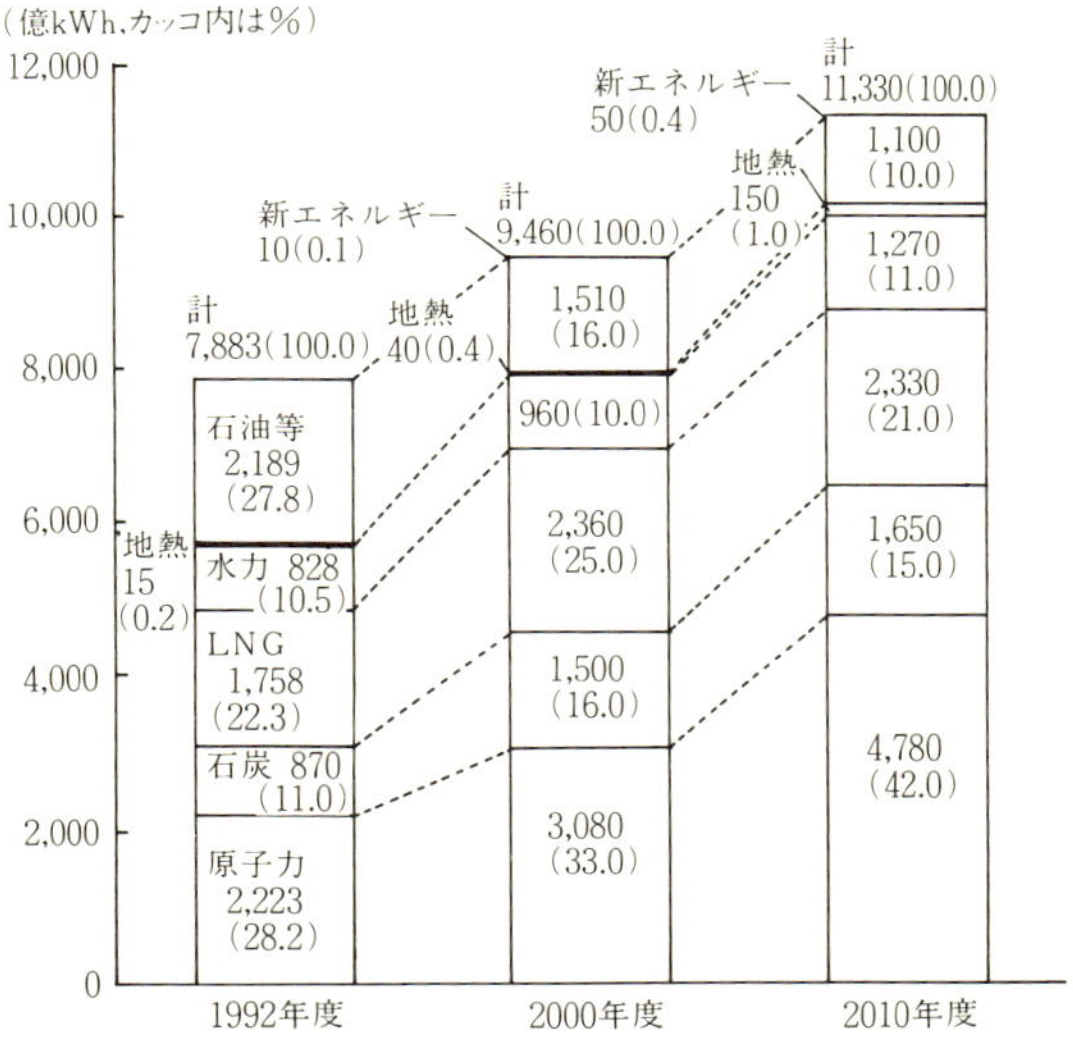

（出典）資源エネルギー庁公益事業部編（1995 a, p. 11）より作成。

三五万キロワット級と大きさにばらつきがあるが、かりに平均一〇〇万キロワットの原発を建設するとすれば、そのほか一五基の運転開始が必要である。計画どおりに達成するためには、今後一四年間で二七基、半年に一基のペースで運転を開始しなければならない。カリフォルニア州よりも小さく、しかも地震頻発地帯のこの日本列島に推定七八基もの原子炉が密集することになる。政府の計画どおりに事態がすすめば、他国が断念した高速増殖炉が運転を続け、六ヶ所村ではアメリカ、ドイツが断念した再処理工場が稼働していることになる。

九五年末現在一〇九基の原子炉を抱えるアメリカの原子力発電の総出力は九九〇〇万キロワット（ネットの電気出力、一九九三年末）である。今後も新規発注がなく、既存の原子炉に対する運転認可期間四〇年の延長もないとすると（図4・1のロー・ケース）、一九七〇年代に稼働した原発が次々と寿命を迎えて引退する結果、二〇一〇年代にアメリカの原発は激減し、二〇一四年には七〇〇〇万キロワット以下になると予想されている。国際原子力機関（IAEA）のデータはネット、日本のデータはグロスの出力だが、ネット（純出力）とグロス（粗出力）の差を四％と見積もって補正すると、二〇一〇年代には日本はアメリカを抜いて、世界最大の原発大国になることになる。規制緩和政策が今後さらにすすむにつれて経済的な理由や技術的な理由などから、四〇年間の認可期間以前に閉鎖するアメリカの炉が増える可能性はきわめて大きい（第4章第1節）。そうなれば、日本がアメリカを抜く時期は二〇〇〇年代に早まるかもしれない。

アメリカ・エネルギー省は、フランスは伸び率の低いローケースで二〇〇〇年に六二九〇万キロワット、二〇一〇年には六七二〇万キロワット分の原子力発電をもつと予測している（ネット出力）。日本政府の見通しのとおりにすすめば、二〇一〇年の設備容量はネットで六七六八万キロワットだから、図4・1のように二〇一〇年にはフランスを追い抜くものと予想される。今後のフランスの伸びは低めに予想されるから、フランスを抜くのは二〇〇〇年代に早まる可能性がある。むろん、日本が政府の予定どおりに、原子炉を新規に稼働し続けられたとしての話である[1]。

日本政府は世界最大の原子力大国が抱えるリスクを自覚しているのか

一九九四年六月に発表された新原子力長期計画は二〇三〇年時点の原子力発電の設備容量の見通しを

約一億キロワットとしている。日本は現時点でもっとも野心的な原子力政策を掲げている国である。政府の計画どおりにすすむならば、二一世紀の日本は、アメリカ、フランスを抜いて世界一の原子力大国になるのである。

どこかが間違っているのではないだろうか。

そもそも日本政府や電力会社は、二一世紀初頭の日本が世界最大の原子力大国になる可能性が高まりつつあることを、そしてそのことの国際社会における意味を、国内的・国際的リスクの大きさをどれだけ自覚しているのだろうか。今後、原子力大国日本への国際的反発や日本の核武装の可能性を危惧する声が、アメリカなどを中心に次第に強まっていくことは疑いない。原子力大国日本は、グリーンピースをはじめとする国際的な環境団体にとって格好のターゲットである。

重大事故のリスク――年間一二％の確率

世界最大の原発大国は、いうまでもなく、他の条件が等しければ、もっとも原発重大事故のリスクの高い国でもある。日本の原子力安全委員会に対応する政府機関、アメリカ原子力規制委員会（ＮＲＣ）は一九八五年に確率論的安全評価（ＰＳＡ）による原子炉のリスク研究を発表している。それによれば、スリーマイル事故もしくはそれ以上の規模の炉心溶融事故がアメリカの原子炉で起きる統計学的可能性は、三、三三三炉年に一回、つまり一つの炉を一年間運転して、三、三三三分の一の確率である。ただし日本の原子力安全委員会は一九九〇年に、同様の方法を用いて、日本の場合炉心が重大な損傷を受けるシビアアクシデントが起きる確率はこれより二桁小さく、一〇万炉年に一回以下であると発表している。なお九〇年時点で、ＩＡＥＡは既存の炉については一万年、新設炉は一〇万年に一回の事故を安全目標にしている[2]。

シビアアクシデントの確率がｐ／炉・年の場合、ｎ個の炉をｔ年運転したとき、シビアアクシデントが少なくとも1件以上起こる確率は、$[1-(1-p)^{nt}]$の式で得られる*。現在日本に五一基ある原発が、かりにアメリカ原子力規制委員会が推定に用いたアメリカの原子炉とまったく同じ程度の安全性であると仮定し、経年変化による危険率の増大はないものとすると、この五一基を今後二〇年間運転し続けて、スリーマイル規模以上の事故が日本で起きる確率は、この式から0.264である。二六％と高い確率である。ただし日本の原子力安全委員会の値をもちいれば、0.0101、一％にとどまる。

世界には、一九九五年一二月末現在四三七基の発電用原子炉がある。同様の前提で、同じ式をもちいて計算すれば、向こう一年間で0.123である。スリーマイル規模以上の事故は、一二％の確率で今後一年間に世界中のどこかで起こりうる。この確率は今後一〇年間では七三％、今後二〇年間では九三％にも及ぶ。確率論的安全評価の信頼性自体が大きな問題だが、一九七九年のスリーマイル事故、八六年のチェルノブイリ事故は、こうした推計結果に符合する確率論的にありうべき事故だったといって過言ではない。ただしアメリカ原子力規制委員会が発表した「三、三三三分の一の確率」が妥当なものであり、日本および世界中のすべての原発が等しい安全水準にあると前提したうえでの推計である（＊1刷の二五二頁の計算式と計算結果には誤りがあった。ただし基本的論旨は変わらない。訂正とともにおわびしたい）。

安全管理体制への不安

「他の条件が等しければ」という前提は経済学でよく用いる考え方である。日本の場合には、NRCに相当する規制体制が形骸化しており、原子力推進とは独立の立場から原子力発電所がチェックをうける制度的機会がない（第４章第１節）。しかも近年のさまざまの社会問題が露呈したように、日本社会では内部告発がきわめて少なく、一般に組織の自浄能力に乏しく、企業や政府、事業所の危機管理能力は高くない。しかも日本社会の労働モラールは近年低下傾向にある。かりに日本の原子力の技術力が高いとしても、組織論的社会学的には日本の原子力の安全管理体制はきわめて脆弱だといわねばならない。

直下型地震の危険性

日本は、次のような点でも原発に関するきわめて高いリスクを負っている。

阪神淡路大震災が警鐘したような、そして日本列島全体が地震の活動期に入ったとされるように、原子炉や原子力施設が直下型地震に襲われる危険性である。原発推進国の代表フランスは地震のきわめて少ない国である。日本は現時点ですでに、世界でもっとも地震災害の危険性の高い国の一つであるにもかかわらず、もっとも高密度に原子力発電所を集中させているのである。高速増殖炉もんじゅはじめ福井県の敦賀半島には七基の原子炉が集中しているが、敦賀半島付近も活断層の巣であり、しかもそれらは阪神淡路大震災を引き起こした活断層のほぼ延長上にある。活断層研究会『新編日本の活断層』（一九九一）によれば、核燃料サイクル施設が集中する六ヶ所村の一〇キロメートル沖合いには長さ八〇キロメートルの活断層が存在する。しかも三陸沖、北海道東方沖は大地震が多発する地震の巣である。

近隣諸国の原発の急増

さらに、日本が原発推進政策をとり続ける限り、韓国や中国などの近隣諸国も原発新設に走り、日本および日本周辺の原子炉の数が急増しつつある。ドイツやイギリスが、アメリカとともに原発を新増設しない「非原子力化路線」をとりはじめたことによって、一九九〇年代以降、八〇年代半ばまでの〈世界の商業用原子力を管理しようとするアメリカ〉対〈アメリカの主導権に対抗しようとするフランス、イギリス、ドイツ、日本〉という対立図式に代わる新しい図式が顕在化してきた。フランスと今後の動向が不透明な旧ソ連および東欧を除けば、〈原発建設に積極的な日本およびアジア諸国〉対〈新増設を事実上断念した欧米諸国〉という図式である。

高い経済成長と人口圧力、生活水準の上昇にともなうエネルギー需要・電力需要の急増という事態のもとで、アジア諸国がエネルギー政策のモデルとしているのは日本である。例えば電源三法交付金は、電源立地がすすまないところから、一九七四年に制定された日本独特の制度だが、この制度を近年韓国は導入している。韓国は高速増殖炉の開発を今後の研究課題としており、中国も一九九五年四月の日本原子力産業会議において、今後再処理および高速増殖炉を開発する計画をもっていることを表明した。

韓国・中国・台湾に共通しているのは、政治的には現在も集権的政治スタイルであるか、その伝統が

表5・2　アジア諸国の原子力発電計画

国　　名	目標年次	目標出力	国　　名	目標年次	目標出力
日　本	2010年	7,050万 kW	パキスタン	2000年	50万 kW
韓　国	2006年	2,040万 kW	インドネシア	2015年	720万 kW
台　湾	2000年	710万 kW	タ　イ	2010年	600万 kW
中　国	2005年	1,500万 kW	マレーシア	2005年	100万 kW
インド	2000年	360万 kW	ベトナム	2010年	800〜1,200万 kW

（出典）『反原発新聞』200号（1994.11.20）より作成。

表5・3　東アジアの原子力発電の供給見通し（2000,2010年度）

	1992年度実績（百万ｔ）	2000年度（百万ｔ）	1992〜2000年の平均伸び率	2010年度（百万ｔ）	2000〜2010年の平均伸び率	2010年度原発設備容量（万kW）(1)と原子炉数(2)
日　本	56.7	80.8	4.5%	125.1	4.5%	7,593.6（76基）
韓　国	14.7	22.8	5.6%	46.1	7.3%	2,798.3（28基）
中　国	0.0	3.6	—	37.4	26.5%	2,270.2（23基）
台　湾	8.8	10.3	2.0%	16.4	4.7%	995.5（10基）
合　計	80.2	117.5	4.9%	225.0	6.9%	13,657.6(137基)

注(1)　原発設備容量は1992年度の日本の実績をもとに，百万トンの原油が原子力発電所の設備容量60.7万kW分に相当するものとして計算した。
(2)　1基あたり出力百万kWとして算出。
（出典）『総合エネルギー調査会国際エネルギー部会中間報告』（1995）にもとづいて原発設備容量を算出し，作成した。

強く、政府の基本政策に批判する市民運動および批判的政治勢力の力が弱いことである。しかも電力供給体制は韓国が「韓国電力公社」、中国が「電力工業部」、台湾が「台湾電力公司」といずれも基本的には国営ないし国有的な企業によるものである。

表5・2は、アジア諸国の今後の原発建設の見通しをまとめたものである。とくに野心的な原発増設計画をもっているのは日本と韓国、中国である。一九九五年末現在、韓国は運転中の原発が一一基（九五年中に一基稼働を開始した）、建設中が五

基だが、二〇〇六年までにさらに七基の建設を計画している。中国では現在三基の原発が稼働しているだけだが、二基が建設中であり、二〇二〇年までに二〇〇〇万キロワット、二〇基分の原子力発電の建設を計画している。台湾は現在六基の原発を稼働している。

これを表5・3のように石油換算ベースで見てみると、総合エネルギー調査会の予測によれば、日本を含むこれら三国一地域の原子力発電の設備容量は二〇一〇年時点で九二年度実績の二・八倍、計一三七基にも達する。韓中台で一〇〇万キロワット級原発換算で四一基相当分が新増設され、六一基に至るという予測である（ただし註1に記したようにアメリカ・エネルギー省は、これら三国の二〇一〇年時点での原発設備容量を伸び率が高い場合でも、現在より一〇基分多い三〇基分程度と、総合エネルギー調査会の予測の半分と見積もっている）。韓国や中国の原発の多くは東側に集中している。もしもチェルノブイリ事故のような大量の放射能汚染事故があった場合、風下にあたる日本は、チェルノブイリ事故時のスウェーデンやドイツ、イタリアなどと同様に深刻な被害を被るだろう。

一九九四年に商業用原子炉の安全性の確保を目的として「原子力安全条約」が採択された。日本や韓国、バングラディシュは批准したが、中国を含む他のアジアの国々は九六年三月末現在批准していない。アジアの原発問題は、安全性と核不拡散の保障を焦点に、今後国際社会の大きな注目を集めよう。

原子炉の数が約三倍に増えることは、他の条件を等しいとして、日本および日本の隣国で重大事故が起きる危険性も、二〇一〇年時点で九二年時点の三倍近くに増えることを意味する。計一三七基の原発がすべて前述のアメリカ原子力規制委員会の推計値と同じ程度の安全性であると仮定すれば、この一三七基の原発を一〇年間稼働させた場合の重大事故の確率は三四%、二〇年間稼働させ続けた場合の確率は五六%にも達する。

（2）原発推進の論理とその隘路

なぜ「原子力発電は必要か」

二一世紀の日本はこのままますすめば、地震災害とともに、国内および隣国の原子力施設の重大事故の危険性におびえ続けることになる。本書で見てきたように、旧西側先進諸国では非原子力化政策がすすんでいる。なぜ日本は原子力推進政策にこだわり続けるのか。まず政府の言い分を検討してみよう。

表5・1の一次エネルギー供給の見通しの前提になっているのは、表5・4のようなエネルギー消費が今後年率一%程度ずつ増えるという予測である。なお一九九二～二〇〇〇年までの経済成長率は年率三・〇%、二〇〇〇～二〇一〇年は二・五%と仮定されている。エネルギー消費の伸び率はOECD諸国の予想平均年率一・三%より低い。産業用および運輸用のエネルギー消費はわずかしか増えないが、民生用のエネルギー消費は八〇年代前半程度の伸びが続くものと仮定されている。エネルギー消費は、バブル経済の時代に対応して年率三・五%という高い伸び率を記録した最近七年間に比較してかなりおさえ気味の予測がなされているといってよい。

それに対して供給面は、地球温暖化対策もあって石油の絶対量はほぼ横ばい、石炭・水力は微増、新

表5・4　日本のエネルギー消費実績と見通し（1973〜2010年）

項目＼年度	1973年 数量	69〜73年 伸び率	1979年 数量	73〜79年 伸び率	1986年 数量	79〜86年 伸び率
消費(百万 kl)	286	9.2%	301	0.9%	294	▲0.4%
産業	187	8.6%	178	▲0.8%	156	▲1.9%
民生	52	11.5%	63	3.3%	72	1.9%
運輸	47	9.2%	60	4.2%	66	1.3%

項目＼年度	1992年 数量	86〜92年 伸び率	2000年 数量	92〜2000年 伸び率	2010年 数量	2000〜10年 伸び率
消費(百万 kl)	360	3.5%	388	1.0%	423	0.9%
産業	181	2.5%	187	0.4%	200	0.7%
民生	93	4.4%	109	2.0%	128	1.6%
運輸	86	4.5%	92	1.0%	95	0.4%

(注)　エネルギー消費は高度経済成長期およびバブル経済期に急増した。政府も今後の伸び率を１％程度と見ている。
(出典) 資源エネルギー庁資料。

エネルギーや地熱発電の絶対量は乏しく、消費の増分はおもに、天然ガスと原子力によってまかなうという計画である。これが一〇〇万キロワット級原発換算で今後さらに二七基相当分の原子炉の新増設が必要だとする論拠である。

そしてこれに付属するのは、しばしば引き合いに出されるように、他の主要先進諸国と比べて日本のエネルギーの輸入依存度が八三・六％と高く、石油の輸入依存度が九九・六％に及ぶことである（一九九二年）。これはまた核燃料サイクル計画が必要であることの論拠とされている。

表5・4のかぎりでは、かならずしも過大な需要予測がなされているわけではない。原子炉の多数の新増設も一見「やむをえない」もののように思われてくる。ではどこが問題

表5・5　チェルノブイリ事故後の日本の原発新増設計画（1995年7月現在）

発電所名	事業者名	所在地	出　力（万kW）	基本計画決定（予定）	着　工（予定）	運転開始（予定）	炉　型
浜　岡４号	中部電力	静岡県	113.7	1986.10	1989. 2	1993. 9	BWR
志　賀１号	北陸電力	石川県	54	1986.12	1988.12	1993. 7	BWR
女　川２号	東北電力	宮城県	82.5	1987. 3	1989. 8	1995. 7	BWR
柏崎刈羽６号	東京電力	新潟県	135.6	1988. 3	1991. 9	(1996.12)	BWR
柏崎刈羽７号	東京電力	新潟県	135.6	1988. 3	1992. 2	(1997. 7)	BWR
玄　海４号	九州電力	佐賀県	118	1982. 9	1985. 8	(1997. 7)	PWR
巻　１号	東北電力	新潟県	82.5	1981.11	(1998年度)	(2004年度)	BWR
女　川３号	東北電力	宮城県	82.5	1994. 3	(1996.11)	(2002. 3)	BWR
浜　岡５号	中部電力	静岡県	135.8	(1995.12)	(1998.11)	(2004. 5)	BWR
大　間	電源開発	青森県	60.6	(1995.12)	(1998. 4)	(2004. 3)	ATR(1)
東　通１号	東北電力	青森県	110	(1996. 7)	(1999. 2)	(2005. 7)	BWR
直江・小高	東北電力	福島県	82.5	(1997. 3)	(2000年度)	(2005年度以降)	BWR
芦　浜１号	中部電力	三重県	135	(1997. 3)	(2001. 4)	(2005年度)	—
芦　浜２号	中部電力	三重県	135	(1997. 3)	(2001. 4)	(2005年度)	—
志　賀２号	北陸電力	石川県	135.8	(1996年度)	(1999年度)	(2005年度)	BWR

（注）　BWRは沸騰水型炉，PWRは加圧水型炉，ATRは新型転換炉をあらわす。(1)はその後，計画変更になった。

（出典）資源エネルギー庁公益事業部編（1995b, pp. 22-23）より作成。

だろうか。原子力発電の推進が唯一の「現実的な」選択なのだろうか。

チェルノブイリ事故後の新規立地難

第一の問題点は、二〇一〇年までに今後二七基相当分の原子炉の運転を開始することの非現実性である。チェルノブイリ事故後、日本でも原子力発電所への不安感が強まり、原子力発電の新規立地が難しくなってきた。表５・５は、チェルノブイリ事故後に建設が正式に決定された炉および今後運転開始、「着手」予定の原子力発電所の一覧表である。同事故後に電力会社などのいう「新規着手」、つまり電源立地手続きに必要な「地元同意」が得られて電源開発基本計画にあらたに組み入れられた原子炉は一九九五年七月現在六基にすぎず、しかも新規立地点は志賀原発のみである。ウエスティング・ハウス社が設計し、三菱重工業などが施工にあたる加圧水型炉は、工事中の一基を残すのみで、今後着工予定の具体的な建設計画は一基もない。

本書は原子力問題の国際的なターニングポイントが一九八九年であることを強調してきたが、日本でも一九八九年以降に着手できたのは九四年三月の女川三号機のみにとどまっている。同原子炉の新規着手は柏崎刈羽六・七号機が一九八八年三月に計画決定して以来六年ぶりだった。チェルノブイリ事故後、着工できた炉も五基のみである。本章の冒頭でチェルノブイリ事故後一八基の原発が運転を開始したと記したが、そのうち一〇基は同事故以前に工事をはじめていた炉である。

新潟市の西隣、巻町に建設予定の巻原子力発電所一号機の場合には、八一年一一月に基本計画に組み入れられて以来一四年が経過しているにもかかわらず、地元の強い反対運動、住民投票条例制定運動によって、推進派の町長が辞任に追い込まれた。住民投票をもとめる町長が新たに就任し（一九九六年一月）、九六年八月に日本初の原発建設の是非をめぐる住民投票の実施が決まった。反対が過半数を上回れば、他の原発立地点にも波及していくことは必至である。

チェルノブイリ事故後の一九八七〜九〇年にかけて、日本でも首都圏の無党派の主婦層を新たな原動力として「新しい社会運動」的な性格をもつ反原子力運動が高揚し、立地点と立地県内の周辺拠点都市、大都市圏を結ぶ反対運動のネットワークがひろがった[3]。原子力発電所の新規立地が困難化してきた一つの背景は、これらの運動である。

通産省の電源開発調整審議会は一九九五年七月時点で、表５・５のように二〇〇〇年までに三基の運転開始を計画し、二〇〇五年前後をめどにさらに九基の運転を開始したいとしている。これら一二基の設備容量の合計は一三四八・九万キロワットで、かりに計画どおり二〇一〇年までにすべて営業運転開始にこぎつけえたとしても、表５・１の目標、七〇五〇万キロワットを達成するためには、あと一五基分、一五三七・五万キロワット分不足している。実際、アメリカ・エネルギー省は、二〇一〇年の日本の設備容量を五〇〇〇万〜五五〇〇万キロワットと予測している（註１）。しかも五五〇〇万キロワットもあくまでも表５・５に示した電源開発調整審議会の期待どおりに進捗したとしての話である。

巻、大間、東通、芦浜、珠洲、上関と新規立地点はいずれも計画の公表以来二〇〜三〇年近くにわたって地元合意が得られず難航してきた地域であり、巻、芦浜、珠洲、上関については現在なお地元合意は得られていない。電力会社は、マスメディア、世論対策としてのパブリック・アクセプタンス（世論誘導による受容）につとめるとともに、国・県当局と一体化し、地元自治体首長、地方議員、漁協幹部・農協幹部らに照準をあてて反対運動の「切り崩し」をはかり、札束と電源三法交付金などの地元への利益誘導で押すという強圧的な手法ですすめてきた[4]。しかし「地域間格差」と過疎地の「開発幻想」、名望家支配を前提にした旧来の手法では、日本でも原発の新規立地はもはや不可能であり、巻町はその何よりの証左である。実際、既存の立地点で、原発建設によって「地域おこし」に成功したと評価できる例は一例もないことがひろく知られてきた。

筆者らは一九八八年以来、青森県六ヶ所村のむつ小川原開発、核燃料サイクル施設建設問題、宮城県女川町の女川原子力発電所をめぐる地域問題を研究してきたが[5]、大都市圏における電力多消費型の生活の矛盾を過疎地域におしつけ、周辺環境のみならず立地点の地域社会と人間関係を破壊してきたのが原子力施設であることを痛感せずにはいられない。

なお表5・5のほか『原子力白書』（一九九五年版）によれば、通産省が「初期地点」として指定している新規立地の候補地は、和歌山県日置川、同小浦、高知県窪川、福井県久美浜、山口県萩である。

震災、もんじゅ事故を契機に原子力政策の抜本的な見直しを

日本の原子力政策に対する国際的な風当たりの強まり、放射性廃棄物問題・廃炉化問題など原発のデメリットと非経済性に対する国際的な認識のひろがり、国内的には政治の不安定性、高速増殖炉もんじゅのナトリウム事故を契機としてひろく顕在化したプルトニウム余剰、核燃料サイクル路線の行き詰まりなどといった現実の前に、原子力に対する世論は今後きびしくなる一方だろう。

今後一四年間で二七基分もの原発の運転開始にこぎつけるというストーリーの非現実性は、総合エネルギー調査会、通産省、電力会社自身がもっとも痛切に認識しているはずである。逆に、原発の新設が困難であるという認識が強いことが、通産省や科学技術庁、電力会社の原子力政策の抜本的な見直しに対するきわめて硬直的な姿勢の背後にあるのではないか。「反原子力」陣営を勢いづかせるような譲歩姿勢を少しでも見せたら、原発は一基も新設できなくなる。原発の新設が必要である以上、原子力政策は現状どおり突き進むしかないという発想である。

しかしそもそも地震の多い日本列島上に八〇基近くも原子力発電所がひしめきあうことの問題性と非現実性を、総合エネルギー調査会や政府、電力会社はどのように認識しているのだろうか。チェルノブイリ事故から満一〇年、現在は、日本の原子力政策を抜本的に見直すまたとない好機である。阪神淡路大震災、もんじゅ事故を警鐘として、女川三号機以下、今後着工予定のすべての原発建設計画を一時的に凍結し、あらためて二一世紀の日本にふさわしいエネルギー供給のあり方を根底から問い直すべきではないか。

政府見通しの問題点

ここで政府見通しが依拠している「総合エネルギー調査会需給部会中間報告」(資源エネルギー庁編、一九九四)に戻って、これがどのような問題点を含んでいるのか、検討したい。

(1) 原子力発電を肯定的・積極的にとらえているところにある。しかし重大事故の危険性、地震災害の危険性、放射性廃棄物の処理問題、廃炉化問題、平常運転時の微量放射線の影響、核拡散の危険性、管理社会化の危険など、多くの論者によって指摘されてきたように、原子力発電の抱えている問題点はあまりにも多く、しかも原理的に解決困難あるいは解決不能の問題ばかりである。とくに放射性廃棄物の厳密な管理と監視が「低レベル」で三〇〇年以上、「高レベル」で数万年にわたって必要である。原子力発電がツケを将来世代に回す技術であることは、近年いよいよはっきりしてきた。

地球環境問題の争点化とともに急速にひろがりつつある、〈将来の世代に安全な地球を手渡す責務〉

という新しい倫理観からみて原子力発電は正当化しうる技術ではない。フランスをのぞく欧米先進諸国で原子炉の新増設が断念されることになったのは、経済性の問題とともに、この点がひろく認識されるようになったからである。

（2）現在、国際的に求められているのは、原子力発電をミニマム化し、かつ二酸化炭素など温室効果ガスの排出量を引き下げることができるような社会経済システムをどのようにして早期に現実化できるのか、という観点からの抜本的なシステムのつくりかえである。政府見通しは、この視点を欠落させている。

そもそも日本政府の地球温暖化対策は、「一人当たり二酸化炭素排出量について二〇〇〇年以降概ね一九九〇年レベルでの安定化を図る」としており、デンマークやドイツなどにくらべて目標水準が低い。エネルギー政策もまた、このような地球温暖化問題への危機意識の乏しさを反映している。

政府見通しは、持続可能な地球をつくるために、日本のエネルギー政策をどのような方向に転換すべきか、という長期ビジョンを欠いており、基本的には既存の政策の延長上にしか二〇一〇年のエネルギー需給見通しを描いていない。本書で述べてきたような①ディマンド・サイド・マネジメント（需要管理型経営）の考え方にたってエネルギー需要を大幅に抑制する、②クリーン度の高い天然ガスと太陽光・風力などの再生可能エネルギー、熱効率の高いコジェネレーションのような自家発電を送配電網に大幅に取り入れるために、具体的にどうするのか、というビジョンとリーダーシップ、政策提案を欠いている。

（3）太陽光や風力発電などの再生可能エネルギーは残余的な位置づけしか与えられていない。しかも一九九〇年策定のエネルギー供給見通しに比べて、新エネルギーは二〇〇〇年時点で九〇年の見通しの七〇％、二〇一〇年時点で九〇年の見通しの五五％と厳しい予測になっている。一九九四年一二月総合エネルギー対策推進閣僚会議は、新エネルギー導入大綱を決定したが、そこでも抽象的に「政府を挙げて対応」ということがうたわれたにすぎない。

（3）原子力政策転換の契機

原子力政策転換の萌芽はどこに

日本のエネルギー・電力政策はこれまでは極度に原子力偏重だった。そのことが政策のオプションを狭め、批判者側との対話の機会を閉ざし、後述するように国際的には日本の核武装の可能性への警戒感を強め、原子力災害のリスクを高め、ナショナル・インタレストを損ねてきたことを、政府や電力会社、産業界はまず認識すべきである。

では原子力政策の転換の萌芽は、日本の場合どこにあるのだろうか。

通産省・電力業界サイドからの見直し論の可能性

原子力政策をめぐって、これまでも実用化段階以降を担当する通産省と研究段階を主管する科学技術庁との間での長年にわたる主導権争い、確執が伝えられてきた[6]。今後ますます両者の基本的利害の相違が明らかになってくる可能性が高い。

科学技術庁やプラントメーカーは、組織自体のレーゾン・デートルのためにも、今後も核燃料サイクル・プルトニウム利用路線に固執し続けるだろう。再処理からの撤退を動機づけるような要因がこれら組織内部には乏しいからである。とりわけ科学技術庁は、後述するように、その実態は「宇宙開発庁」と「原子力開発庁」と呼ぶほうが適当なぐらいであり、予算もスタッフも、宇宙開発と原子力開発とに大別される。

他方国際的な動向に敏感な通産省と、電力供給の逼迫と経済合理性、産業界からの電気料金引き下げ圧力を無視することのできない電力会社は、産業界とともに、(1)規制緩和論の台頭のもとで、電気料金抑制によって日本の製造業の国際競争力を確保するために、(2)エネルギー資源の多角化、とくに再生可能エネルギーの開発を積極化することによって、開発をめぐる国際間競争に立ち遅れないために、まず核燃料サイクル・プルトニウム利用路線の見直しに転じる可能性がある。

高速増殖炉や再処理工場に関わる事故やトラブルが多く、しかもウラン価格が安くなって採算性が低下したことから、アメリカ、ドイツをはじめ核燃料サイクル路線からの撤退が相次いでいる。プルトニウムを核燃料として用いることに対しても、核拡散の観点から国際的な批判が強い。ドイツが国内での再処理を断念した一九八九年以降、ワンススルー方式が世界の大勢であることはいよいよ明確になってきた。

近年通産省は、アメリカ、ヨーロッパに学びながら、自家発電、電力会社の買電の奨励、再生可能エネルギーの開発と普及促進策を少しずつすすめてきた。今後、製造業を中心に自家発電の電力の買電が本格的にひろがっていけば、各電力会社は電気料金抑制と競争力確保のために、再処理事業を重荷と感じ、さらには次節で述べるような、原発の立地難と新設の遅れによる電力供給不足の可能性に直面して、原発偏重のこれまでの路線からの転換に直面せざるをえなくなるだろう。

再処理工場については、高速増殖炉など核燃料サイクルが技術的に完成していない現状では余剰プルトニウムを増やすことにつながるから、日本が再処理事業をいそぐ合理的な理由はないという国際的な批判がある。日本政府が再処理とプルトニウム利用に固執するのは、将来の核武装の可能性を留保するためである、という嫌疑は世界の原子力関係者内部で根強い。

国際動向を注視するかぎり、そして近年の日本の電力政策の見直しの方向を整理してみると、通産省・電力業界主導によるコスト高の再処理路線からの撤退は、きわめて現実性のあるストーリーである。

筆者は一九九五年六月に発表した論文で[7]、このような見通しを述べておいたが、一九九五年一二月八日高速増殖炉もんじゅが本格運転開始を目前にして、懸念されてきたようなナトリウム漏れによる火災事故を起こし、運転再開のメドがたたなくなったことを直接的な契機として、再処理事業を含めたプルトニウム利用路線全体の見直しに政府は追い込まれざるをえなくなった。

第一段階として可能性が高いのは、核燃料サイクル・プルトニウム利用路線からの転換、第二段階は、原子力発電の新増設の中止である。これはまさしく一九八九年以降、ドイツがたどったコースである（第4章第3節参照）。

日本の核武装への警戒　高まる国際的圧力

原子力政策転換のもう一つの契機は国際的圧力である。日本の原子力政策は、さまざまのレベルにおいて日本一国だけの問題ではない。

（1）国際原子力機関（IAEA）や核不拡散条約、日米原子力協定・日仏原子力協定といった原子力の平和利用を規定している国際的な枠組みがあり、英国核燃料公社（BNFL）、仏核燃料公社（コジェマ社）との再処理長期契約がある。これらの国際的な枠組みのもとで理解しないかぎり、原子力問題は十分に理解できない。原子力は本質的にグローバルなイッシューであり、国際的な視点からとらえることが不可欠である。

（2）国際間の制度的な枠組みの問題ばかりでなく、日本のプルトニウム利用路線は、国際的な嫌疑を招いており、国際的な波及効果が大きい。実際、九四年に争点化した北朝鮮の核疑惑問題において、北朝鮮が自国の原子力政策を正当化する根拠として言及したのは、日本のプルトニウム利用路線である。またすでにみたように韓国、中国、台湾などが原発の新増設に積極的なのは、日本の原発推進路線をモデルとしているからである。日本が余剰プルトニウムをもつことに対する各国の警戒感と各国からの批判とは、今後ますます強まっていくだろう。とくに核拡散を恐れる米国は、日本の原子力政策に対して批判的な姿勢を強めていくことが予想される。フランス以外の原子力新設を断念した欧米諸国にとって、日本の原子力政策を擁護する積極的な理由は、自国の原子力産業の擁護、石油需給の逼迫の懸念などに限られよう。原子力問題についてもジャパン・バッシングが強まる可能性は少なくない。

実際、例えばＩＡＥＡ（国際原子力機関）の査察は、核拡散防止条約（ＮＰＴ）にもとづいて実施されているが、一九九三年にＩＡＥＡが世界中でおこなった査察業務量のうち二三％は日本の核施設に対する査察にあてられており、ＩＡＥＡの監視の目がもっともきびしく向けられているのは、日本とドイツである。また、元ＩＡＥＡ広報部長、吉田康彦埼玉大学教授のもとには現在でも、ウィーンのＩＡＥＡの事務局長など幹部クラスから、「本音は、核兵器を保有したいんだろう。日本はカネも技術もあるじゃないか」、とたびたび探りを入れる電話が入る、という[8]。

日本の核武装問題は、国外とくにアメリカからは日米安保問題と連動した問題として受けとられよう。九六年大統領選挙の共和党の候補者指名争いのなかでブキャナン陣営が論議したように、今後日米安保がアメリカにとって割に合わないことを強調する安保見直し論がアメリカ側で強まってくる可能性がある。そのとき安保見直し論にブレーキ役をはたす論理としてアメリカで使われるのは日本核武装論だろう。つまり安保を堅持して、日本をアメリカの核のコントロール下においておく限り、日本は核武装を選択しないし、選択できないが、安保条約のしばりがなくなれば日本は核武装に踏み切るだろうという対日警戒論である。日本人の平均的な感覚や平和運動の見方とは逆に、アメリカ側の議論では、安保見直し論と日本の核武装許容論がセットになり、安保堅持論が日本の核武装警戒論とセットになるのである。

日本の核武装の可能性は、国際政治の文脈ではこのようにリアリティのあるストーリーであり、日米安保問題やアジア諸国の対日警戒論、日本の国連安全保障理事会常任理事国入り問題を規定している。そして日本の核武装の可能性の根拠となるのが、日本政府のプルトニウム利用政策への固執である。

もんじゅ事故の波紋―再処理工場は先送りか、中止へ

余剰プルトニウム問題はもんじゅ事故を契機にますます深刻な事態を迎えている。核兵器への転用という疑惑を生じさせないために、前述のような核武装警戒論をおさえるためにも、余剰プルトニウムはもたないというのが日本の国際的公約である。日本の原子力政策のなかでもっともプライオリティの高い原則であり、順守しなければならない。表5・6は、一九九四年版の『原子力白書』以来公表されるようになったプルトニウム需給の具体的見通しである。

一九九五年末には本格運転を開始するはずだった「もんじゅ」が、ナトリウム漏れ事故により運転再開のメドがたたなくなったことは、もんじゅで燃やすはずだった毎年約五〇〇キロのプルトニウムが余ってしまうことを意味する。もんじゅ事故によって、二〇〇〇年代初頭に着工を予定していた次の高速増殖炉実証炉の建設は大幅に遅れざるをえないだろう。青森県大間町に予定していた新型転換炉実証炉の建設はコスト高であることからすでに九五年七月に断念された。それに代わって、プルトニウムとウランをまぜたＭＯＸ燃料分を増やし年間約三・七トンを消費するというのが国の計画である。前述の

表5・6　日本のプルトニウム需給バランス（1994〜2010年）

1 国内回収分	(1) 1994〜90年代末	需要（単年）		供給（単年）	
		「常陽」「もんじゅ」「ふげん」等	約0.6t/年	東海再処理工場	約0.4t/年
		累積需要（1994〜90年代末）		累積供給（1994〜90年代末）	
		「常陽」「もんじゅ」「ふげん」等	約4t	東海再処理工場および既返還分	約4t
	(2) 2000〜2010年	需要（単年）　2000年代後半		供給（単年）　2000年代後半	
		「もんじゅ」等	約0.6t/年	六ヶ所再処理工場	約4.8t/年
		高速増殖炉実証炉	約0.6t/年	東海再処理工場	約0.2t/年
		全炉心MOX-ABWR	約1.1t/年		
		軽水炉MOX燃料利用	約2.6t/年		
		合　計	約5t/年	合　計	約5t/年
		累積需要（2000〜2010年）		累積供給（2000〜2010年）	
		「常陽」「もんじゅ」「ふげん」高速実証炉	約10〜15t	六ヶ所再処理工場および東海再処理工場	約35〜40t
		全炉心MOX-ABWR・軽水炉MOX燃料利用等	約25〜30t		
		合　計	約35〜40t		
2 海外回収分		需要（MOX燃料）	約30t	2010年頃までの累積回収量	約30t

（出典）原子力委員会編（1995，p. 49）をもとに改作。

ように今後さらに原発の建設が困難化すると予想されるから、二〇〇〇年代後半に需要を予定していた年間約五トン分の多くが余る可能性がある。国内の原発で、二〇一〇年までにイギリスとフランスから返還が予定されているプルトニウム累積三〇トン分を燃やすだけで手一杯という事態が予想される。プルトニウムの需給均衡は至上命題だから、余剰プルトニウムを生じさせないためには六ヶ所村の再処理工場の操業をその分だけ遅らせねばならない。六ヶ所村の再処理工場がいつから操業できるかは、もんじゅの事故処理やMOX燃料利用の原子炉が今後どれだけどんなペースで建設できるかに厳密に規定されざるをえない。

もんじゅ事故を直接的な契機として起こりうる可能性が高いのは、再処理工場の操業開始の二〇一〇年以降への先送りである。事故後に操業開始予定は二〇〇〇年から二〇〇三年一月に改訂されたが、これは電力業界の一時的便宜的な経過措置とみるべきであろう。また同時に再処理工場の建設費は当初計画の八四〇〇億円から二倍強の約二兆円に改訂されることになった。ただし六ヶ所村の再処理施設への使用済み核燃料の受け入れは、一九九七年六月からの予定である。使用済み核燃料受け入れ開始という既成事実をつくった後は、次第に再処理工場本体の建設工事の先送りがはかられる可能性が高い。

当然わきおこってくるのは、なぜ再処理が必要か、という疑問である。表5・6から明らかなのは、国際公約の余剰プルトニウムを生じさせないためには、六ヶ所村の再処理工場の建設を中止して、もんじゅを閉鎖、高速増殖炉実証炉の建設も中止し、九三年末時点でフランス・イギリスに委託しているプルトニウム二一・八トンは既存の設備で燃焼することがもっとも経済的だということである。

そもそも一九九三年時点で、ウラン価格の低迷を背景として、経済協力開発機構（OECD）は、原発の使用済み核燃料を直接捨てるワンススルー方式の方が、再処理してプルトニウムを取り出したあとに捨てる核燃料サイクル方式よりも約一〇％安いとする報告書を発表、アメリカのランド研究所も今後百年以内に高速増殖炉が原発より割安になることはないと予測している（朝日新聞一九九四年一月九日付）。再処理コスト高論は最近ますます強まる一方である。

結局六ヶ所村の核燃料サイクル施設は、すでに貯蔵を開始した低レベル放射性廃棄物埋設センターと海外からの返還高レベル放射性廃棄物の貯蔵施設、上述のように九七年六月受け入れ開始予定の使用済み燃料の受け入れ施設を中心とした「原子力発電のゴミ捨て場」になる公算が近年ますます強まってきていたが、もんじゅ事故はその決定的な契機となる可能性がある。

通産省や電力業界・産業界サイドからみると、このような施設さえ確保できれば、経済性に乏しく、国際的な反発や疑惑を招く再処理を日本国内でやる合理的な理由はないのである。いつから操業できるのか先行きの不透明な施設に対して、電力業界から投資の見直し論、再処理凍結論が出てくるのは必定だろう。一九九六年一月の計画と設計、建設費の見直しは、そのための一ステップだった可能性が高い。

「たそがれの日本」

「貿易摩擦」や市場開放問題、金融破綻、住専問題、土地問題、地震災害対策、地球温暖化対策など、各方面で日本の政策転換の遅れが、政策決定過程の硬直性が、国際的にまた国内的に顕在化している。一九九五年は、阪神淡路大震災、オウム真理教事件、政局の混迷、金融破綻の顕在化、円高にともなう産業空洞化の進行などによって、「世紀末感覚」が一挙にひろがり、日本が国力のピークを過ぎ、急速に下り坂をころげ落ちつつあるのではないか、という不安感が高まった。九五年八月戦後五〇年に関する寄稿をもとめられて、筆者は「たそがれの日本」というエッセーを発表したが（河北新報一九九五年八月一七日付）、日本たそがれ論はその後ますます強まるばかりである。システムの硬直性と、サクラメント電力公社のフリーマン総裁が発揮したようなビジョンのあるリーダーシップの不在というもとで、日本は後戻りのきかない袋小路に入りこみつつあるのではないか。袋小路化した政策の代表例が原子力政策である。

アメリカが、またフランスを除くヨーロッパ諸国がチェルノブイリ事故以後の事態に、非原子力化および脱プルトニウム政策で対応したにもかかわらず、日本が一九七〇年代半ばの第一次オイルショック直後以来の高値の石油価格およびウラン価格を前提とした原子力推進および核燃料サイクル推進路線からの政策転換をはかろうとしないのも、既得権の壁による問題解決の先送り、弥縫策的対応、政策当局者の危機意識の薄弱さという点で、前述のような一連の政治問題群とパラレルな位置にある。とくに重大な問題は、日本の原子力推進体制の自己維持的性格である。

（4）原子力推進体制の自己維持性

原子力推進体制の自己維持的性格

原子力産業の自己維持的性格は、むろん日本に固有の問題ではない。エネルギー問題の国際的シンクタンク「ＷＩＳＥ」（World Information Service on Energy，世界エネルギー情報サービス）のＭ・シュナイダーは、筆者のインタビューに対して英仏の再処理路線は、両国の原子力産業の自己維持的メカニズムによって存続していると答えた[9]。原子力自体が軍事技術の民生転用からはじまった技術だが、原子力産業は軍事産業と性格が似ており、他業種への転換は容易ではない。原子力産業自体が生き残るために、原子力開発が必要なのである。

アメリカなどと異なって、軍事用の開発をおこなっていない日本の場合には、三菱重工業・日立・東芝などの原子力部門を存続させるためにも、原子力発電所の新増設が不可欠であるという側面がある。原子力関係のエンジニアはじめ、これらプラント・メーカーに依存する割合が高いことは、日本の電力会社の国際的な特徴である。

官僚制の自己維持的性格

次に日本の官僚制組織に特徴的な自己維持的性格がある。

組織論的にみて、日本の官僚制組織のようにトップダウン型でない組織は、トップのリーダーシップが発揮しにくく、内部調整と合意形成に時間がかかるから、一般に政策転換が得意ではない。

とくに日本の官庁は、政策決定の実質的な権限をもつ中間管理職以上のキャリア組が二〜三年でポストを次々と交代するから、自分の在任期間の間は、既定方針を踏襲することが周囲からの期待でもあり、自分の昇進にとってもリスクを犯す危険が少ない。多くの幹部や幹部候補生がこのように行動しようとする結果、組織全体としては〈累積された事なかれ主義〉が結果する。筆者らは、かつて新幹線公害、新幹線建設問題に焦点をあてて旧国鉄の政策決定過程を研究したが、膨大な累積債務のために分割民営化された旧国鉄は、そのような組織的硬直性を示した典型事例だった[10]。

とりわけ原子力発電の是非のような、外部の反対者との間の長期にわたる係争課題であり、政治的にも重大な争点の場合には、原子力発電の見直しを内部から提起することはできにくい。筆者が〈緊急性圧力〉と呼ぶ、国際的な圧力や提訴、判決、災害、事故、政権党の有力政治家の介入などの緊急の対応を迫る組織外からの社会的圧力がないかぎり、政策転換は発議されにくく、かつ組織内部の合意も得がたい。しかも原子力問題は高度に技術的で専門性が高いがゆえに政策決定にプロフェッションのはたす役割は大きいが、日本のようなキャリア養成システムでは、科技庁内部にも通産省内部にも真の意味での原子力問題のプロフェッションは存在しがたいのである。

科学技術庁に存在理由をあたえるプルトニウム利用路線

さらに日本の原子力関係者に固有の自己維持的性格は、次のような側面に見られる。

第一に、組織レベルでは、科学技術庁の予算の半分以上は原子力関係であり、人員の半分近くも原子力を担当している[11]。しかも科学技術庁が所管する七つの特殊法人のうち「もんじゅ」を建設・運転する動燃事業団など三つは、原子力関係である。政治問題化こそしていないものの、静止衛星の相次ぐ打ち上げ失敗などで、科学技術庁のもう一つの中心プロジェクトである宇宙開発の有効性に対しても批判が強い。原子力と宇宙開発が、年間予算の八割以上を占めている。科学技術庁の実態は、「原子力開発庁」と「宇宙開発庁」といってもいい。仮に高速増殖炉・再処理工場の建設などが中止されれば、科技庁は目玉プロジェクトを失ってしまうのである。原子力商業利用の研究は、何よりも科技庁に対して存

図5・2　日本の科学技術庁予算内訳（1994年度）

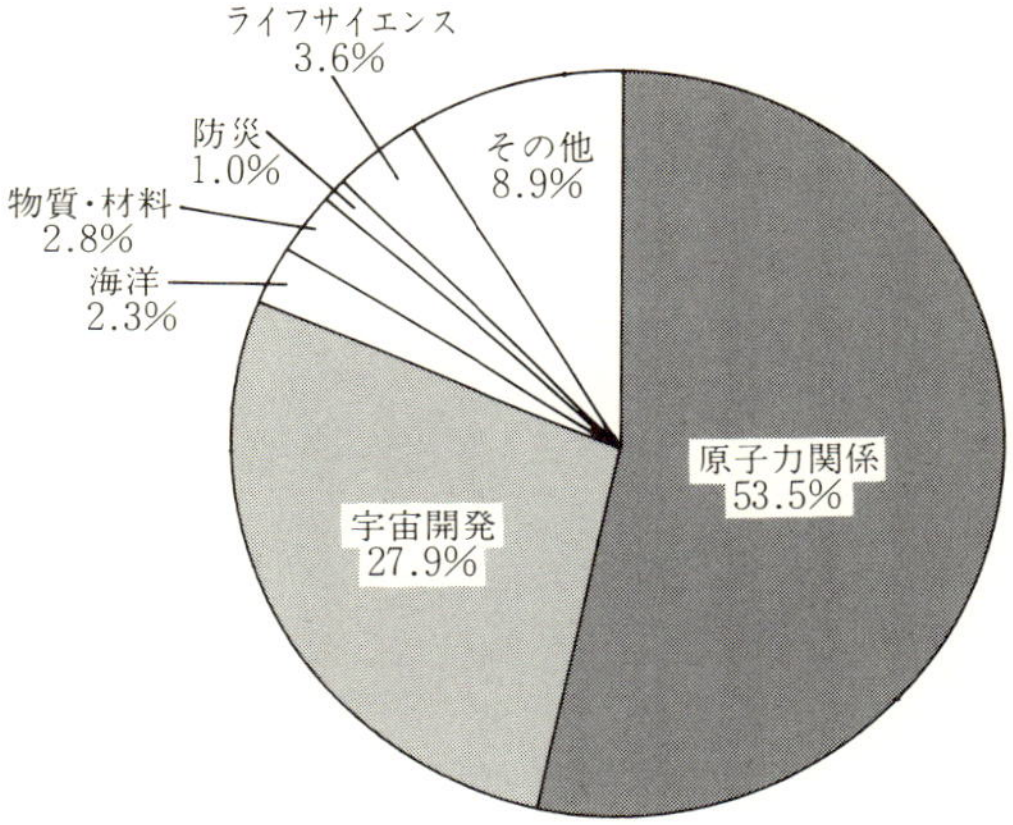

（出典）科学技術庁（1995, pp.12－13）より作成。

在理由を与えている（図５・２）。

若者の「科学技術離れ」が指摘されて久しいが、「科学技術＝原子力＋宇宙開発」という図式は、一九六〇年代的な枠組みである。二一世紀の「科学技術立国」が、原子力と宇宙開発をめぐってしのぎを削る国際間技術競争のうえに成立するなどと考える科学者は、一九九〇年代半ばの世界に一体どれだけいるだろうか。科学技術庁は、その自己維持性のゆえに六〇年代の枠組みに固執し、科学技術の新しい未来像を提示できないまま、青年たちの「科学技術離れ」を加速しているのである。

第二に、再処理や高速増殖炉の開発の中止は、科技庁のみならず、動燃事業団、日本原子力研究所の外郭団体はじめ、幾つもの組織に縮小・再編を迫ることになる。日本の公共事業においては、長良川河口堰建設問題に代表されるように、一般に中止を動機化する強力なリーダーシップや緊急性圧力が存在しないかぎり、計画の大幅な変更や見直しは困難である。日本では公共事業の自己維持的性格はきわめて強い。

全面波及論──公共事業・公共政策の硬直性

第三に、通産省や電力会社にとって、原子力発電の新増設を達成し、電力を安定的に供給することこそが中心的な利害関心だが、原子力発電を正当化するために、核燃料サイクル事業が必要であり、核燃料サイクル事業を正当化するためには、高速増殖炉技術が必要だという思考の連鎖がある。電力会社にとってはコスト面でメリットがないにもかかわらず高速増殖炉の開発や核燃事業の見直しを提起できないのは、六ヶ所村に放射性廃棄物の処分場を確保したかったのと、見直し論が反原発運動を勢いづかせ、原子力発電の立地をますます難しくするという連鎖反応的な波及効果を恐れてのことである。

波及効果を忌避するために、きわめて防衛的硬直的対応をとることもまた、日本の公共事業でしばしば観察されてきた。名古屋新幹線公害訴訟における原告側七キロ区間での減速要求に対して被告国鉄側が主張し、同訴訟の一・二審判決が採用した「全線波及論」は、その典型である[12]。一ヶ所で反対者に譲歩したら、次々と波及し、国の計画する公共事業が至るところでストップしかねないという〈全面波及論〉が、政策当局の自己維持性をますます高めているのである。

また一九九二年から九四年初頭にかけて、イギリスで新再処理工場ソープ（THORP）の運転開始問題が争点化したとき、イギリス内外でもっとも強力にソープを支援したのは日本の九電力会社と電事連だった。かれらがもっとも恐れたのは、ソープの運転開始が認められなかった場合の日本の再処理・

核燃料サイクル事業への波及効果である。

電力マンの夢

第四に、組織の構成員レベルでは、現在の各電力会社の経営トップや幹部層は、一九六〇年代・七〇年代前半までの、原発のスケールメリットがバラ色の幻想をふりまいていた時代に、幹部候補生や若手の牽引車として、アメリカなどで原子力技術を習得し、難航する国内の原発立地での地元交渉を陣頭指揮するなど、電力マンとしての半生を原発建設に賭けてきた人びとである。核燃料サイクルの完成は、経済合理性を超えて、かれらの技術者としての夢を実現し、電力の自給率向上という資源小国の悲願を達成するものであると意味付与されている。

原子力発電の「不経済」の経済性—電力会社にとってのメリット

むろん原子力発電は、電力マンにとって、単にエンジニアのロマンの実現を意味するだけではない。第五に原子力発電は、日本の電力会社にとって「経営的な」メリットがある。電力会社の自己維持性には経営的な裏付けがあるのである。

電力会社は伝統的に発電・配送電一貫の独占的な供給体制のもとで利益を享受してきたのであり、需要家側の自家発電を好まない。①むろん電力会社にとっては需要家に対して売れる電気量がその分だけ減るからでもあり、②コジェネレーションや太陽光発電など、自家発電がひろく普及するにつれて、電気料金の値下げ圧力が高まるからである。アメリカで、風力発電や独立事業者による発電がさかんになったのは、カリフォルニア州の公益事業規制委員会（PUC）が、需要家サイドにたって強力な行政指導をおこなってきたからである（第4章第2節）。現在アメリカでさかんな電力規制緩和論も、この需要家サイドでの電気料金の引き下げによる産業の競争力の回復に基本的な動機がある。

とりわけ③日本では電気料金が「総括原価方式」で定められ、発電設備や送電設備などの事業資産の七・二％を「適正な」事業報酬として原価に組み入れることが認められている。しかも日本の場合、自社の発電設備は電源開発基本計画に組み入れられた新規着手時点から工事費の半額を「建設仮勘定」として事業資産に含めることができる。つまり日本の電力会社は発電設備を多くもっている方が利益を内部留保できるのであり、原発のような巨額の発電施設の建設は利益隠しの絶好の機会になる[13]。これらの点は、一九九五年の電気事業法の改正以後も基本的に変わっていない。国有で、発電設備に占める原発の比率が五六％と高いフランス電力公社（EDF）とともに、アメリカ・ドイツの電力会社に比べて資本費の割合が大きいことは、日本の電力会社の経営の特徴である（第4章第1節註10）。

電力会社の地域支配――内在的批判の欠如

第六に、第4章でアメリカと対比してみせたように電力会社および政策当局内部に、中央政府レベルでも地方政府レベルでも、内在的批判者が乏しいことである。筆者が調査した限りでは、米英仏独スウェーデン、いずれの国でも、原子力に対して環境庁が独自の強い発言力をもっているのに対して、日本では奇妙なことに、環境庁は原子力に対しては何らの規制の権限をもっていない。都道府県の権限もきわめて限られている。また英仏独スウェーデンにおいては、大蔵省も財政当局の観点から原子力・再処理事業に対して関心をもっており、推進論に対するブレーキ役として機能している。

第４章で見たように、アメリカの連邦レベルでの原子力規制委員会（ＮＲＣ）、州政府レベルのＰＵＣは、独立の行政委員会であり電力会社や発電所をきびしく規制している。

これに対して日本では、電源開発は国策的性格をもっており、後述のような料金設定やガス事業との完全分離などの点において、電力会社は国家の手厚い保護をうけてきた。しかも電力会社の地域経済・地域社会への影響力は日本では他国以上に大きい。電力会社のトップが地方の経済連合会の会長を代々つとめる慣行ができているように、電力会社は地域経済を支配してきたといってよい。大都市圏をのぞけば、各地方で最大の民間会社が電力会社であり、最大の民間労組が電力労組である。

電力会社は、ブロック紙・地方紙や民間放送にとって、広告収入の有力スポンサーであるばかりでなく、地方自治体も、さまざまな側面で電力会社とのリンケージに多くを依存している。地方の大学の研究者も同様であり、とりわけ理科系学部や経済学部の教員にとって、電力会社は卒業生の重要な就職先である。電力会社への批判的な姿勢は抑制されるのであり、とりわけ政治的な対決色の濃い原子力問題に対して、研究者も言及を避けがちである。

エネルギー問題や原子力問題がこれほど重大で、二一世紀的な社会問題であるにもかかわらず、なぜか原子力問題に関して、とりわけ原子力政策に関して社会学者、社会科学者の手になる研究や発言は日本ではごく少ない[14]。原子力問題および原子力政策に関する批判的研究や発言のほとんどは、自然科学系の研究者、住民運動や市民運動、消費者運動によるものである。

アメリカなどと異なって、エネルギー問題に関する在野のコンサルタントがいないことも、電力会社の自己維持的性格を強めている。在野の原子力資料情報室や反原発新聞、市民エネルギー研究所、市民フォーラム二〇〇一などは、カウンター・テクノクラート的存在だが、通産省・科学技術庁・電力会社は、これら原子力発電に批判的な研究機関や情報センター、運動体とは全面的に敵対的であり、相互の間に土俵の共有や日常的な交流、信頼感の醸成などはなされていない。

一九八〇年代末からアメリカやドイツで、電力会社と中央・地方政府の規制当局と、カウンター・テクノクラート的機能をもつ環境団体や民間シンクタンクとのコラボレイション（対等な協力関係）のもとで、省エネルギー政策や再生可能エネルギーの開発・普及策がはかられていることと対照的である（第4章第4節）。

このような自己維持的性格の強さによって、日本の原子力政策はきわめて硬直的なものになっており、一九七〇年代半ばから最近二〇年間の国際社会の原子力政策の変化に対応できなくなっている。

そのツケを、二一世紀の日本は、国内および隣接国の原子炉・原子力施設の重大事故の可能性におびえながら、また国内の原子力施設が直下型地震に襲われることにおびえながら暮らすことで払おうとするのだろうか。そうでない道を選ぶとしたら、どのような選択があるのだろうか。

第2節　二一世紀日本の選択―もう一つの道

(1)　真夏の大停電

一九九X年真夏のXデー――電力供給がストップする

これまで述べてきたような何重にもわたる自己維持的性格の強さによって、日本の原子力政策の転換は容易ではない。緊急の政策転換をうながす大きな社会的圧力、〈緊急性圧力〉が必要である。予想される緊急性圧力としてはもんじゅ事故を契機として顕在化したプルトニウムの需給バランス問題、日本やその他の国の原子力発電所の重大事故、アメリカ政府などからのプルトニウム政策転換の圧力などがある。日本の司法の現状では、判決によって原発や高速増殖炉、核燃料サイクル施設の差止めの請求が認められる可能性はきわめて乏しい。

しかしもっとも起こりうる可能性が高いのは、晴天続きの真夏の午後に気温が急激に上昇し、電力需要が一時的に設備容量を越え、電力供給がストップする事態である。

実際冷房の普及などによって、真夏の電力消費量は急増しつつあるが、記録的な猛暑と水不足だった一九九四年八月、日本の電力供給は危険な状態寸前に至ったのである。北海道電力と沖縄電力をのぞく、八電力会社は余力のほとんどない状態におちいった。とくに東京電力は供給予備率二％という綱渡り状態だった。一九九〇年の夏もまた猛暑で、東京電力は予備率二・八％、中部電力が二・三％という危険な状態を経験している。東北電力などからの融通や、緊急時の電力カット契約をしている大口消費者への供給をストップすることで、かろうじてしのいだのである[1]。

地球温暖化にともなって近年世界的に異常気象が常態化している。もう一度、九〇年、九四年のような猛暑に襲われれば、電力需要が供給能力をオーバーしてしまう危険性は少なくない。また近年では冬にも厳冬の日などに暖房のために電力需要が急騰する「ニコブらくだ化」が見られる。

かりに一時的に電力供給がストップし、大停電という事態が生じたら、それに対して日本社会はどのように反応するだろうか。自家発電に依拠する事業所以外は、午後二時から三時頃の突然の停電で大混乱におちいり、一時的にパニック状態が現出するかもしれない。「原発建設を急げ。原発建設に反対する立地点住民や市民運動は敵だ」という非難が全国でごうごうと巻き起こり、通産省や電力会社はこのときとばかりにマスメディアを総動員して、原発推進の一大キャンペーンを展開するのだろうか。

真夏の停電こそが問題を直視するチャンスだ

そうではあるまい。そのときこそが、日本の電力政策を、エネルギー政策を、電力多消費型のライフスタイルや産業のあり方を全国民や企業が根本から考え直す最大のチャンスではないのか。

サクラメント電力公社（ＳＭＵＤ）が劇的に経営再建に成功しえたのは、設備容量の約半分をまかなってきたランチョ・セコ原発の閉鎖を余儀なくされたからである。サクラメントの電力供給の危機という事態（当面は顕在化しなかったが）に対する予防策として、ＳＭＵＤのエネルギー効率化計画や小規模分散型発電への転換計画が地域社会の支持を得たのである。かりにランチョ・セコ原発が順調に稼働し続けていたら、ＳＭＵＤの電力政策の大転換はありえなかっただろう。ランチョ・セコ原発の閉鎖は、ＳＭＵＤにとって、サクラメントの住民にとって、いわばショック療法だったともいえる。カリフォルニアも、ドイツもデンマークも、原発の新設断念を契機として新しいエネルギー政策に踏み出したのである。

電力問題は、一般市民にはなかなか問題が見えにくい。スイッチをひねれば、電灯がともり、冷暖房が入り、テレビが映り、電子レンジが加熱し、ごはんが炊ける。電力がライフラインであることは停電にならないと意識されない。真夏の停電は、日本における電力問題のショック療法の機会であり、全国民が問題を直視する絶好のチャンスである。

原子力発電は答えにはならない

このとき原子力発電が事態を解決する答えにはならないことを、否応なく人びとは意識させられるだろう。むしろ、原子力偏重の日本の電力政策の硬直性とゆがみとが白日のもとに晒されるはずである。

原子力発電は、建設の着手から運転開始まで十年以上を要する。原子力発電は即効薬にはならない。明年や明後年の対策が問われているときに、十年後にはじめて可能な解決策をもちだすことはできない。しかも原子力発電はつねにほぼ一定の出力で運転するベース供給には適していても、真夏の電力需要の急増対策として有効な発電手段ではない。

図5・3　原子力発電をめぐる日本の世論の推移（1978〜96年）

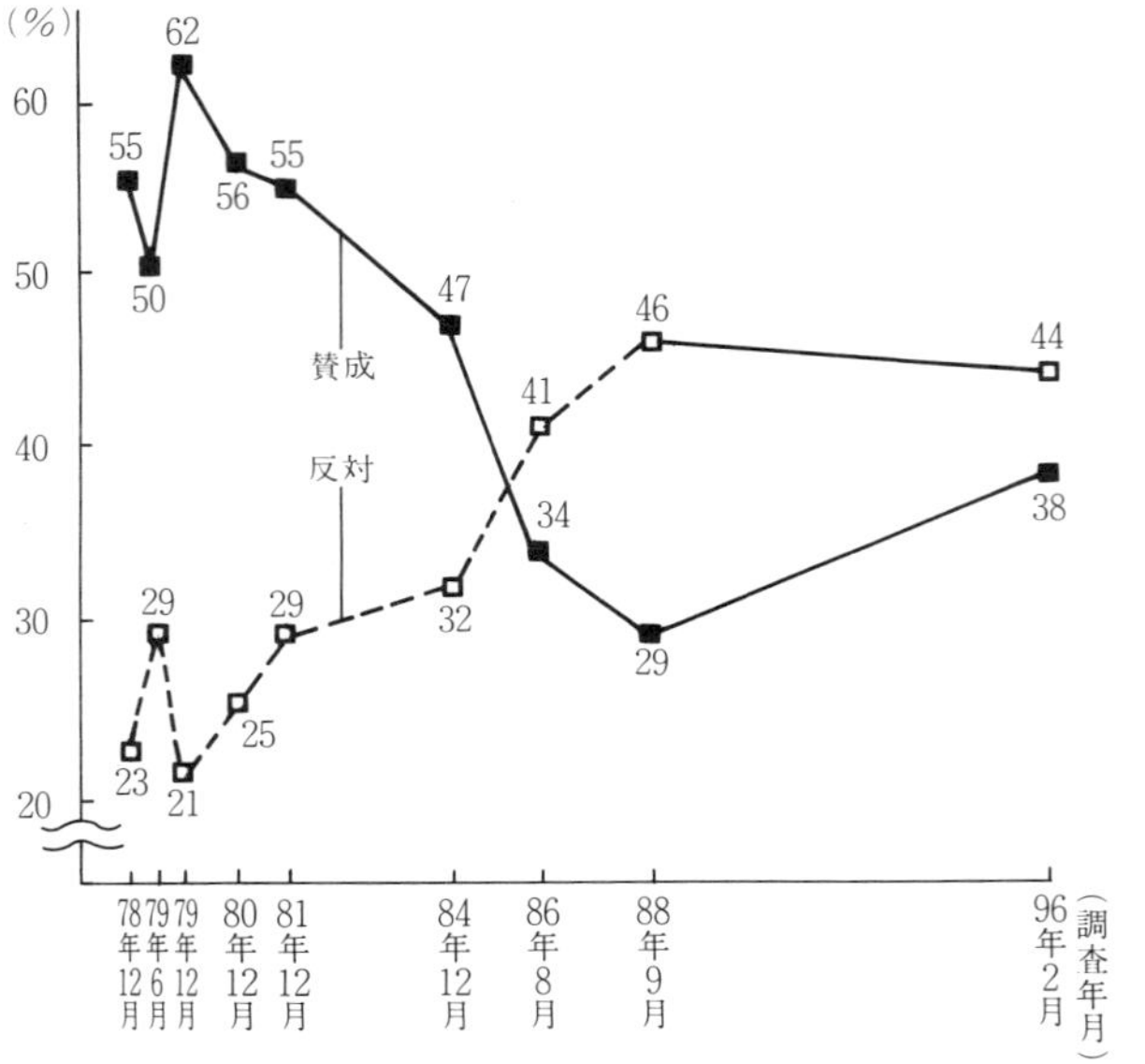

（注）質問文は「あなたは，これからのエネルギー源として，原子力発電を推進することに賛成ですか，反対ですか」。
（出典）朝日新聞世論調査，同紙1988.9.27付，95.3.3付。

ではどうすべきか。以下は筆者の具体的な提案である。

（2）電力政策四つの基本原則

「社会的合意」の原則

第一の原則は「社会的合意」の原則である。電力政策や原子力政策に関して、社会的論議が巻き起こりにくいのは、原子力発電の是非をめぐって社会的合意が存在していないからである。九六年二月の朝日新聞の世論調査でも、原子力発電の推進に対して賛成は三八%、反対は四四%だった[2]。図5・3のように、チェルノブイリ事故以後、原発賛成を反対が上回っている。社会的合意を得ていないにもかかわらず、強引に過疎地に原発立地や原子力施設の立地をおしつけるやり方は、新規電源の立地難、着工に至る期間の長期化、住民投票実施というかたちで破綻をきたしつつある。

原子力発電所や核燃料サイクル施設の立地点周辺では、公益企業である電力会社や通産省・科学技術庁が「鬼」や「悪魔」のような存在に映っているという異常な事態を、一日も早く是正しなければならない。原子力の商業利用に関して社会的合意を得ることが「パブリック・アクセプタンス」のような情報操作的な小手先の技術で困難であることは、世界の原子力の商業利用の約四〇年の歴史が何よりも証明している。

原発の是非をめぐって賛否が分かれるだけに、電力政策に関して社会的合意は得がたいように思われる。けれども電力供給が、①安くて（価格）、②クリーンで（環境への負荷）、③安定的に供給できる（供給の長期的安定性・確実性）エネルギー源によるべきであるという点については、原発推進派の人びとにも、批判的な人びとにも異論はあるまい。無論、この三つの条件のどれを最優先すべきか、どの要素をどのように重みづけるべきか、原子力発電をクリーンと見るかどうかなどについては、見解は大きく異なるだろうけれど。

筆者は一九九一年以来、原子力推進論者と反対論者のディベートの共通の土俵となりうるような包括的なリスク・コスト計算とオールタナティブの比較考量にもとづく〈エネルギー・アセスメント〉の必要性を強調してきた（長谷川公一、一九九一ｂ）。十分にデータが公開され、原子力推進派と批判派とがそれぞれのオプションとメニューを出しあって、電力供給とエネルギー供給のベスト・ミックスのあり方をめぐって、成熟した討論がなされるべきである。

「非原子力化」の原則

第二の原則は、社会的合意にもとづく「非原子力化」の原則である。現在稼働中のものをのぞいて、再処理工場と原子力発電所の建設工事および建設計画は、今後五年間等、タイムリミットを区切って、社会的合意が得られるまで凍結する。五年間で社会的合意が得られない場合には、その時点で建設を中止する。社会的合意の有無を確認する方法としては、国民投票で過半数の賛成を得ることを条件とする。

「ピーク需要のゼロ成長」の原則

第三の原則は、「電力のピーク需要のゼロ成長」の原則である。いいかえれば真夏の「ピークカット」を最優先せよ、という原則である。

現時点の技術水準では原則的に貯蔵ができない電力は、電力需要のピーク時にあわせて発電設備をもたなければならない。ここに電力供給の特殊性がある。そこで電力政策の最大のプライオリティを、電力のピーク需要量を過去最大だった一九九四年夏の水準以下におさえ、国全体の発電設備の総量を現在よりも増やさないことにおくのである。二〇〇〇年、二〇一〇年時点の発電能力の上限を一九九四年以

図5・4　日本の電力9社合計最大電力の推移（1960～94年）

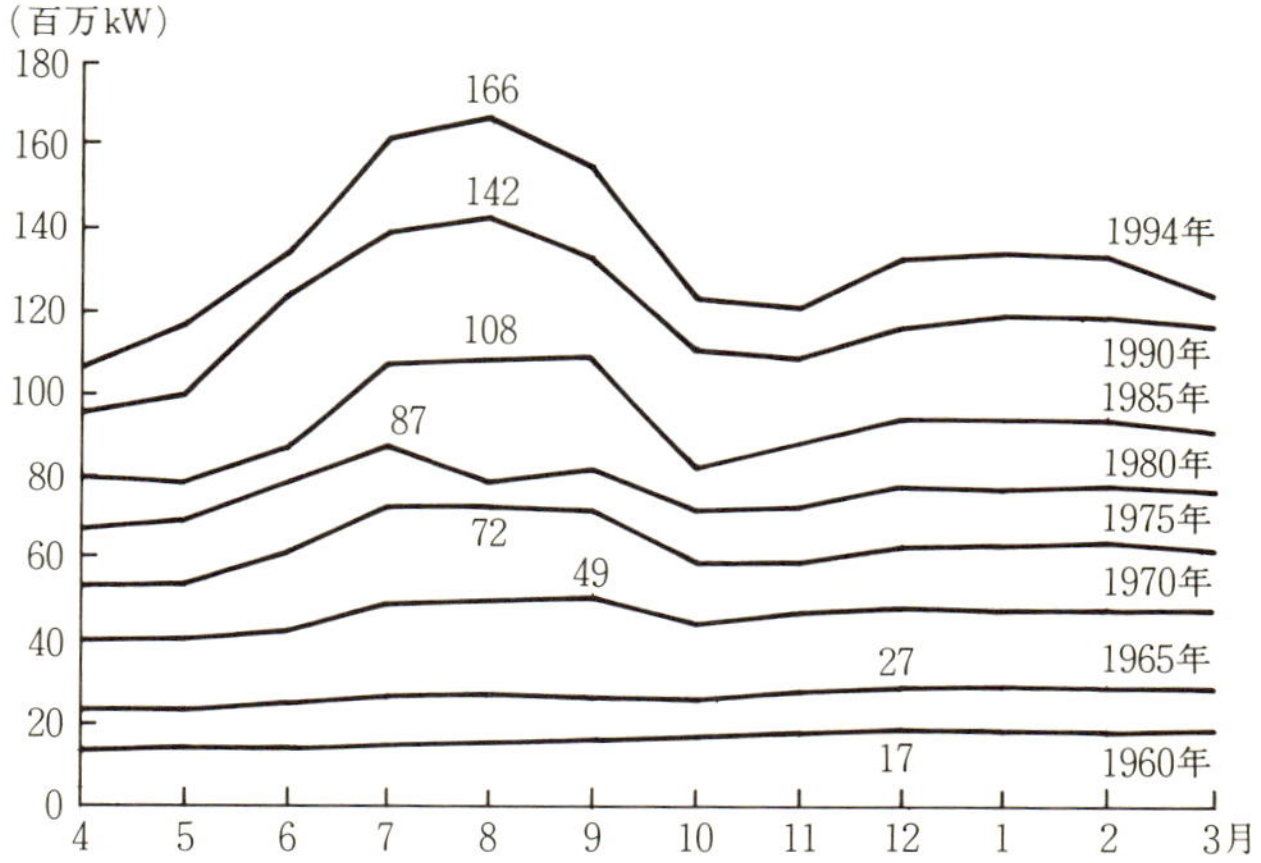

（注）数字は年間の最大電力(9社合計)。最大電力は，月内の最も電力消費の多い連続する3日間の供給電力を3で割った値（最大3日平均電力）をいう。
（出典）山谷修作（1995, p.13)。

下の水準におくことは一見空想的だが、けっしてそうではない。

各月のなかで電力供給が最大となる連続する三日間の平均電力が月別最大電力と呼ばれる。図5・4は、月別の最大電力の変化である。一九七〇年までは、年間をとおしてフラットに近かったが、冷房の普及とともに、年々夏の電力供給が急増していることが一目瞭然である。この一五年間でほぼ倍増し、一〇年間では一・五四倍に増えている。

電力会社は、夏の電力供給の急増に対応するために、他の時期には動かさなくてもすむ発電設備をもたざるをえなくなっており、その分だけ経営効率を下げている。図5・4のように、七～九月の三ヶ月間の電力需要の増大にこたえるためだけに、約三〇〇〇万キロワット分の設備をもたなければならない。日本の原子力発電所の設備容量は一九九四年度末で三七〇三万キロワットだった。したがって、夏の電力需要を冬の電力需要のピーク時並みにおさえることができれば、日本の発電用原子炉は計算上三〇基相当分を停止し、七〇〇万キロワット程度、つまり一〇〇万キロワット原発換算で七基程度にとどめることができるのである。「非原子力化」のための最初のステップは、日本全体の約三〇〇〇万キロワット分のピーク需要をまずこの水準でおさえこむことであり、続いて「脱原子力化」をめざして三〇〇〇万キロワット分の設備を原子力以外の電源でおきかえていくことである。

冷暖房用の電力需要を他のエネルギー源に転換する

電力会社にまずもとめられることは、電力需要にあわせて供給を拡大するというサプライ・サイド（供給重視）の発想が、日本においても破綻しつつあることを認識することである。筆者の住まいの近くに東北電力のデモンストレーション用の施設、オール電化住宅がある。太陽光発電の設備をもち、冷暖房はもちろん、炊事用の火力源としてもセキュリティ管理にも電力を用いるシステムである。一九八八年にオープンしたものだが、現在は事実上公開していない。電力の需給逼迫、新規電源立地難という事態のもとで、電力の需要拡大を意図して発想された「オール電化住宅」というコンセプト自体がすでに陳腐化したからである。もはや電力の消費量が進歩のバロメーターとなる時代ではない。本書で何度も言及してきたようなＤＳＭ（需要管理型経営）への基本方針の転換が不可欠である。電力をいかに無駄なく効率的に使っているかによって、その社会の英知がはかられる時代である。

注意すべきことは、電力需要を抑制することは、直ちに生活水準の引き下げをもとめるわけではないことである。エイモリー・ロビンズが強調するように、もっとも重要なことはエネルギー利用を効率化することであって、「電気万能」の考え方を排することである。高級なエネルギーであり、貯蔵できない電気の消費は、電気でなければできないような用途に限るべきであり、冷暖房に電力をつかうことはきわめて非効率的である。近年の冷暖房機器の普及こそが、電力消費を大きくふくらませている元凶である。ヨーロッパ諸国のように、日本も各家庭で個別に対応するのではなくて、地域冷暖房に本格的に取り組むべきである。

筆者の主張は冷房のない昔に戻れという主張ではない。「快適な冷暖房のためには原発はやむをえない」という主張と、「原発をストップさせるためには暑さも寒さもがまんしよう」という議論とが正面からぶつかりあうのは、生産的でない。原発推進論の側からも、反対論の側からも日本でしばしばなされてきたように「原発か」「豊かさか」という二者択一的な問いかけ方からは、政策論としての成熟はありえない。もとめられているのは、過剰に電気に頼らない「冷暖房」のあり方であり、健康的な「涼しさ」や「暖かさ」を社会的に実現できるようなシステムづくりである。

「再生可能エネルギー最優先」の原則

第四の原則は、「再生可能エネルギー最優先」の原則である。地球温暖化対策への本格的な取り組みとしても、将来世代に対して放射性廃棄物の処理をこれ以上委ねず、エネルギー資源を使い尽くさない

表5・7　日本の再生可能エネルギー導入目標（2000，2010年度）

	1992年度(実績)	2000年度	2010年度
再生可能エネルギー計(1)	113.7万 kl	325万 kl	655万 kl
太陽光発電	0.36万 kW	40万 kW	460万 kW
太陽熱利用(1)	113万 kl	300万 kl	550万 kl
風力発電	0.2万 kW	2万 kW	15万 kW
温度差エネルギー(1)	0.6万 kl	20万 kl	58万 kl

注(1)石油換算した値。
(出典)資源エネルギー庁資料。

ためにも、再生可能エネルギーの活用が最優先されなければならない。前述のように電力供給に関する社会的合意の基礎は、①安くて、②クリーンで、③安定的に供給できる、エネルギー源を重視せよということにある。再生可能エネルギーのネックは、価格である。表5・7は、再生可能エネルギーの普及に関する二〇〇〇年度、二〇一〇年度の政府目標と現在の水準とを対比したものである。太陽光や風力発電の普及に対する日本の助成策は、現状では関係者が「実質的には無策といってよい」と嘆かざるをえない状態であるため、普及の速度は鈍い。けれども以下に述べるように、政府予算の配分を原子力偏重からあらため、助成制度を大きく拡充することで、急速な普及が可能である。

再生可能エネルギーのなかで、日本の地理的・風土的条件からもっとも力点をおくべきは太陽光発電である。日本はそもそも「日の本」である。最大の隘路は価格であり、普及のためには、政府助成の大幅な増額が必要である。太陽光発電はすでに完成したといってよい技術であり、今後の最大の課題は量産化によって価格を引き下げることにある。

(3) 太陽光発電の可能性

五〇〇万戸の太陽光発電で、夏の電力ピークは半減できる

本書ではサクラメント電力公社（ＳＭＵＤ）の太陽光発電への積極的な取り組みなどを紹介したが、夏の電力需要をまかなう切り札として有力なのは太陽光発電である。最近例えば仙台市周辺でも太陽光発電を利用したバス停留所や交通標識、高速道路の緊急電話などが目につくようになってきた。太陽電池メーカーや住宅メーカーの新聞広告、発電施設ではないが、太陽熱で床暖房や夏期の冷房をおこなうパッシブ・ソーラーハウスなどの宣伝もよく見かけるようになった。エネルギー源としての太陽の利用は、九〇年代に入って急速に実用化し、普及がはじまりつつある。

一九九二年度には日本全体の太陽光発電の設備容量は三六〇〇キロワットにすぎなかったが、九五年末までに倍増し七七〇〇キロワットに増大した。しかしそれでも営業区域内の人口が一〇〇万人という（仙台市にほぼ相当する）ＳＭＵＤ一社が保有する設備容量の二倍強にすぎない。表5・7の二〇〇〇年の政府目標の達成は絶望視されている。

太陽というとカリフォルニアというイメージが強いが、日本は世界一の太陽熱温水器の普及国であり、約五〇〇万台が設置されている（一九九三年現在）。石油やガス・電気料金が国際水準に比べて高いために、設備費だけですむ太陽熱温水器の価格競争力があるからである。

現在太陽熱温水器を設置している家庭五〇〇万戸すべてが、標準的な三キロワットの一般家庭用太陽

光発電システムも併設すると仮定すれば、一五〇〇万キロワットの設備容量になる。一〇〇〇万戸が設置すれば、三〇〇〇万キロワットがまかなえる。太陽光発電の最大のメリットの一つは発電量のピークと電力需要のピークが一致することである。太陽光発電は真夏のピークカットのためにもっとも有効な発電方法である。

太陽光発電のメリットは大きい

太陽光発電は、①クリーンで、少なくとも発電のプロセスにおいては無公害である（風力の場合には現段階では若干騒音がある。太陽光発電も厳密に考えれば、製造のプロセスにおいて、太陽電池の基板の原料となるシリコンをつくる際に要する電力消費に対応する「汚染」があり、寿命がきたのちの太陽電池などの設備の廃棄に関わる「汚染」の問題が残る）。②無尽蔵な、しかも③純国産の再生可能エネルギーであることはよく知られているが、それだけではない。

④南向きの屋根や壁面があればどこでも小規模でも可能であり、風力発電などと異なって立地上の制約はきわめて少ない。必要な場所で必要な量だけの発電が可能である。資源の有効利用、環境対策として世帯レベルで実現可能で、効果的な技術である。原子力発電が小回りがきかないことと対照的である。⑤屋根や駐車場、鉄道や高速道路の高架橋、オフィスの窓など遊休地・遊休空間の高度利用になる。したがって、新たな土地代が不要か、無視しうるほど小さい。

⑥燃料供給の必要もないし、可動部分がないから、⑦保守が容易で、無人化が可能である。⑧長寿命

であり、二〇年以上もつとされる。⑨消費地と供給地が一致するから電力会社の送電線とつなぐ系統連結も、つながない独立型も可能である。電力会社とつながない独立型の場合でも、蓄電池の設置で、夜間や雨天時に対応できる。

⑩前述のように電力需要のピークと発電量のピークがほぼ一致するから、夏期のピーク需要の引き下げ策としてもっとも有効である。⑪しかも余剰電力を電力会社に売れることで、家庭やオフィスは省電力を強く経済的に動機づけられることになる。

⑫阪神淡路大震災を契機に太陽光発電への関心が急速に高まったように、太陽光発電設備の設置は災害対策としても有効である。とりわけ自治体、学校、公民館などの公共施設が太陽光発電設備をもつことは、一般市民にとってデモンストレーションの機会となるとともに、地震災害対策としても大きな意味をもつ。

⑬日の出とともに、太陽の位置が高くなるにつれて、電気メーターが回ることで、自分の家で刻々と電気がつくられているのを確認することの心理的満足感は小さくない。エネルギー生産や電力消費が可視化される。一戸あたりの発電量はささやかではあっても、エネルギーを自分の手に取り戻す、自己管理する意味がそこにはある。どこか遠い抽象的な場所で電力を生産し、遠く離れた六ヶ所村に放射性廃棄物をおしつけ、地球を温暖化させ、何代にもわたる未来の世代に対してそしらぬふりをするというような無責任な生活のありように対して、それはどれだけ健全なライフスタイルだろうか。

第三世界に効果的に移転可能な技術

日本ではこれまであまり論議されてこなかったが、設備も技術もシンプルで、維持補修も最低限ですむから、⑭第三世界にも容易に移転可能であり、第三世界での今後の電力需要急増対策としても有効である。とくに前述のように送電網に接続しなくてよいから、大規模な発電施設から遠い地域の電化に効果的である。五七億の人類のうち、約二〇億人は電灯のない生活を強いられている。家庭用の五〇ワットの太陽光発電で、蛍光灯による照明ができ、テレビが見られるようになる。小規模の揚水ポンプの動力源として太陽光発電を用いることもできる。太陽光発電による第三世界の電化への資金援助と技術協力をおこなっているＮＧＯも国内外に存在する[3]。

日本が太陽光発電の普及に本腰を入れることは、太陽電池の価格を大幅に低下させるから、第三世界の電化の促進や地球温暖化対策のうえでも大きな国際貢献となるというプラスの外部効果がある。原発が核拡散の危惧をまぬがれないのに対して、軍事転用の危険もない。最終消費者と近いから、水力発電所や火力発電所などの巨大施設へのＯＤＡにありがちな中間搾取の危険性もきわめて少ない。むろんやっかいな放射性廃棄物の心配がない。等身大の技術として、太陽光発電のメリットは第三世界の人びとに対しても大きく多岐にわたる。

原発は産業革命段階の技術　太陽光は新時代の技術

技術論として興味深いのは、第一に、原理的に発電のスケールメリットがないことである。発電量は太陽電池の設置面積に比例し、発電の変換効率は太陽電池の大小にかかわりなく一定である。スケールメリットがあるのは設置面積が大きくなるにしたがって、直流と交流を変換するインバーターなどの付帯設備や工事費が単位あたり安くなるという設置コストに限られている。原発に代表されるようなスケールメリット追求型の大規模集中型の発電がスケールデメリットを顕在化させて立ち往生している時代にふさわしい技術なのである。

第二に、九五年一二月にナトリウム漏れ事故を起こした高速増殖炉もんじゅを含め原子力発電は、また火力発電も、水を熱して蒸気でタービンをまわして電気をおこすという、熱エネルギーを機械エネルギーに変換し、さらに電気エネルギーに変換する技術であるという点で本質的な差はない。その意味で一八世紀半ばのワットの蒸気機関の延長上にある技術である。蒸気タービンの技術は一九世紀末から二〇世紀初頭に基本的に完成したものであり、その後基本的な変化はない。原子力発電は熱エネルギーのコントロールと取り出し方に関して高度な技術を要するだけで、熱エネルギーを取り出して以降の発電技術自体は原始的なテクニックを用いているのである。産業革命段階的な技術であるといっても過言ではない。熱効率は三〇％程度にすぎず、最新鋭の火力発電所の熱効率四四～五〇％にもはるかに及ばない。熱エネルギーの七〇％近くは捨てられているのである。

これに対し、太陽光発電は、半導体技術がはじめて可能にした、光エネルギーを直接電気エネルギーに変える画期的な技術である。

そもそも地球上のほとんどすべてのエネルギーは、地殻からの地熱エネルギーや核エネルギーをのぞいては、太陽に由来するものである。石炭や石油も、風力も水力もそうである。

カリフォルニア州の電力政策のブレーンだったキャシュマンは新エネルギー財団主催のシンポジウム（一九九五年一二月）のなかで、通信革命とともにこのような「新エネルギー革命」が進行しつつあること、日本は資源小国のコンプレックスを脱してエネルギー政策を大胆に転換し、再生可能エネルギー技術による「二一世紀のサウジアラビア」をめざすべきことを強調した。

太陽光発電に消極的な電力会社

これほどメリットが多いにもかかわらず日本でこれまで太陽光発電の普及がゆるやかなテンポでしかすすまなかったのはなぜだろうか。理由の第一はよく指摘されるように設備の価格が高かったからだが、もう一つの大きな理由は、あまり指摘されてこなかったが、日本の電力会社が太陽光発電の普及にきわめて消極的だったからである。実際、新聞紙上などで太陽光発電の広告をおこなっているのは、太陽電池の製造メーカーと住宅産業であって、電力会社ではない。一九九二年から、長年の懸案だった太陽光発電の余剰電力を電力会社に売れるようになり、九四年度から通産省の一般家庭に対する助成制度がはじまった。けれども現時点ですら、電力会社は受け身的に対応しているといって過言ではない。日本にはアメリカにおける石油メジャーのような巨大なエネルギー資本がないから、本書がこれから述べるような太陽光発電の普及策にもっとも抵抗するのはおそらく電力会社である。

図5・5　日本の太陽電池製造コストの推移と今後の目標（1974～2000年度）

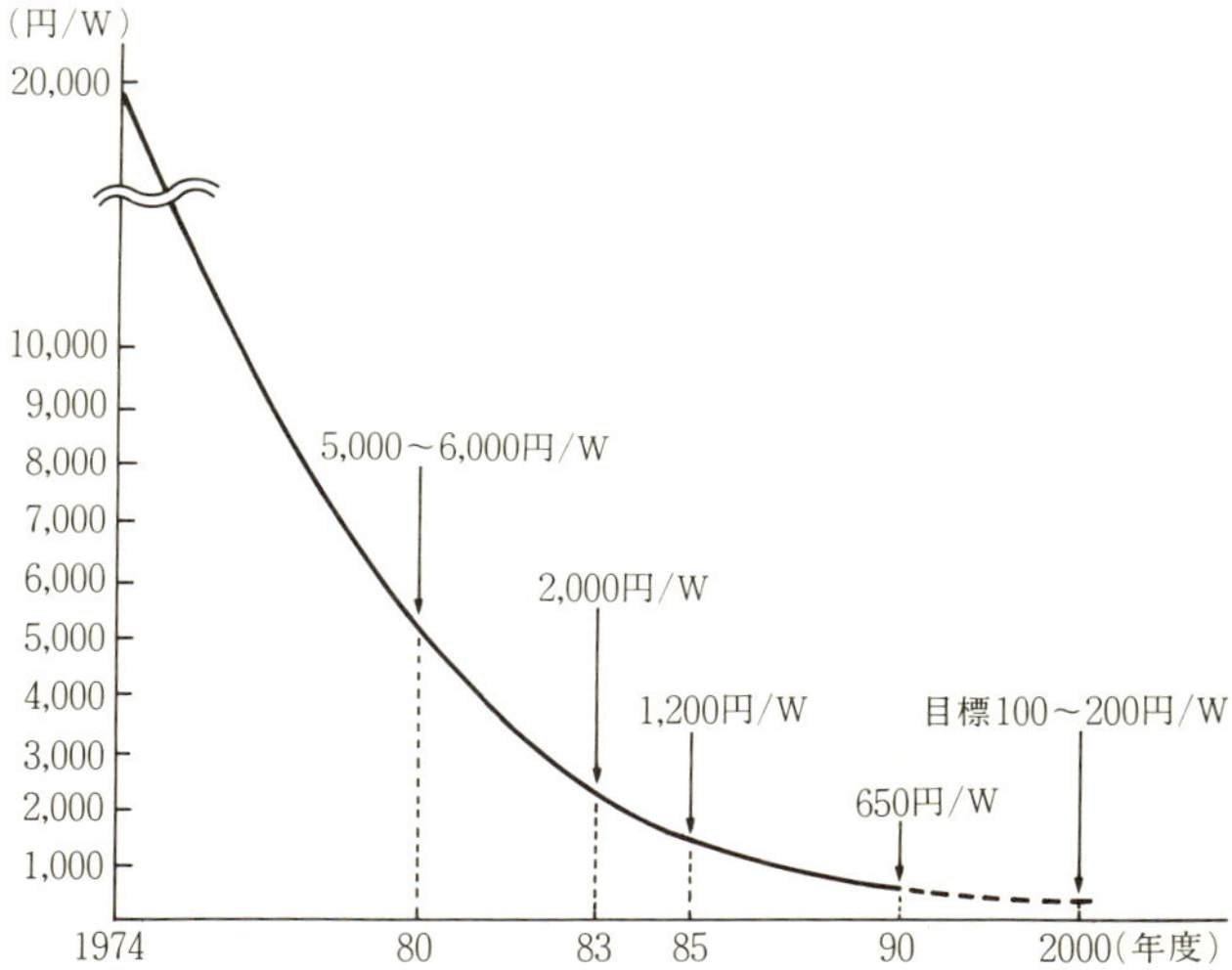

（出典）資源エネルギー庁編（1995, p.52）。

通産省の太陽光発電半額助成制度拡充を

標準的な一戸建て家屋の屋根の面積一二〇平方メートルの四分の一（南向きの屋根の半分の面積に相当）、三〇平方メートル（約九坪）分に三・二五キロワットの太陽光発電の装置を設置すると、一年間に日本海側でも三〇〇〇キロワット時、仙台でも三三〇〇キロワット時、名古屋や大阪などでは三五〇〇キロワット時の発電量が得られる。日本海側をのぞけば、夫婦と子ども二人の平均的な家庭の年間の電力消費量を若干上回る程度の発電実績が全国的に実証されている。

現在は通産省の指導と電力会社の「好意」で、風力発電と太陽光発電については余剰電力を電力会社から買うのと同一価格で売ることができるようになった。したがって一般家庭の年間の電気量をまかなえる三キロワットシステムを設置すれば、年間の電気料金の支払い（年間の電気消費量三二〇〇キロワット時で、キロワット時あたり二五円として八万円）はゼロになる。設備の耐用年数を二〇年とすると金利分を加味しなければ、二〇年間の電気料金を一六〇万円分先払いすると考えてよい。図5・5のように太陽電池の価格は近年急速に安くなっているが、それでもなお一九九五年現在、一般家庭用の三・二五キロワットシステムで工事費込み四六〇万円である。単純計算で三〇〇万円分が赤字になるのである。

一九九四年度からはじまった設備費に対する通産省の半額助成は、この例の場合二三〇万円を助成することで、赤字額を七〇万円に減らして、太陽光発電の普及をはかろうとする制度である。この自己負担する赤字額は年間にならせば三万五〇〇〇円である。月額約三〇〇〇円を「グリーン価格」として、太陽光発電の普及のために、地球温暖化対策と脱原子力化をすすめるためにボランティアとして寄付しているのだと考えればいい。地球温暖化対策や脱原子力のために個人の力でできることは限られているが、月額三〇〇〇円程度の負担でクリーンな地球の未来のために貢献できるのである。地震災害などによって、電気がストップした場合に備えての世帯レベルでの災害対策という意味ももちうる。耐用年数をメーカー側のいうように二五年とすれば、年間の赤字額は一万二〇〇〇円にとどまり、節電につとめて年間で余剰電力四八〇キロワット時以上を電力会社に販売できれば、ペイすることになる。現在のように金利が安く、今後電気料金の値上がりが予想されるような状況では新築時に太陽光発電設備を付けることは、経済的な意味でも合理性があるのである。

助成の財源はわたしたちの電気料金

実際通産省の半額助成制度の人気は高く、九五年上期は六〇〇〇件の助成枠に対して応募者は八倍を越えたほどである。データを収集するモニター制度のかたちをとっており、各県別に抽選をおこなっているため、応募者も、当選者も、特定の地域に偏ることなく、北海道や東北・北陸地方を含め全都道府県に及んでいる。

この制度は九〇年からはじまったドイツの「ルーフトップ一〇〇〇プログラム」をまねたものだが、助成件数は全国で九四年度が五七七件、九五年度が上期六〇〇件、下期四二三件と微々たるものである。九六年度予算案では総額約四一億円、助成の上限を一キロワットあたり五〇万円として、約二〇〇〇件の助成が見込まれている（システム価格の低下に対応して、一キロワットあたりの上限は九四年度が九〇万円、九五年度が八五万円と下がっている）。太陽電池業界は、応募件数は一万二〇〇〇件程度と予想している。太陽電池メーカーや有力住宅メーカーは、政府の補助事業から落選したものをターゲットに、ほぼ同額分をメーカーが助成する独自の支援事業をはじめている。このように、住宅用太陽光発電への関心は年々高まっている。

太陽光発電の設備費を金利分や電気料金の値上がり分を加味せず二〇年分の電気料金とペイさせるためには工事費込みの設備費が一六〇万円以下に下がればいい。一〇〇万円以下に下がれば、急速に普及するだろうと見られている。

設備費を下げるためには助成枠を大幅に拡充することである。新聞やテレビがこの助成制度を紹介する記事でも、なぜか財源に触れることはほとんどないが、実は全額わたしたちの電気料金である。国が電力会社から徴収し、電気料金の明細書でも何も記されていないために、消費者は通常意識しないが、電気料金を支払う際キロワットあたり四四・五銭（電気料金の約二％相当）の電源開発促進税を払っているのである。

新エネルギー予算は原子力予算の一〇分の一

この制度はオイルショック後の一九七四年に、原子力発電所の建設促進などを目的に創設された日本独特のものであり、原発建設のアメとして使われる電源三法交付金の原資でもある。電気料金の二％相当分の電源開発促進税を積み上げた「電源開発促進対策特別会計」の税収全体は年間四五二六億円（一九九五年度）にも達するが、その六割は原子力推進のために使われている。日本政府の原子力関係の予算は一般会計が一九一七億円、この特別会計分が二五五三億円で、科学技術庁と通産省分をあわせて合計四四七〇億円（一九九四年度）にも達する。国民一人あたり年間三七二五円も、原子力発電のために負担しているのである。

これに対して太陽光や風力などの新エネルギー関係の予算は、特別会計分の四五五億円にとどまっている。原子力予算のちょうど一〇分の一にすぎないのである。太陽光発電には一四五億円、そのうち住宅用太陽光発電の助成事業に使われているのは九五年度でわずか三三億円である。日本のエネルギー政策が極端に原子力偏重であることは、この点にも端的に示されている。

原子力予算のわずか六・五％で、年間一・二万件の太陽光発電の半額助成が可能

電源多様化勘定のなかの原子力開発費二九二億円、原子力予算のわずか六・五％を住宅用太陽光発電の助成事業にふりむけるだけで、現在の一〇倍規模以上の半額助成が可能になる。太陽電池メーカーが予想する九六年度の応募総数一万二〇〇〇件すべてに対して一件平均二四〇万円の助成ができるのである。

太陽光発電の設備費は、工事費込みで半額助成制度の二年目に前年比二〇％以上も下がった。五五〇件程度の助成でもそのインパクトはこれほど大きかったのである。ヒトケタ多い年間一万件程度の大枠の助成となればコストダウン効果はきわめて大きく、早期に一四〇万円代、一〇〇万円代へと下がっていくだろう。日本政府が本格的に太陽光発電に取り組みだしたとして、世界的にも大きな反響を呼ぶだろう。筆者は九四年四月にフランクフルトにあるドイツの電気事業連合会をたずねた際エレベーターのなかで、たまたま乗り合わせたドイツの電事連会長から、通産省の補助事業に対してどの程度の応募件数があるだろうか、とたずねられたことがある。日本がどの程度本格的に助成事業に取り組むのか、市民の反応はどの程度か、国際的な関心の高さを物語るものである。

しかもこの半額助成は、設置費が三キロワット前後の標準的なシステムで三〇〇万円代を割った時点からは、設置者が余分に負担する「グリーン価格」分のみを助成することに切り替えてもいい。そして二〇年分の電気料金に相当する一六〇万円を割った時点からは助成を打ち切るのである。太陽熱温水器

は設置費用が工事費込みで三〇～八〇万円代で五〇〇万台普及した。この実績からみれば、一〇〇万円以下に下がったとき太陽光発電は急激に普及するだろう。

同様の論理で、民間の事業所や学校などの公共施設の太陽光発電設備に対しても、各設置者が二〇年間の電気料金の支払い分を超えて負担する「グリーン価格」分相当を助成すべきである[4]。

太陽光発電のポテンシャル

電力中央研究所の試算によれば、「種々の制約条件を考慮した上で、実際に設置可能な普及規模」は日本全体で二四七四万キロワット、そのうち住宅で設置可能な規模は八三三万キロワットである[5]。現在の原子力発電の設備容量三七〇三万キロワットの約三分の二にあたる。太陽光発電は前述のように、電力需要のピークと発電量のピークがほぼ一致するから、夏期のピーク需要の引き下げ策にもなる。南向きの屋根や壁面であればどこでも小規模でも可能であり、立地上の制約が少ない。

かりに年間四四七〇億円の原子力予算全額を太陽光発電にふりむけたならば、九五年の三キロワット設備価格で計算して、全額国庫負担で三〇万キロワット、半額助成で六〇万キロワット分の太陽光発電設備をもつことができる。しかも原発の建設に着手から運転開始まで一〇年以上もかかるのに対して、太陽光発電の設置に要する時間は数ヶ月程度であろう。ネックになるのは太陽電池の材料になるシリコンの供給量の不足である。

筆者は太平洋と仙台市街を東南方向に見おろす高台に住んでいる。通勤や散歩の途中、眼下の家々があまねく太陽電池でおおい尽くされる日を想像するのは楽しい空想である。

太陽光は純国内エネルギーだからかりに原子力発電の設備容量三七〇〇万キロワット分を全面的に太陽光発電におきかえた場合、エネルギー自給率は一〇％程度向上する。核燃料サイクル計画よりよほど実効的ではないか。

日本型アーヘン・モデルの可能性

太陽光発電の普及方法としては、半額助成の予算額を原子力開発費から振り分けて九五年水準現在の九倍程度二九〇億円に増やすという私が本書で提案した案のほか、一橋大学の栗原史郎教授が提唱しているように、ドイツのアーヘン市で実施している「アーヘン・モデル」を採用する案が考えられる[6]。

提案の骨子は、①現在電気料金の約二％相当の電源開発促進税を電気料金の一％分だけ値上げし（値上げ幅は一般家庭で月額一〇〇円程度）、この税収年間約一四〇〇億円を、新設する再生可能エネルギー普及促進勘定の財源とすることで、約三三万戸設備容量一〇〇万キロワット分（二〇〇〇年の政府目標の二・五倍相当）の太陽光発電の導入が短期間に可能になる。②太陽光および風力発電からの余剰電力は現在売電価格と同額で（平均キロワット時当たり約二五円）、電力会社が買うことになっているが、この財源をもとに太陽光発電の現在の発電単価相当額で（同教授の試算では、九四年度の設備価格で太陽光の場合金利（五・五％）分を含め同一七〇円）今後二〇年間買い取ることを保証するというものである。

半額助成制度では、初期導入者ほど割高のシステムを買うことになり、経済的に損をすることになる。電力会社も、太陽光発電の初期導入者も経済的に損をしないように、コスト分と市場価格との差額、この試算ではキロワット時あたり一四五円分を消費者がひろく薄く負担することで補填しようという原理である。こうして初期導入者を大幅に拡大しようという案である。

電気料金の一％相当の値上げという考え方は、環境税や北欧が実施しているような炭素税と近い考え方である。それによって太陽光発電システムの「グリーン価格」分の設置費用を市場機構のなかに内部化しよう、初期導入者を不利化しないというアイデアは経済学的には筋がとおっている。ただしアーヘン・モデルの案では、差額分が税金で補填されるとはいっても二重価格的になる、しかも購入価格と売電価格の差が大きい（右の試算では六・八倍）ことから、また二〇年間買い取り価格が固定される点で、この案に対しては電力会社の抵抗が強く、合意が得にくい可能性がある。電力会社の買い取り価格はいじらずに、電源開発促進税の税収の配分比率を変えて、助成件数を一〇倍にするという私の案の方が、通産省のイニシアティブのみで可能であり、実現は容易ではないのか。

原子力発電全廃、二酸化炭素排出量三割削減のシナリオ

このような原則にしたがって、①プルトニウム利用計画と核燃料サイクル計画を中止し、②原子力発電所の新増設を中止したうえで、③エネルギー利用の効率化技術を駆使し、コジェネレーションなどの自家発電、地球温暖化への影響の少ない天然ガス火力発電を重視し、太陽光発電の普及をはかること

で、経済成長や生活水準への影響をミニマムにおさえつつ段階的に既存の原子力発電所を閉鎖していくことは十分可能である。

なお本書では、エネルギー需要全体の抑制という問題にはあえて積極的にふみこまなかった。地球温暖化防止のために温室効果ガスの濃度をさらに引き下げるためには、経済成長率を政府見通しよりもおさえ、エネルギー利用の効率化を徹底し、エネルギー需要全体を圧縮することが不可欠であろう。この点に関しては、二〇一〇年のGNP規模を一九九〇年並みに、一次エネルギーの供給量を九〇年水準の三分の二に抑制し、供給電力量を二五％削減すれば、原子力発電を全廃したうえで、二〇一〇年までに二酸化炭素排出量を九〇年比で三割削減できるという提案を、他のシナリオとの比較のうえで市民エネルギー研究所『二〇一〇年日本エネルギー計画』（一九九四）がおこなっている。

（４）国家の電力　対　市民の電力

電力会社分離分割による消費者主権の回復

エネルギー利用の効率化、電力消費量の抑制、節電技術の向上、コジェネレーション、天然ガスの重視、太陽光発電などの組み合わせによって原発を不要にしていくという本書のシナリオにたちはだかる最大の壁は、電力会社であろう。本書の主張にしたがえば、電力会社本体の発電設備への投資は、天然ガス火力発電所の増設や電力会社自身が設置するコジェネレーション設備や太陽光発電設備の設置以外は、抑制せざるをえないからである。太陽光発電とコジェネレーションは本来自家発電用の設備だから、これらが普及すれば、それだけ電力会社の販売電力量は減ることになる。一九九二年度の発電電力量に占める原子力の割合は二八・二％だった（図5・1）。かりにこれがすべて自家発電におきかえられたとするならば、電力会社の販売電力量も二八・二％低下する。前述のように社会的にどんなに合理的で、自給率の向上などメリットが多くても、シェアが三割近く減るというストーリーを電力会社は承服しまい。

そもそも電力会社の地域独占と地域支配こそは、原発を支えてきた社会的装置でもある。カリフォルニア州の規制緩和政策が最終的にめざしているように、既存の巨大電力会社を解体し、その市場支配力を弱め、電気事業に消費者主権を回復することは、小規模分散型発電の時代にふさわしい電力供給のあり方である。発電のスケールメリットが失われ、むしろスケールデメリットが顕在化しつつあるいま、発電・送配電一貫型の地域独占の電力経営を正当化する経済的・技術的根拠は解体しつつある。むしろ巨大化した電力会社の弊害があらわになっているのである。

電力会社の抵抗を排して、需要家が、消費者や市民がコントロールできるような電力会社に経営方針を大転換させるためには、電力会社の分離分割問題を避けてとおることはできない。

国家の電力　対　市民の電力

国際的にみると、現在強力に原発を推進しているのはフランス、韓国、中国、台湾といずれも基本的に国営もしくは国営的な電力会社である。対するに、サクラメント電力公社や、前述の太陽光発電の余剰電力を約十倍の値段で買うドイツのアーヘン市のエネルギー水道供給公社をはじめ、環境団体などとコラボレイションをおこないながら、再生可能エネルギー普及とエネルギー利用の効率化のために多様な実験をおこなっているのは、いずれも地方自治体レベルの小規模・中規模の公社である。

図式化すれば、〈国家対市民〉という軸のもとで、国家の位置に近い電力ほど旧来の電力経営を志向し、硬直的で大型の設備投資を、つまり原子力発電を好み、市民・環境団体に近い電力ほど脱原発と再生エネルギーに熱心である。この図式は九〇年代に入ってますます明確化しつつある。

電力会社の分離分割は脱原子力のワン・ステップ

図5・6は二一世紀の日本の電力供給体制に関する筆者の提案である。①既存の電力会社は、基本的に配送電を担当する配電会社と発電部門の発電会社とに分離する。②各消費者へ電気を直接供給する配電部門は、地域独占とする。③配電会社・発電会社とも南東北と北東北のように数県からなるブロック単位で、例えば道州制などに対応して地域割りで分割する。東北電力の場合には、2×2で4分割するのである。世界最大の民営電力会社東京電力も、北関東・南関東・東京配電会社および幾つかの発電会社に分離分割するのである。④発電部門は完全に自由化し、一定の条件をみたせば誰でも参入できるものとする。⑤消費者は発電会社と電力の売買を契約し、配電サービス会社をつうじて電力の供給を受ける。つまり、現在遠距離電話サービスに関して、NTTの受信設備を利用しながら、わたしたちがNT

図5・6　200X年の日本の電力供給図（ダイレクト・アクセス方式）

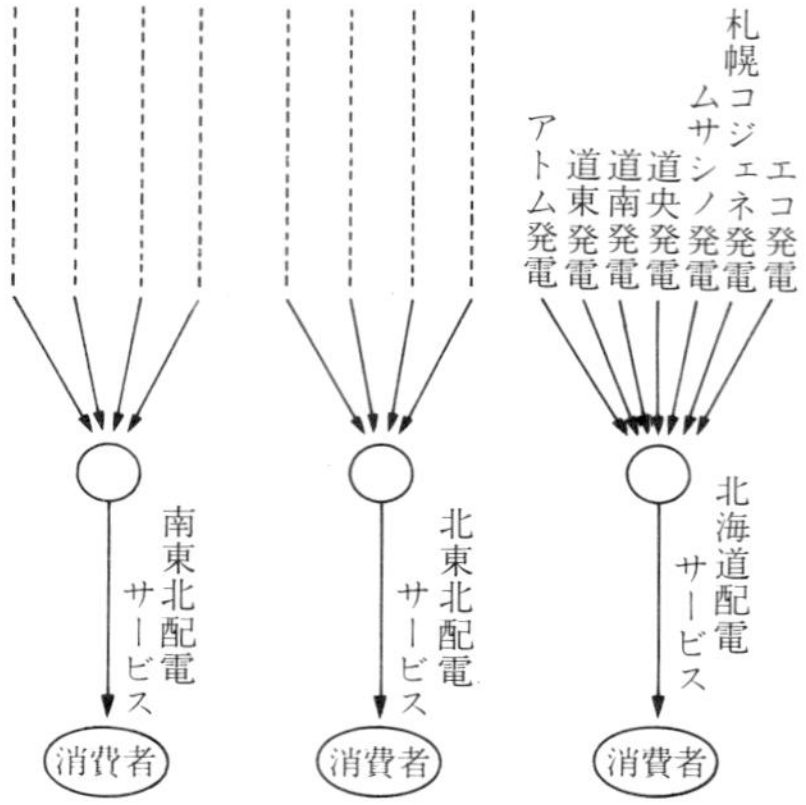

（例）各電力会社は発電部門と送・配電部門を分離し，それぞれ地区別に2～3分割する。消費者は発電会社を自由に選択し，配電サービス会社の送配電網をつうじて電力を売買する。

図5・7　200X年の日本の電力供給図（電力プール方式）

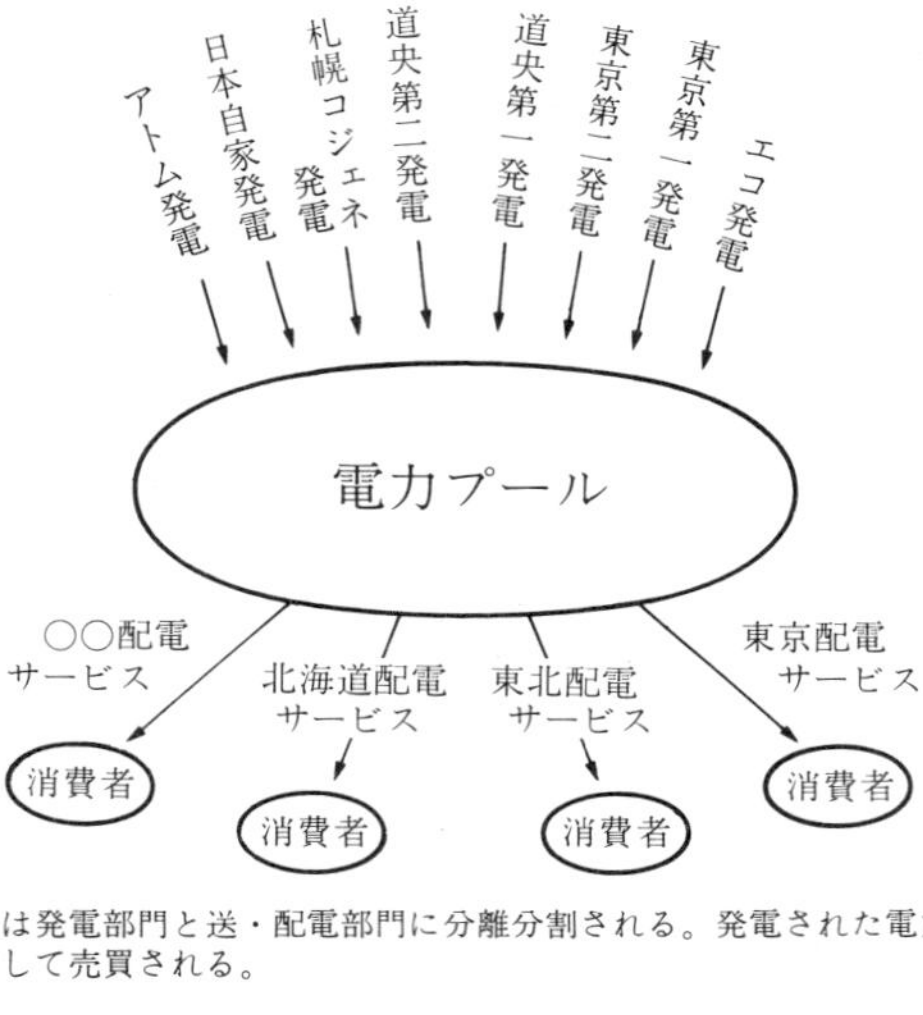

（例）各電力会社は発電部門と送・配電部門に分離分割される。発電された電力はすべて電力プールをとおして売買される。

Ｔと〇〇七七、〇〇八八など第二電電各社のサービスを選べるようなしくみに近づけるのである。

このような供給体制はダイレクト・アクセス方式と呼ばれる。そのねらいは、消費者自身が発電会社のサービスとポリシィを選べるようにして、巨大電力会社体制のもとで失われていた消費者主権を回復することにある。

太陽電池や風力発電設備の設置者は、再生可能エネルギーの電力を高く買ってくれる「エコ発電」と契約する。エコ発電は消費者の支持を得てどんどん大きくなる。原発への依存度の高い「北関東発電」はコスト高と消費者離れによって、次々と原発を減らし、原発全廃を迫られる。空想じみてきこえるかもしれないが、巨大電力会社の分離分割・解体は脱原発を実現させるためのもっとも現実的な近道だろう。大企業や事業主など電力の大口消費者も、このようなダイレクト・アクセスを歓迎するはずである。

一方図５・７はイギリスの電力プール方式を日本にあてはめたものである。この場合も各電力会社は分離分割され、電力プールをとおして電力を売買することになる。日本の電力会社が今後もっとも警戒せざるをえなくなるのは、このような電力分離分割論の台頭であろう。

通産省や日本の電力会社はカリフォルニア州を先頭とするアメリカの電力規制緩和の行方を注視している。規制緩和論の台頭のもとで、電力会社もまた、現在ＮＴＴが当面しているように、料金引き下げ（買電価格の引き上げ）か、分離分割か、という社会的圧力に晒されるはずである。規制緩和はむろん万能薬ではない。一般に強者の支配につながりやすいことを忘れてはならない（第４章第２節）。電気料金の地域間格差が生じないようにするためには、カリフォルニア州のような電力プールとの併用システム（プール方式では全国均一価格となる）がベターかもしれない。電力のような独占事業においては、独占をあらため分離分割することが、需要家と呼ばれてきた消費者の主権を取り戻し、消費者の意思がより反映するような電力政策を実現させる具体的な方策となりうるのである。このような社会的圧力のもとで、電力会社は、消費者の意向に対して、消費者の期待するサービスに対して敏感にならざるをえなくなる。もはや核燃料サイクル計画や原子力発電に固執する余裕はなくなるのである。

二一世紀を目の前にして、日本が選択すべき道は明らかである。「技術立国」として日本が生き残るためにも、〈原子力幻想〉を脱して世界に先駆けて太陽光発電の普及に本格的にのりだし、太陽光発電や風力発電によってエネルギー自給率の低さを克服し、太陽光発電と関連産業の技術力によって「二一世紀のサウジアラビア」をめざすべきである。

核燃料サイクル路線からの早期撤退、原子力発電の新規着工の凍結、工事中止という意味での「非原子力化」、既存の原子力発電の全廃という意味での「脱原子力化」に向かって、エネルギー・電力政策の大転換を急がねばならない。それは東アジアの非原子力化・脱原子力化につながり、国際平和に資し、第三世界の電化を促進し、地球温暖化対策への大きな貢献となるだろう。日本が地球温暖化対策のリーダーとして国際的な尊敬をかちえ、かつ二一世紀の技術立国、電子立国として生き続ける道である。

エピローグ　原子力時代の暗い影

「一瞬としての原子力時代」

一九九六年はチェルノブイリ事故から一〇周年の年であるとともに、イギリスで世界初の原子力発電が臨界に達してから四〇周年の年でもある。

高度経済成長期、「原子力の平和利用」のかけ声のもとで、原子力は「夢の技術」とされ、日本でもアメリカでもヨーロッパでも、バラ色の期待が抱かれた。例えば、手塚治虫の人気漫画「鉄腕アトム」は一九五二年から六八年まで連載され、六三年には最初の国産テレビアニメとして放映され好評を博した。鉄腕アトムは原子炉を内蔵したロボットである。その妹「ウラン」とともに「アトム」というネーミング自体が、当時の希望的な原子力イメージをシンボライズしている。当時原子力は進歩と豊かさの代名詞だったのである。しかし四〇年目の現実はどうだろうか。

一九九四年版の『原子力白書』は「一瞬としての化石燃料時代」という表題の図を掲げ、「化石燃料は産業革命以降、急速にエネルギーの主流となるものの、歴史的には比較的短期で枯渇し、その後は原子力・新エネルギーが主流となる」と説明している（同書一七頁）。しかし二一世紀に原子力が主流になるとみる立場は、国際的には年を追って影が薄くなりつつある。

本書が明らかにしてきたように、原子力発電は冷戦と高度経済成長の時代が要請し、一九八六年のチェルノブイリ事故を契機に、そして一九八九年を一大転換点として、急速に陳腐化しつつある技術である。化石燃料時代よりはるかに「一瞬」の技術だったのである。

世界の原子力産業の悩みの一つは後継者難である。原子力の実状が明らかになるにつれて、原子力はもはや優秀な若手をひきつける魅力的な仕事とは映らなくなってきた。世界一の原子力大国をめざす日本においてさえも東京大学は一九九二年度に原子力工学科をシステム量子工学科に変更、東北大学も一九九六年度から原子核工学科を量子エネルギー工学科に変更、京大はすでに改名し、一九九七年度以降も原子力系の名称の学科を残すのは国立大学では北海道大学と九州大学のみになる見通しである。東北大学の場合、原子核工学科は三四年間の歴史だった。おそらく今世紀中には、日本のすべての大学から原子力系の名称の学科は消えるだろう。「一瞬としての原子力時代」の何よりの証左である。

しかし、「一瞬としての原子力時代」がもたらした負の遺産とも言うべき放射性廃棄物の処理問題に、人類は「永遠に」つきまとわれることになった。

原子力発電の永遠の暗い影

ランチョ・セコ原子力発電所はいまもなお、そしてこれからも長くサクラメント電力公社（ＳＭＵＤ）とサクラメントの住民たちに暗雲を投げかけている。第2章第2節末尾で述べたような廃炉化の費用の膨大化と、現在、同原発内の使用済み燃料の貯蔵プールで管理されている使用済み核燃料をどのように処理すべきかという難題である。アメリカでも使用済み核燃料の処分場の立地は難航している。Ｓ

MUDでは、ランチョ・セコ原発の敷地内に貯蔵施設（dry storage）をつくり、そこに移管することを計画している。よそにおしつけず、サイト内で処理するという点では反原子力運動組織からも評価されているが、使用済み核燃料は半永久的にここに残ることになる。

九四年四月から五月にかけて、ランチョ・セコ原発の敷地に、低レベル放射性廃棄物貯蔵施設を立地する話や青森県が六ヶ所村に誘致しようとしている国際核融合炉の実験炉（ITER）を誘致する話などが持ち上がった。SMUD理事会やランチョ・セコ原発閉鎖運動の元リーダーらの反発、サクラメント・ビー紙の批判によってすぐに立ち消えになったが、ランチョ・セコ原発の敷地は原子力産業や原子力関係者の格好のターゲットであり続けている。

一九六四年安価な電力を夢見て計画がスタートしたランチョ・セコ原発の悲劇は、SMUDとサクラメントの人びとに対して、あたかも呪いのように、今後も長く重く暗い影を落とし続けているのである。むろんその影は、世界中のすべての原子炉に共通する運命でもあり、人類全体に対する呪いでもある。日本でも茨城県東海村にある日本初の商業用原子炉東海一号機が九六年七月で営業運転開始から三〇年を迎える。九五年末現在稼働中の四三七基、世界中のどの原子炉もいずれは寿命を迎えて廃炉化せざるをえない。

半減期二万四〇〇〇年のプルトニウムをはじめ、使用済み核燃料、放射性廃棄物の管理という課題は、恐らくは人類そのものの歴史を越えて半永久的に残り続ける。二〇世紀後半の歴史は、核戦争の恐怖におののく歴史でもあったが、二一世紀は、かりに日本やフランスや韓国、中国を含む世界中のすべての国が早期に脱原子力を達成しえたにしても、現在ロシアの老朽化した原潜問題で表面化してきたような放射能汚染の脅威におびえ続ける歴史となるだろうことは疑いない。例えばチェルノブイリにおいてであり、イギリスのセラフィールドであり、フランスのラアーグであり、アメリカのハンフォードであり、ランチョ・セコである。そして日本の青森県六ヶ所村においてであり、また全国一七ヶ所、五一基の商業用原子炉の周辺地域においてである。それは二〇世紀後半の人類の選択がもたらした永遠のツケである。

註

プロローグ

1　Dick Schmidt へのインタビュー（一九九三年三月一〇日、サクラメント市）による。以下、インタビューの場所は、サクラメント市の場合は省略する。

2　一九九一年四月におこなった郵送調査（第2章第2節註17参照）のうち、市民運動SAFEの活動層を対象者とした調査（調査B）への回答から。質問文は「一九八九年六月七日朝、住民投票の結果、ランチョ・セコ原発が閉鎖したときあなたはどう感じましたか（自由回答形式）」。

3　四〇歳代前半のパート・タイムの小学校教師の回答から。

4　Martha Ann Blackman へのインタビュー（九一年三月二〇日）による。

5　筆者はこれまでもっとも原語 Sacramento Municipal Utility District のニュアンスに近い「サクラメント公営電力局」の訳語を用いてきたが、組織としての独立性が明確になること、日本語としてこなれていて読みやすいことから、本書では「サクラメント電力公社」を採用した。「サクラメント市電力公社」（フレイビン、レンセン（一九九四＝一九九五）での訳語）や「サクラメント市営電力局」（『原子力白書』一九八九年版、一〇頁）などの訳もあるが、第1章第2節で詳述したように市営ではない。municipal を機械的に「市」「市営」と訳すのは誤りであり、ここでは「地方自治体の」という意味の形容詞である。

6　キャシュマン「二一世紀のエネルギービジョン」（一九九五）一二頁。「新エネルギー革命」も、かれの言葉である。同様の趣旨を、フレイビン、レンセン（一九九四＝一九九五）は「エネルギー革命」と呼んでいる。

7　Amory Lovins へのインタビュー（九三年三月一五日、コロラド州スノーマス）による。

8　筆者の気づいた範囲内でもそのほか以下のとおりである。日経サイエンス編集部「太陽電池のすすめ」（一九九九一）、古沢広祐『地球文明ビジョン』（一九九五）、朝日新聞一九九五年八月一一日付など。

9 「非原子力化（de-nuclearization）」という言葉は、Hunter Lovins に本書の構想を語った際教えられた（九三年三月一七日、同上）。ここでの規定は筆者があらためて定義したものである。

10 むつ小川原開発および核燃料サイクル施設について、船橋晴俊（法政大学）、飯島伸子（東京都立大学）との共同研究をおこなってきた。地域開発研究会『むつ小川原開発と核燃料サイクル施設』（一九九五）参照。

第1章第1節

1 ゴールドラッシュに関する経緯は、Dillinger, William C., *The Gold Discovery*, 1990. などに依拠した。入手容易な邦語のものとしては、越智道雄『カリフォルニアの黄金』（一九九〇）がある。

2 Robert Kloss および John Kloss へのインタビュー（一九九三年三月八日）による。

3 Gamson, William A., and Andre Modigliani, "Media Discourse and Public Opinion on Nuclear Power",1989.

4 前掲越智道雄（一九九〇、一〇—一一頁）からの再引用。

5 大陸横断鉄道とサザン・パシフィック鉄道株式会社に関する経緯については Bean, Walton and James J. Rawls, *California*, 1988. などに依拠した。

6 カウンティと市についてはBell, Charles G. and Charles M. Proice, *California Government Today*,1992. に依拠した。

第1章第2節

1 アメリカの電気事業について、また主要国の電気事業についての邦語の解説および資料としては、海外電力調査会『海外諸国の電気事業　第一編』（一九九三）が網羅的である。ただし原子力に重点がおかれ、再生可能エネルギーの扱いが小さいなど、日本の電力会社サイドのバイアスがある。アメリカについては記述の中心は民営にあり、本書が重視するような公営電力の意義については触れていない。

公営電力の意義を高く評価し、公営電力と民営電力との対抗関係に焦点をあてたアメリカの電力事業の歴史的な分析としてはルドルフ、リドレー『アメリカ原子力産業の展開』（一九八六＝一九九一）がある。

2　ドラッカー『非営利組織の経営』（一九九〇＝一九九一）、サラモン『米国の「非営利セクター」入門』（一九九二＝一九九四）などを参照。

3　特定事業公社については、Bell and Proice（1992, pp. 297-298）による。

4　ＳＭＵＤの経営のしくみについては、総裁 David Freeman（一九九一年三月七日）、理事の Ed Smeloff（九一年二月二一日、九三年三月四日）、同じく理事の Peter Keat（九一年二月二一日）、サクラメント・ビー紙記者 Doug Dempster（九一年三月七日、九三年三月三日）へのインタビューなどによる。

5　ＳＭＵＤの歴史的変遷のうち発足の経緯から一九六〇年代まではおもに、Ward, Ruth Sutherland, "*...For The People*", 1973. のⅠ～XII章に依拠した。同書は、ＳＭＵＤの創設五〇周年を記念してつくられた『サクラメント公営電力局史』であり、著者は同社の元社員である。また同社の *Annual Report* 各年版を参照した。Coleman, Charles M., *P.G. and E. of California*, 1952.はＰＧ＆Ｅ社サイドからの歴史である。

第2章第1節

1　*Sacramento Bee*, 1986. 12. 29 付による。

2　前掲 Ward（1973, p. 77）による。

3 *Sacramento Bee*, 1979. 4. 10付による。

4 SMUD, *SMUD Report on Future Generation*（1976.1.8付）。

5 知事は州議会を通過した法案に関する拒否権をもっている。前知事レーガン（のちの大統領）であれば、拒否権を発動して同法案は葬られたはずである。California's Nuclear Safeguards Act の成立過程に関する研究としては、平林祐子「カリフォルニア州原子力安全法の成立過程」（一九九三）がある。

6 元ＳＭＵＤ総裁 Richard Byrnへのインタビュー（九一年四月二八日、ワシントン市）による。

7 前掲 Doug Dumpster 記者へのインタビュー（九一年三月七日）による。

第2章第2節

1 Homer Ibser 教授へのインタビュー（一九九一年三月二二日）による。同教授は"Living with Nuclear Energy"という物理学の講義を一九九〇年春学期まで続けてきた。

2 初期の運動および一九七六年の選挙制度改革の意義については、民主党州下院議員秘書 Pat McDonald へのインタビュー（九三年三月九日）およびカリフォルニア州立大学教授で労働社会学および環境社会学を担当するRobert Klossへの前掲インタビューによる（同三月八日）。同教授（写真2）は、ランチョ・セコ原発問題をもっとも初期から観察し支援してきた一人であり、ＳＡＦＥのアドバイザリー・ボードのメンバーでもあった。かれは一九七六年以前を「社会運動ポリティクスの時代」、七六年以後を「政党運動の時代」と整理している。

3 前掲 Blackmanへのインタビュー（九一年三月二〇日）による。

4 以下ＳＡＦＥの運動とイニシアティブについては、註3のインタビューおよび代表Michael Remy へのインタビュー（九一年三月七日）による。

5 Ed Smeloff（一九五〇年生）は、七歳のとき、ペンシルバニア州から移住してきた。父は心臓外科医で、祖父の代にロシアから移民した。SMUDの理事選挙には八二年に初挑戦し、八六年以来三期理事をつとめている。八七年六月からランチョ・セコ原発の閉鎖を主張しはじめた。本職は、妻とともに保健衛生のコンサルタントである。また友人たちと世論調査会社を共同経営している。カリフォルニア大学デービス校のロシア語科を卒業し、行政学の修士号ももつ。一九六〇年代の反戦リベラリズムの信奉者で、ベトナム戦争下、国防総省秘密文書を暴露して反戦を訴えたエルズバーグ博士を尊敬している。ランチョ・セコ原発の運転継続派からは、元反戦活動家と非難されている。九二年に州下院議員選挙に立候補したが落選した。前掲 Ed Smeloff へのインタビューによる。

6 Campaign California のサクラメント・オフィス事務局長 Bob Mulholand（九一年三月八日）および同グループの Ralph Brave（九一年三月二日、九三年三月二日）へのインタビューによる。

7 League of Women Voters of Sacramento 会長 Judy Painter へのインタビュー（九一年三月一一日）および同団体のエネルギー・コンサルタントで、SMUD理事 Wendy Reid へのインタビュー（同一月一〇日）による。

8 Kriesberg, Joseph, *Shutdown Savings*, 1988.2; Boley, Kenneth, *Sacrificing Safety*, 1988.5; 同, *Nuclear Lemons 2nd ed.*, 1989.5.「クリティカル・マス」グループはこのように、ランチョ・セコ原発の運転再開、第一回住民投票、第二回住民投票という重要な節目ごとにランチョ・セコ原発問題に関するこのような詳細なレポートを発表した。

9 例えば一九九〇年一一月の中間選挙時カリフォルニア州では四〇近い州法案が政党や政治団体から提出されたが、過半数以上の得票を得て成立したのは一つだけだった。対抗案をぶつけるため数が倍近くになり成立が困難になる。近年になるほど、こうしたイニシアティブ（住民発議）による条例案や州法案が増える傾向にある。

10 *Sunday Oregonian*, 1993. 1.10 付による。

11 *Sacramento Bee*, 1995. 9. 3 付による。

12　一九七六年にアリゾナ、カリフォルニア、コロラド、モンタナ、オハイオ、オレゴン、ワシントン州で、八〇年メイン、ミズーリ州で、八二年メイン州で、八四年ミズーリ州で、八六年オレゴン州で、八七年メイン州、八八年マサチューセッツ州で、住民投票がおこなわれている。原発推進は五八～七一％、反対は二九～四五％でいずれも推進派が勝利した。賛否がもっとも接近したのは、七六年のモンタナ州とオレゴン州であり、ともに原発推進五八％対反対四二％だった。*Sacramento Bee*, 1989. 5. 28 付による。

13　前掲 **E. Smeloff, P. Keat, M. Remy, R. Mulholand** はいずれも筆者に対してこの点を強調した。運転継続派は、即時閉鎖派を政治的な反原子力運動と非難し、即時閉鎖派は自分たちの運動の「政治性」の脱色につとめるという構図がある。

14　民主主義とサイズについては、ダール、タフティ『規模とデモクラシー』（一九七三＝一九七九）を参照。

15　例えば Green, Mark et al. eds., *Changing America*, 1992. 参照。

16　前掲 **Ralph Brave**（九一年三月二一日）へのインタビューによる。

17　ＳＡＦＥの役員リスト掲載者五〇名を対象とする活動層調査Ｂ（回収率五四％）、ＳＡＦＥ支持者リスト（二一〇五名）およびスメロフ理事の支持者リスト（二五七七名）をもとに五〇〇名を無作為抽出して対象者とした支持層調査Ａ（回収率四〇％）を実施した。活動層は四〇歳代の白人男性が多く、八割近くが大学院卒で、九割が民主党支持者で、七割が政治的立場をリベラルと答えており、六割以上が専門・準専門職者で、四割は公的機関に勤務している。支持層においても六〇年代および八〇年代の運動関与経験が、反ランチョ・セコ原発運動への関与の程度を規定していることが計量的にも明らかになった（この調査結果については、一九九二年の日本社会学会大会（於九州大学）で報告した。長谷川公一「社会運動」（一九九三）参照）。

18　長谷川公一「社会運動の政治社会学」（一九八五）参照。

第3章第1節

1 前掲 Doug Dumpster 記者へのインタビュー（一九九一年三月七日）による。
2 *Sacramento Bee*, 1992. 1. 27 付による。
3 前掲 Ed Smeloff へのインタビュー（九三年三月四日）による。
4 前理事 Dave Cox（九三年三月一〇日）および元理事 Ann Taylor へのインタビュー（同三月一〇日）による。
5 総裁 David Freeman へのインタビュー（九一年三月七日および九三年三月二日）による。
6 ＮＨＫ取材班『いま、原子力を問う』（一九八九、一四〇―一四三頁）による。
7 フリーマンは *Energy*, 1974. および *A Time to Choose*, 1974. の著者でもある。
8 **SMUD,** ***SMUD Annual Report***, **1992, p.11.** による。
9 ニューヨーク電力公社総裁就任以後のフリーマンの動静については、*New York Newsday*, 1995.7.17 付および同 7.27 付による。
10 Ed Smeloff へのインタビュー（九五年八月二八日）による。

第3章第2節

1 ＳＭＵＤのエネルギー効率化担当責任者 Gail Hullibarger（一九九三年三月一日）などへのインタビュー、**SMUD,** *Business Plan for Achieving Energy Efficiency Goals 1992-2000*, 1992. による。
2 前掲 Amory Lovins へのインタビュー（一九九三年三月一五日）による。その後、三菱自動車、ホンダ、トヨタ自動車が電気自動車の開発に積極化している。
3 植樹計画については、サクラメント樹木財団事務局長 Ray Tretheway（九三年三月八日）、ＳＭＵＤの担当者

Richard Sequest へのインタビュー（同三月九日）による。正式名称は Shade Tree Power Conservation Program.

4 九三年三月七日の北サクラメント地区の植樹ボランティア六〇歳代女性複数名および第3章第3節註6の Jannet Eche へのインタビュー（九五年八月二九日）による。

第3章第3節

1 ミッドランド原発を改造したミシガン州のCMSエナジー社の提案（第4章第1節註9参照）。

2 SMUDのエネルギー資源計画担当責任者 Erik Toolson（一九九三年三月三日）へのインタビュー。SMUD, *The General Manager's Recommendations for Power System Additions Report*, 1991. による。

3 長谷川公一「社会紛争―なぜ原子力をめぐる合意形成は困難か」（一九九一b、二五〇―二五一頁）参照。

4 SMUDの太陽光発電整備計画については Donald Osborn, David Collier ほかへのインタビュー（一九九五年八月二九日）による。

5 例えば前掲内橋克人（一九九五、一一八頁）、前掲日経サイエンス編集部（一九九一、一二頁）。

6 Jannet Eche へのインタビュー（九五年八月二九日）による。

第4章第1節

1 「稼働中 operable」の原発は、アメリカでは原子力規制委員会からフル出力での運転認可を得たものをいう。ランチョ・セコ原発が正式に運転認可を取り消されるのは九二年三月だが、八九年六月時点で、エネルギー省やNRCのデータでは operable units から外されている。ヤンキー・ロー原発は、九一年一〇月から運転を停止していた。公式には九一年末も一一一基が稼働していたとされているが、実質的な稼働炉数は九〇年の一一一基がピークである。NRC, *Information Digest 1992 edition.* および EIA, *Monthly Energy Review*, 1995.

2 EIA, *World Nuclear Outlook 1994*, p.105.

3 日本の原子力業界の見方を伝えるものとして水口哲編『原子力 いまアメリカでは』（一九八三）、川上幸一『原子力の光と影』（一九九三）がある。軽水炉の問題点を指摘したものとしては、Bupp, Irvin C. and Jean-Claude Derian, *Light Water*, 1978. および Borson, Daniel et al., *A Decade of Decline*, 1989. などがある。アメリカでの論争点については、マイヤーズIII世『米国の原子力発電論争』（一九八〇）がある。

4 NRCに対する環境グループからの批判としては、Union of Concerned Scientists, *Safety Second*, 1987. がある。

5 例えば資源エネルギー庁公益事業部編『'95原子力発電―その必要性と安全性』（一九九五a）一六―一七頁。

6 電力年報委員会『電気事業の現状』（一九九五）第一〇―九表、三六七頁。

7 例えば下山俊次「原子力」（一九七六、五〇六頁）。同論文は、原子力法について網羅的に解説している。

8 前掲下山俊次（一九七六、五〇一頁）によれば、公害対策基本法が原子力を対象としていない理由は、同法の制定当時（一九六七年）、「原子力には、公害がないとする考え方も強かった」からであるという。

9 ミッドランド原発の天然ガス火力発電所への改造の経緯については、前掲NHK取材班（一九八九、一〇八―一三三頁）参照。同火力発電所は九〇年に完成している。同発電所を所有するコンシューマーズ・パワー社の親会社CMSエナジー社は、九二―九三年当時SMUDに対しても熱心に、ランチョ・セコ原発の天然ガス火力発電所への改造を提案し、売り込みをはかった。全米を代表する電力会社の一つであるコンシューマーズ・パワー社もまたミッドランド原発建設の失敗で経営危機に陥ったが、火力発電所への改造の成功によって息をふきかえした。浮沈の振幅の大きさと急速な再生は、アメリカの企業社会のダイナミズムと活力を示している。

10 山谷修作『よくわかる新しい電気料金制度』（一九九五、一一一頁）によれば、資本費の割合はフランス（三二・

六％）、日本（九社平均、三〇・七％）が高く、アメリカ（コモンウェル・エジソン社、二〇・三％）、ドイツ（ＲＷＥ社、一三・一％）は低い。

第４章第２節

1　寺田良一「再生可能エネルギー技術の環境社会学」（一九九五）、井田均『カリフォルニアに発電風車が多い理由』（一九九四）参照。

2　ＤＳＭの動向については、環境団体ＮＲＤＣの担当責任者 Ralph Cavanagh へのインタビュー（一九九三年三月一二日、サンフランシスコ市、以下同）およびＰＧ＆Ｅ社のＤＳＭの元担当責任者で、現在はＤＳＭコンサルティング会社を経営する John Fox へのインタビュー（同三月一二日）による。

3　ＰＵＣについては、同委員会 Public Advisor の Robert Feraru（九三年三月一九日）、Division of Ratepayer Advocates の Jay Morse 両氏へのインタビュー（同三月一九日および九五年八月三〇日）による。

4　前掲Jay Morse（九三年三月一九日）。

5　*Los Angels Times*, 1990.10.1付による。この項の事実関係は、この記事と同一〇月二日付に依拠している。なお同紙のデータベースを、「John Bryson and NRDC」の項目で検索したところ記事件数はこれら計三件のみだった。そのことはブライスンの前歴が新聞記事になるようなことが、会長就任発表時とその直後に限られていたことを示している。ブライスンの経歴は、カリフォルニアの電力関係者や環境団体の間ではよく知られている。筆者が目を通した範囲内では、日本語の文献で、サザン・カリフォルニア・エジソン社のブライスン会長の異色の経歴についてふれたものはなかった。

6　*Los Angels Times*, 1990.10.1付。

7 ＴＵＲＮのExective Director, Audrie Krauseへのインタビュー（九三年三月二〇日）およびエネルギー・アナリストのEugene P. Coyleへのインタビュー（九五年八月二一日）による。データはTURN, *TURN Annual Report 1991-1992.* による。

8 規制緩和問題については前掲J.Morse, E.Coyle, E.Smeloffへのインタビューおよび*Los Angels Times, San Francisco Cronicle, Sacramento Bee*などによる。

9 電力規制緩和をめぐる各国の動向やその問題点については、邦語のものとしては、植草益編『電力』（一九九四）、規制緩和・民営化研究会『欧米の規制緩和と民営化』（一九九四）を参照。

10 ディアブロ・キャニオン原発問題については、前掲A. Krause, J. Morse, R. Feraruへのインタビューおよび ＰＵＣ資料、前掲カリフォルニア州主要紙による。

11 今村英明、ホワイトヘッド「加州電力規制緩和の新しい動きが示唆するもの」（一九九六、七五―七六頁）。

12 前掲Donald Osbornへのインタビュー（九五年八月二九日）による。

13 ＵＣＳのNancy Coleへのインタビュー（九五年八月二五日、ケンブリッジ市）およびUnion of Concerned Scientists, *Powering the Midwest*, 1993. による。

14 Alliance to Save Energy et al., *America's Energy Choices*, 1991. 本文では四案のうち、エネルギー省のNational Energy Strategy (1992) に即した基準案（Reference Case, 表４・４のＡ案）と地球温暖化対策案（Climate Stabilization Case, 同Ｂ案）のみを紹介した。ほかにMarket CaseとEnvironmental Caseという両者の折衷的な案がある。Market Caseは、エネルギー効率化技術や再生可能エネルギーが、政策的奨励のもとで市場価格で経済合理性をもつ（cost-effective）ことを仮定した場合であり、Environmental Caseは、それに加えて、エネルギーの安定的な供給や環境面でのコストをエネルギーの市場価格に上乗せした場合の予測である。

第4章第3節

1　ドイツの非原子力化路線への転換については、エコ研究所のMichael Sailerへのインタビュー（一九九四年七月二七日、ダルムシュタット市）などにもとづく。ヴァカースドルフ再処理工場の建設中止問題の経緯については、広瀬隆『ドイツの森番たち』（一九九四）が詳しい。

2　Sarkar, Saral, *Green-Alternative Politics in West Germany* Vol.I, II, 1993-94. 原子力問題に焦点をあてた新しい社会運動のドイツを含むヨーロッパ主要国間の比較研究としては、Kriesi, Hanspeter et al., *New Social Movements in Western Europe* 1995., Rucht, Dieter, "The Impact of Anti-Nuclear Power Movements in International Comparison", 1995.ドイツ、アメリカの比較研究としてはChristian Joppke, *Mobilizing against Nuclear Energy*, 1993. などがあり、近年さかんに研究がおこなわれている。

3　フライブルク経済観光公社のPeter Wagnerへのインタビュー（一九九四年七月二六日、フライブルク市）およびエコ研究所フライブルク・オフィスのGero Luckingへのインタビュー（同七月二九日、同上）による。

4　註1のM. Sailerへのインタビューによる。ウィル原発反対闘争に関する邦語文献としては、プルトニウム研究会『ウィールにもどこにも原発はいらない！』（一九七七）がある。

5　ドイツ電気事業連合会（ＶＤＥＷ）でのMichael Nickelほかへのインタビュー（九四年四月七日、フランクフルト市）、ＲＷＥ社でのRainer Voermansへのインタビュー（同七月二六日、エッセン市）による。新エネルギー財団『デンマーク・オランダ・ドイツ・スイスの新エネルギー政策に関する調査報告書』（一九九四）を参照した。

6　アーヘン市副市長ユットナー「再生可能エネルギー助成のための新戦略」（一九九五）による。また第一五回新エネルギー産業シンポジウム会場での同氏へのインタビュー（九五年一一月一三日、東京都渋谷区）によっている。

7　イギリスの電力改革および電力プールのしくみと運用については、電気規制局（ＯＦＦＥＲ）の副長官Peter Carter, Malcom Gylee（九四年三月一七日、バーミンガム市）へのインタビューによる。邦語文献としては、室田武『電力自由化の経済学』（一九九三）、前掲海外電力調査会（一九九三）がある。

8　Nuclear Electric の Ian Glendenning（九四年三月二一日、グロスター市）へのインタビューなどによる。

9　ソープ問題の論争の経緯については、東京電力ロンドン事務所（九四年三月一六日、ロンドン市）、ＢＮＦＬセラフィールド工場広報担当者（同三月一八日、セラフィールド）、ＣＯＲＥの事務局長Martin Forwood（同三月一九日、同上）、非核自治体運動のリーダーStewart Kemp（同三月一九日、シェフィールド市）、朝日新聞ヨーロッパ総局尾関章記者（同三月二一日、ロンドン市）、Greenpeace UK のソープ問題キャンペーン担当責任者Brigitt（同三月二二日、同上）へのインタビューによる。

10　デンマークについては現地調査はおこなっていない。メイヤー「持続可能なエネルギーシステム　デンマークにおける新エネルギーの導入経験」（一九九五）、および前掲新エネルギー財団（一九九四）によった。

11　スウェーデンの原子力問題については、スウェーデン通産省の Maria G.Warnberg（九四年四月一一日、ストックホルム市、以下同）、スウェーデン労働組合総連合の Jan-Erik Moreau（同四月一三日）へのインタビューによる。エネルギーの効率利用および再生可能エネルギーの取り組みについては、ＮＵＴＥＫ（同四月一四日）およびストックホルム・エネルギー公社（同四月一一日）でのインタビューによる。邦語文献には、小沢徳太郎『いま、環境・エネルギー問題を考える』（一九九二）、七沢潔『原発事故を問う』（一九九六、一六四―一八八頁）がある。

12　ＥＤＦ（フランス電力公社）国際広報担当Pierre Pollierへのインタビュー（九四年三月二五日、パリ市）にもとづく。

第4章第4節

1　エイモリー・ロビンズ『ソフト・エネルギー・パス』（一九七七＝一九七九）。

2　前掲 Amory Lovins へのインタビュー（一九九三年三月一五日）による。

3　南向きの屋根に三キロワットの太陽光発電装置を設置すると、太陽電池の変換効率を一〇％、平均日射時間を三・八四時間、損失分を約三割と仮定して、一日平均八キロワット時、年間二九二〇キロワット時（A）の発電量が得られる。一〇〇万キロワットの原発一基分の稼働率を七五％とすると（一九九四年実績）、年間発電量は六五・七億キロワット時（B）。BをAで割って二二五万戸分、計六七五万キロワット分の設備が必要である。

4　新庄浩二「自然独占性と規模の経済性」前掲植草益編（一九九四）。

5　長谷川公一「資源動員論と「新しい社会運動」論」（一九九〇）参照。

第5章第1節

1　EIA, *World Nuclear Outlook 1994*, p.8. による。ただし同表は日本について、ハイケースで二〇一〇年に五五二〇万キロワット、ローケースで五〇四〇万キロワットと、日本政府の公式の見通しよりもきびしい見方をしている。表5・5のうち今後運転開始予定の一二基がすべて運転開始しえた場合がハイケースに、そのうち五基程度の工事が遅れた場合がローケースにほぼ対応する。同書は、東アジアについても、二〇一〇年時点で韓国は一六一〇万キロワット、中国は五三〇万キロワット、台湾は八三〇万キロワット、日本を含む三ヶ国一地域合計で八四九〇万キロワットの設備容量と予測している（ハイケースの場合）。表5・3の「総合エネルギー調査会」の中間報告（一九九五年）の予測の六二％程度にとどまっている。

　このような予測値の相違は、日本政府がエネルギー需要が今後どの程度伸びるかを中心に予測しているのに対し、エネルギー省は、進捗状況を加味して現実的にどの程度可能かという観点から評価していることによる。

2 アメリカについては、*New York Times*, 1985.4.17付、日本については朝日新聞一九九〇年二月二〇日付による。

3 「新しい社会運動」としての反原子力運動の特質については、長谷川公一「反原子力運動における女性の位置」（一九九一c）で論じた。

4 原子力施設をめぐる地域紛争の展開パタンについては、前掲長谷川公一（一九九一b）で論じた。切り崩しの実状などに関する運動の当事者による記録集やジャーナリストによるルポルタージュは多い。

5 前掲地域開発研究会（一九九五）、女川原子力発電所問題に関する調査報告としては長谷川公一「地方拠点都市における反原子力運動の運動過程」（一九九一a）がある。

6 科学技術庁サイドの見方を伝えるものとして、石川欽也『原子力委員会の闘い』（一九八三）などがある。

7 長谷川公一「国際的視点からみた核燃料サイクル計画と日本の原子力政策」（一九九五a）。

8 毎日新聞一九九五年三月二三日付および毎日新聞一九九四年七月五日付による。あわせて吉田康彦教授自身から直接確認した（一九九五年五月一九日、仙台市）。

9 Michael Schneiderへのインタビュー（一九九四年三月三〇日、パリ市）による。

10 舩橋晴俊・長谷川公一ほか『新幹線公害』（一九八五）、同『高速文明の地域問題』（一九八八）参照。

11 科学技術庁の本庁の定員五三二人のうち、原子力局と原子力安全局の定員は計二五一人であり、四七・二％を占める（一九九四年度）。『科学技術庁年報三九』（一九九五、二五〇頁）による。

12 前掲舩橋晴俊・長谷川公一ほか（一九八五）参照。

13 前掲室田武（一九九三、三二九―三五一頁）は日本の料金制度が原発建設を誘発していると述べる。

14 日本の原子力政策に関する科学社会学的研究としては、吉岡斉「日本の原子力体制の形成と展開：一九五四〜

一九九一」（一九九二）、同「戦後日本のプルトニウム政策史を考える」（一九九三）がある。これまで日本の社会学者がおこなってきた研究は、おもに地域問題や地域開発問題、社会運動論の視点からのものである。註3～5に示した筆者および筆者らの研究グループによるもののほか、高田昭彦「反原発運動ニューウェーブの研究」（一九九一）、八木正編『原発は差別で動く』（一九八九）などがある。人文社会科学的研究がなぜ少ないのかに関する調査としては未来工学研究所『原子力分野における人文社会科学的研究課題の調査報告書』（一九九五）がある。電力・エネルギー問題に関する経済学者、経営学者の研究も、本書で引用したものが代表的な研究であり、電気通信などの規制緩和問題の隆盛と対照的である。

第5章第2節

1 末次克彦『エネルギー改革』（一九九四、一三八―一四七頁）参照。

2 朝日新聞一九九五年三月三日付。大事故が起きるという不安を感じている者は七三％に達している。対象者は全国の有権者三〇〇〇人、二月二五・二六日に実施し、回収率は七七％。

3 アメリカのNGO、**Solar Electric Light Fund**（太陽光発電照明基金）。一九九二年に設立された。活動の詳細については、マクグラフリン「アジア諸国への新エネルギー導入戦略」（一九九五）参照。日本では自然エネルギー事業協同組合レクスタを中心に、「ソーラーネット」が組織化されている。

4 公共施設に設置する太陽光発電の補助事業としては、現在設置金額の三分の二を助成する制度がある。

5 今村栄一、内山洋司『太陽光発電システムの普及分析』（一九九五）。

6 一九九五年一二月一三・一四日に開かれた第一五回新エネルギー産業シンポジウムで提案された。栗原史郎「規制緩和と新エネルギー事業拡大への道」（一九九五）参照。

文献

Alliance to Save Energy et al., 1991, *America's Energy Choices: Investing in a Strong Economy and a Clean Environment*, Union of Concerned Scientists, Cambridge, MA..

Bean, Walton and James J. Rawls, 1988, *California: An Interpretive History 5th ed.*, McGraw-Hill, NY..

Bell, Charles G. and Charles M. Proice, 1992, *California Government Today: Politics of Reform 4th. ed.*, Brooks/Cole, Pacific Grove, CA..

Boley, Kenneth, 1988, *Sacrificing Safety: A Profile of the Safety Records of Rancho Seco and Duke Power's Nuclear Reactors*, Public Citizen's Critical Mass Project, Washington D.C..

---------, 1989, *Nuclear Lemons: An Assessment of America's Worst Nuclear Reactors 2nd ed.*, Public Citizen's Critical Mass Project, Washington D.C..

Borson, Daniel et al.,1989, *A Decade of Decline: The Degeneration of Nuclear Power in the 1980's and the Emergence of Safer Energy Alternatives*, Public Citizen's Critical Mass Project, Washington D.C..

Bupp, Irvin C. and Jean-Claude Derian , 1978, *Light Water: How the Nuclear Dream Dissolved*, Basic Books, NY..

キャシュマン（Casyman, Tyrone）、一九九五、「二一世紀のエネルギービジョン　選択可能なエネルギーの未来とライフスタイル」『第一五回新エネルギー産業シンポジウム』二一—三七頁。

地域開発研究会、一九九五、『むつ小川原開発と核燃料サイクル施設問題』（文部省科学研究費研究成果報告書）。

Coleman, Charles M., 1952, *P.G. and E. of California: The Centennial Story of Pacific Gas and Electric Company 1852-1952*, McGraw-Hill, NY..

ダール、タフティ（Dahl, Robert A. and Edward R. Tufte）, 1973, *Size and Democracy*, Stanford University Press, Stanford,

CA.. 内山秀夫訳『規模とデモクラシー』慶應通信、一九七九。
電力年報委員会、一九九五、『電気事業の現状　一九九五年版』日本電気協会。
Dillinger, William C., 1990, *The Gold Discovery: James Marshall and the California Gold Rush*, California Department of Parks and Recreation, Santa Barbara, CA..
ドラッカー（Drucker, Peter F.）,1990, *Managing the Nonprofit Organization,* Harper and Collins, NY.. 上田惇生、田代正美訳『非営利組織の経営―原理と実践』ダイヤモンド社、一九九一。
Energy Information Administration, U.S. Department of Energy（DOE/EIA）, 1991, *Commercial Nuclear Power 1991: Prospects for the United States and the world.*
--------, 1993, *Electric Plant Cost and Power Production Expenses 1991.*
--------, 1994a, *Electric Power Annual 1993.*
--------, 1994b, *World Nuclear Outlook 1994.*
--------, 1995a, *Electric Sales and Revenue 1993.*
--------, 1995b, *Monthly Energy Review 1995 June.*
フレイビン、レンセン（Flavin, Christopher and Nicholas Lenssen）, 1994, *Power Surge: Guide to the Coming Energy Revolution,* W.W. Norton and Company, NY.. 山梨晃一訳『エネルギー大潮流―石油文明が終わり、新しい社会が出現する』ダイヤモンド社、一九九五。
Freeman, David S., 1974, *Energy: The New Era,*Vintage Books, NY..
Freeman, David S. et al., 1974, *A Time to Choose: America's Energy Future*, Ford Foundation, Ballinger, Cambridge, MA..
舩橋晴俊、長谷川公一、畠中宗一、勝田晴美、一九八五、『新幹線公害―高速文明の社会問題』有斐閣。

舩橋晴俊、長谷川公一、畠中宗一、梶田孝道、一九八八、『高速文明の地域問題―東北新幹線の建設・紛争と社会的影響』有斐閣。

古沢広祐、一九九五、『地球文明ビジョン―「環境」が語る脱成長社会』日本放送出版協会。

Gamson, William A., and Andre Modigliani, 1989, "Media Discourse and Public Opinion on Nuclear Power: A Constructionist Approach", *American Journal of Sociology*, vol.95, pp.1-37.

原子力委員会編、『原子力白書』（各年版）。

Green, Mark et al. eds., 1992, *Changing America: Blueprints for the New Administration*, Newmarket Press, NY..

長谷川公一、一九八五、「社会運動の政治社会学―資源動員論の意義と課題」『思想』七三七号、一二六―一五七頁。

――、一九九〇、「資源動員論と「新しい社会運動」論」社会運動論研究会『社会運動論の統合をめざして』成文堂、三―二八頁。

――、一九九一a、「地方拠点都市における反原子力運動の運動過程」『都市計画と都市社会運動の総合的研究』（文部省科学研究費研究成果報告書）七―四七頁。

――、一九九一b、「社会紛争―なぜ原子力をめぐる合意形成は困難か」吉田民人編『社会学の理論でとく　現代のしくみ』新曜社、二四三―二六一頁。

――、一九九一c、「反原子力運動における女性の位置―ポスト・チェルノブイリの新しい社会運動」『レヴァイアサン』第八号、四一―五八頁。

――、一九九三、「社会運動―不満と動員のダイナミズム」梶田孝道・栗田宣義編『キーワード／社会学』川島書店、一四七―一六三頁。

――、一九九五a、「国際的視点からみた核燃料サイクル計画と日本の原子力政策」地域開発研究会（一九九五、四六―六〇頁）。

――――、一九九五b、「都市空間における計画と運動」吉原直樹編『都市空間の構想力』（二一世紀の都市社会学第五巻）勁草書房、一二五―一六三頁。

平林祐子、一九九三、「カリフォルニア州原子力安全法の成立過程」（国際基督教大学大学院修士論文）。

広瀬隆、一九九四、『ドイツの森番たち』集英社。

井田均、一九九四、『カリフォルニアに発電風車が多い理由―自然エネルギー大国への道』公人社。

今村栄一、内山洋司、一九九五、『太陽光発電システムの普及分析』電力中央研究所。

今村英明、ホワイトヘッド、一九九六、「加州電力規制緩和の新しい動きが示唆するもの」『エネルギー・フォーラム』一九九六年二月号、七四―七六頁。

石川欽也、一九八三、『原子力委員会の闘い』電力新報社。

Joppke, Christian, 1993, *Mobilizing against Nuclear Energy: A Comparison of Germany and the United States*, University of California Press, Berkeley, CA..

ユットナー（Juttner, Heiner）、一九九五、「再生可能エネルギー助成のための新戦略―アーヘン・モデル」『第一五回新エネルギー産業シンポジウム』一四二―一五九頁。

海外電力調査会、一九九三、『海外諸国の電気事業　第一編』。

海外電力調査会、一九九五、『海外電気事業統計　一九九五年版』。

科学技術庁、一九九五、『科学技術庁年報三九　一九九四年度版』。

活断層研究会、一九九一、『新編日本の活断層』東京大学出版会。

川上幸一、一九九三、『原子力の光と影―二〇世紀を演出した技術』電力新報社。

規制緩和・民営化研究会、一九九四、『欧米の規制緩和と民営化』大蔵省印刷局。

Kriesberg, Joseph, 1988, *Shutdown Savings, An Economic Analysis of the Rancho Seco Nuclear Power Plant*, Public Citizen's Critical Mass Project, Washington D.C..

Kriesi, Hanspeter, et al., 1995, *New Social Movements in Western Europe: A Comparative Analysis, Social Movements, Protest and Contention* Vol.5, University of Minnesota Press, Minneapolis, MN..

栗原史郎、一九九五、「規制緩和と新エネルギー事業拡大への道」『第一五回新エネルギー産業シンポジウム』三八—五三頁。

リップナック、スタンプス（Lipnack, Jessica and Jeffrey Stamps）、1982, *Networking: The First Report and Directory*, Dolphin Book, NY., 社会開発統計研究所訳『ネットワーキング—ヨコ型情報社会への潮流』プレジデント社、一九八四。

ロビンズ、エイモリー（Lovins, Amory B.）、1977, *Soft Energy Paths: Toward a Durable Peace*, Ballinger, Cambridge, MA., 室田泰弘、槌屋治紀訳『ソフト・エネルギー・パス—永続的平和への道』時事通信社、一九七九。

マクグラフリン（McGlauflin, Deborah A.）、一九九五、「アジア諸国への新エネルギー導入戦略」『第一五回新エネルギー産業シンポジウム』六六—九一頁。

メイヤー（Meyer, Niels I.）、一九九五、「持続可能なエネルギーシステム　デンマークにおける新エネルギーの導入経験」『第一五回新エネルギー産業シンポジウム』一〇八—一四一頁。

未来工学研究所、一九九五、『原子力分野における人文社会科学的研究課題の調査報告書』。

水口哲編、一九八三、『原子力　いまアメリカでは』東洋経済新報社。

ムーア（Moore, Wilbert E.）、1963, *Social Change*, Prentice-Hall, New Jersey. NY.,松原洋三訳『社会変動』至誠堂、一九六八。

室田武、一九九三、『電力自由化の経済学』宝島社。

マイヤーズIII世（Myers III, Desaix）, 1977, *The Nuclear Power Debate: Moral, Economics, Technical and Political Issues*, Praeger Publishers, NY.. 高榎尭訳『米国の原子力発電論争』日本国際問題研究所、一九八〇。

七沢潔、一九九六、『原発事故を問う―チェルノブイリから、もんじゅへ』岩波書店。

National Regulatory Commission, 1992, *Information Digest: 1992 edition.*

日経サイエンス編集部、一九九一、「太陽電池のすすめ　住宅三〇〇〇万戸をミニ発電所へ」『日経サイエンス』一九九一年八月号、六一―一七頁。

ＮＨＫ取材班、一九八九、『いま、原子力を問う―原発・推進か、撤退か』日本放送出版協会。

越智道雄、一九九〇、『カリフォルニアの黄金―ゴールドラッシュ物語』朝日新聞社。

小沢徳太郎、一九九二、『いま、環境・エネルギー問題を考える―現実主義の国スウェーデンをとおして』ダイヤモンド社。

プルトニウム研究会、一九七七、『ウィールにもどこにも原発はいらない！―ウィール（西独）原発反対闘争の記録』。

Rucht, Dieter, 1995, "The Impact of Anti-Nuclear Power Movements in International Comparison", in M. Bauer ed. *Resistance to New Technology*, Cambridge University Press, Cambridge, Great Britain, pp.277-291.

ルドルフ、リドレー（Rudolph, Richard and Scott Ridley）, 1986, *Power Struggle: The Hundred-Year War over Electricity*, Harper and Row, N.Y.. 岩城淳子ほか訳『アメリカ原子力産業の展開―電力をめぐる百年の抗争と九〇年代の展望』御茶ノ水書房、一九九一。

Sacramento Municipal Utility District, *SMUD Annual Report*（各年版）.

--------, 1976, *SMUD Report on Future Generation.*

--------, 1991a, *Final Contenders in SMUD's Request for Power Proposals.*

--------, 1991b, *General Manager's Recommendations for Power System Additions Report.*

——, 1992, *Business Plan for Achieving Energy Efficiency Goals 1992-2000.*

——, 1995, *1995 Integrated Resource Plan: Achieving Municipal Power Goals in a Competitive Age* Vol.1-5.

サラモン（Salamon, Lester M.）, 1992, *America's Nonprofit Sector*, Foundation Center, NY.. 入山映訳『米国の「非営利セクター」入門』ダイヤモンド社、一九九四。

Sarkar, Saral, 1993, *Green-Alternative Politics in West Germany Vol.I The New Social Movements*, United Nations University Press, Tokyo.

——, 1994, *Green-Alternative Politics in West Germany Vol.II The Greens*, United Nations University Press, Tokyo.

資源エネルギー庁編、一九九四、『エネルギー　新世紀へのシナリオ—総合エネルギー調査会需給部会中間報告』通商産業調査会出版部。

——、一九九五、『新エネルギー便覧　一九九五年度版』通商産業調査会出版部。

資源エネルギー庁公益事業部編、一九九五a、『'95原子力発電—その必要性と安全性』日本原子力文化振興財団。

——、一九九五b、『電源開発の概要—その計画と基礎資料』。

市民エネルギー研究所、一九九四、『二〇一〇年日本エネルギー計画—地球温暖化も原発もない未来への選択』ダイヤモンド社。

下山俊次、一九七六、「原子力」山本草二ほか『未来社会と法』（現代法学全集五四）筑摩書房、四一三—五六〇頁。

新エネルギー財団、一九九四、『デンマーク・オランダ・ドイツ・スイスの新エネルギー政策に関する調査報告書』。

新庄浩二、一九九四、「自然独占性と規模の経済性」植草益編（一九九四、六五—八七頁）。

末次克彦、一九九四、『エネルギー改革』電力新報社。

鈴木真奈美、一九九三、『プルトニウム＝不良債権』三一書房。

高田昭彦、一九九一、「反原発運動ニューウェーブの研究」『都市計画と都市社会運動の総合的研究』（文部省科学研究費研究成果報告書）四九―一〇七頁。

寺田良一、一九九五、「再生可能エネルギー技術の環境社会学」『社会学評論』第四五巻第四号、八八―一〇二頁。

富永健一、一九六五、『社会変動の理論―経済社会学的研究』岩波書店。

トゥレーヌ（Touraine, Alain）, 1980, *L'Après-socialisme*, *Grasset et Fasquelle*, Paris. 平田清明、清水耕一訳『ポスト社会主義』新泉社、一九九二。

Toward Utility Rate Normalization, 1992, *TURN Annual Report 1991-1992*.

内橋克人、一九九五、『共生の大地―新しい経済がはじまる』岩波書店。

植草益編、一九九四、『電力』（講座・公的規制と産業一）ＮＴＴ出版。

Union of Concerned Scientists, 1987, *Safety Second: The NRC and America's Nuclear Power Plants*, Indiana University Press, Bloomington, ID..

------, 1993, *Powering the Midwest: Renewable Electricity for the Economy and the Environment*. Cambridge, MA..

八木正編、一九八九、『原発は差別で動く』明石書店。

山谷修作、一九九五、『よくわかる新しい電気料金制度』電力新報社。

米本昌平、一九九四、『地球環境問題とは何か』岩波書店。

吉岡斉、一九九二、「日本の原子力体制の形成と展開：一九五四～一九九一―構造史的アプローチの試み」『年報　科学・技術・社会』第一巻、一―三二頁。

------、一九九三、「戦後日本のプルトニウム政策史を考える」『年報　科学・技術・社会』第二巻、一―三六頁。

Ward, Ruth Sutherland, 1973, *"...For The People": The Story of the Sacramento Municipal Utility District*, Sacramento Municipal Utility District, Sacramento, CA..

増補　フクシマ以後の「選択」のために

(1) 一五年という時間

本書の旧版を脱稿したのは、今から一五年前の一九九六年四月二六日だった。チェルノブイリ事故からちょうど一〇年の日である。七月の刊行からほどない八月四日、新潟県巻町（広域合併により、現在は新潟市西蒲区）で、原発建設の是非をめぐって住民投票が実施された。投票率八八・三％、建設反対が六〇・九％を占め、この投票結果を受けて、二〇〇三年一二月、東北電力は建設を最終的に断念し、白紙撤回を表明した。地域を二分するような争点に関して、条例にもとづいて実施された日本初の歴史的な住民投票であり、その後、産業廃棄物の処分場や原発問題、米軍基地問題、市町村合併問題などに関して、多くの住民投票が行われる先がけとなった[1]。

一九九六年から、二〇一一年三月一一日に福島第一原発事故が引き起こされるまでの一五年の間に、世界と日本の原子力政策、エネルギー政策にはどんな変化があったのだろうか。それを俯瞰的に整理してみることは、この事故の構造的な背景を理解するうえでも、大きな示唆と教訓を与えてくれる。

信長・秀吉・家康の一五年

一九九〇年代のバブル経済崩壊後の不況や改革の立ち後れに対して「失われた一〇年」という言い方がしばしばなされた。日本の原子力政策の場合には、「失われた一五年」というべきかもしれない。一五年は短いようで、長い。一五年は、むろん一世代、三〇年の半分の長さでもある。

近代以前の日本の歴史の中でもっとも劇的な一五年といえば、本能寺の変と直後に明智光秀を破った山崎の合戦（一五八二年）を経て、豊臣秀吉の大坂城築城（一五八三年）からその死（一五九八年）までの一五年、ペリーの浦賀来航（一八五三年）から明治維新（一八六八年）までの一五年などが思い浮かぶ。近代以前ですら、わずか一五年でもきわめてダイナミックに時代は変化した。

秀吉が権勢を誇った一五年間の前後をふりかえってみよう。大坂城築城からさらに一五年さかのぼった一五六八年は、織田信長が上洛し、足利義昭を一五代将軍に就けた年である。一五八二年の本能寺の変で信長は倒れた。信長の権勢もちょうど一五年だった。秀吉の死去から二年後、一六〇〇年に関ヶ原の戦いが起こったが、一六一五年の大坂夏の陣で豊臣家は滅亡する。徳川家康が亡くなるのは翌一六一六年。信長、秀吉、家康の三人は、ともにほぼ一五年ずつ政治を支配したのである。一五年間で何が可能か、ということを考えるうえで格好の例だ。

約百年続いた戦国時代は、信長・秀吉・家康それぞれ一五年ずつの改革の努力によって、安定的な政治社会状況へと至った。江戸時代の二六五年は、世界史的に見てもきわめて異例の安定的・静態的な時代だったが、ペリーの来航を機に、最後の一五年間は激変を余儀なくされ、明治維新に至る。

最近一五年

では最近一五年の変化をまず政治から見てみよう。一九九六年一月橋本龍太郎が就任してから二〇一一年四月までの総理大臣は、橋本・小渕・森・小泉・安倍・福田・麻生・鳩山・菅の九人に及び、小泉純一郎の五年五ヶ月をのぞくと、八人で一〇年に満たず、平均一年程度の短命内閣が続いた。菅直人をのぞく八人の首相は、いずれも世襲議員もしくは世襲的な議員だった[2]。

衆議院議員選挙は、一九九六年一〇月に最初の小選挙区比例代表並立制の選挙が行われた。二〇〇〇年六月、〇三年一一月、〇五年九月、〇九年八月と五回行われている。〇五年は「郵政民営化」を掲げた自民党が大勝し、公明党とあわせて戦後はじめて、与党として衆院の三分の二以上の議席を獲得した。しかし〇七年七月の参院選で過半数を割る敗北を喫し、「ねじれ国会」となり安倍首相は辞任に追い込まれた。〇九年八月の衆院選では民主党が三〇九議席を獲得、単独で過半数を超え、九三年の細川内閣以来の政権交代が実現した。けれども一〇年七月の参院選では大敗し、過半数割れとなった。安倍・福田・麻生政権下と同様のねじれ国会のもとで、民主党政権は低い内閣支持率に苦しみ、困難な政権運営を迫られながら、三月一一日の大震災を迎えることになった。小選挙区制とあいまって、メディアの影響力が高まり、有権者に迎合的な「ポピュリズム」が強まり、選挙結果が大きく左右に振れる不安定な政治状況が続くようになってきた。

インターネットと携帯電話

社会的な変化の代表例は、インターネットの急速な普及である。私がはじめてネットサーフィンを体験したのは、九六年の三月だった。六月には自身のホームページを開設している。電子メイルのやりとりを始めたのは一一月からだ。一二月には、はじめてメールアドレスとホームページのアドレス入りの年賀状を出している。一九九六年は、私にとってのインターネット元年だった。ちなみに本書旧版の原稿の入稿は、三・五インチのフロッピー・ディスクを郵送し、校正や連絡はＦＡＸで行った。それが当時の一般的なやり方だった。

今では欠かすことのできない携帯電話を私自身が使い始めたのは、一九九八年頃からである。九六年当時は、まだそれほど一般的ではなかった。

一五年前は、ウインドウズのマイクロソフト社の全盛時代であり、アップル社は倒産寸前で買収先を探している時期だった。どん底だったアップル社が次第に巻き返し始めるのは、買収先探しを断念し、九七年二月に、追放されていた創業者のスティーブ・ジョブズが復帰して以降である。

グーグルが創業したのは一九九八年九月。一五年前の九六年は、創業者となるスタンフォード大学の大学院生ラリー・ペイジとセルゲイ・ブリンが、グーグルの原型となる検索エンジンの開発に成功したばかりだった。

通販サイトのアマゾンが設立されたのは九四年七月、一五年前はまだ駆け出しの企業だった。

ＩＴ関連のアメリカの代表的な企業が、この一五年間にダイナミックな変容を遂げてきたことは、このように例示しただけで明らかである。

では原子力発電については、一五年間にどのような変化があっただろうか。

（2）「原子力ルネサンス」の虚像と実像

「原子力ルネサンス」と東芝・日立・三菱

表６・１は、一九九六年以降の原子力発電をめぐる世界のおもな動きをまとめたものである。

結論的にいうと、非原子力化と「原子力ルネサンス」（Nuclear Renaissance）という二つの相反する大きな流れがある。本書旧版執筆当時は、まだ原子力ルネサンスという言葉はなかった。原子力産業の側から、原子力ルネサンスがさかんに喧伝され始めるのは、息子のブッシュ政権がスタートした二〇〇一年以降である。

新規発注の減少、後継者不足など、非原子力化の流れに危機感を抱いた原子力産業側は、運転中には二酸化炭素を排出しないことを強調し、地球温暖化問題を利用して、生き残りをはかろうとした。途上国やアジアでのエネルギー需要の増大、石油・天然ガスの価格上昇、原発先進国での原子炉の老朽化、それにともなうリプレイス（置き換え）需要への期待などが背景だった。

本書二五四頁以下でも指摘したアジアの原発増設計画だけでなく、欧米でも原発の新規発注が回復す

2005	インドネシアで，「国家電力総合計画」で2010年代後半に１号機の運転開始を計画
2006.2.6	米国ブッシュ政権，米日仏ロ中などの多国間共同で，核燃料サイクルに取り組むグローバル原子力パートナーシップ構想を発表
2008	ベトナム，100万 kW 原発４基の建設を決定。１号機は2020年に運転開始を計画
2010.3	米国で，全米最大の電力会社エクスロン，テキサス州に建設予定の２基の原発計画を撤回
2010.4	フィンランド政府，オルキルオト４号機の建設を許可
2010.9	ドイツ政府，2021年頃までに全基閉鎖予定だったドイツの原発の稼働期間を14年間延長することを決定
2010.10	米国で，メリーランド州に建設予定の原発新設を凍結
2010.10.31	菅首相，ベトナムの原発２基を日本企業が受注することでベトナム政府と合意
2011.3.15	ドイツ・メルケル首相，福島第一原発事故を受けて稼働期間の延長を凍結，1980年以前に稼働した７基を含む原発８基の運転停止を命令
2011.4.15	ドイツ・メルケル首相，各州の代表者と協議し，国内の原発全17基の稼働期間の短縮で合意，６月に原子力法の改正をめざす
2011.4.19	米国で，福島第一原発事故を受けて，テキサス州に建設予定の２基の原発計画を事実上撤回

るのか、原発建設ブームが再来するのか、が注目されるようになった。しかし、原子力ルネサンスは、どれほどの実体をともなったものだっただろうか。

「原子力ルネサンス」をとくに喧伝し、推進したのは、日本の原子力プラントメーカーであり、経済産業省だった。民主党に政権交代したのちも、フクシマ事故が起きるまで、鳩山政権も菅政権も、ベトナムなどへの原発輸出に熱心だった。

二〇〇五年、東芝はイギリス核燃料公社（ＢＮＦＬ社）が売却したウェスチング・ハウス社（ＷＨ）の原子力部門を落札し子会社化し、世界一の原子炉メーカーとなった。ＷＨはＧＥのライバルと目されてきたアメリカを代表する総合電機メーカーで、関西電力などが採用している加圧水型炉（ＰＷＲ）を開

表6・1　原子力発電をめぐる世界のおもな動き（1996〜2011年）

1997.8	英国で，ソープ再処理工場が本格運転を開始
1998.2.2	フランス社会党，共産党，緑の党の連立政権の関係閣僚会議，96年12月から運転停止中の高速増殖炉スーパーフェニックスの即時閉鎖を正式決定。同増殖炉の廃炉化事業がスタートする
1998.8	カナダで，北米最大のオンタリオ州営電力会社オンタリオ・ハイドロ社，５年計画の「原子力発電施設効率化計画」に着手，稼働率の低い原発８基の運転を休止
1998.10.27	ドイツで，総選挙の結果を受け，脱原子力政策を掲げる社会民主党と緑の党の連立政権が発足
1999.11.30	スウェーデンで，1980年６月の国会決議をふまえて，バルセベック原発１号機が閉鎖
2000.6.14	ドイツ政府と主要電力会社4社との間で，運転開始後32年で原子力発電所19基を漸次閉鎖，原発の新規建設の禁止，2005年７月１日以降の再処理の禁止などを合意
2000.10.27	台湾の行政院，第４原発の建設中断を宣言
2000.12	フィンランドで，オルキルオト３号機の建設認可を申請
2001.2.14	台湾行政院，野党が多数を占める立法院との協議により，第４原発の建設再開を決定，建設工事が続行されることに
2002.2.1	ドイツで，2000年６月14日の脱原子力合意をふまえて原子力法を改正
2002.10	台湾政府，既存の３基の原発の漸次の運転停止と再生可能エネルギーの開発に重点をおく「非核国家推進法草案」を閣議で了承
2003.1	ベルギー政府，運転開始後40年で原子力発電所を漸次閉鎖，原発の新規建設禁止などを盛り込んだ「脱原子力法」を制定
2003.8	フィンランドで，使用済み核燃料を最終処分するオンカーロ処分場建設に，地元自治体が合意
2003.11	ドイツで，2000年６月の脱原子力合意にもとづいて，第１基目として，シュターデ原発を閉鎖
2005.2.16	温暖化問題に関する京都議定書発効。これを機に「原発ルネサンス」のアピールが各国でさかんに
2005.4	英国政府，累積赤字に苦しむ BNFL 社救済のため，ソープ再処理工場や MOX 燃料加工工場などの不採算部門の所有権や負債を，新設の原子力廃止措置機関に移転
2005.4.19	英国ソープ再処理工場で，使用済み核燃料溶液の大規模な漏洩事故が確認され，長期運転停止
2005.8.8	米国ブッシュ政権，「新エネルギー政策法」を制定。約30年ぶりの原発建設を促すために，原子炉運転開始から８年間法人税控除などの優遇措置を盛り込む
2005.9	フィンランドで，オルキルオト３号機の建設工事開始

発してきた。ＷＨは次第に衰退し九九年に消滅するが、九八年に原子力部門をイギリスのＢＮＦＬ社に売却した。その後倒産寸前のＢＮＦＬ社が手放した、つまり背後にいるイギリス政府が見放した落日のＷＨの原子力部門を、原子力ルネサンスを期待して、予想の倍以上の五〇億ドルで買収したのが、東芝である。

東芝とともに、それまでＧＥの沸騰水型炉（ＢＷＲ）を納入してきた日立製作所は、二〇〇六年、東芝に対抗するようにＧＥの原子力部門と事業統合をはかった。

ＷＨの落札で東芝に敗れた三菱重工は、加圧水型炉のメーカーであり、後述するフランスの国策会社アレバ・グループと提携した。

日本の原子力プラントメーカー三社いずれもが、非原子力化の進行によるプラント受注減という危機に直面した米仏のプラントメーカーを救済し、原子力業界再編の主役となって、原子力ルネサンスによるビジネス・チャンスの拡大に賭けたことはきわめて興味深い。

東芝はじめ三社とも、福島原発事故後も強気だが、原子力ルネサンスのトップランナーをめざした三社の選択は、カードゲームでいえばジョーカーを引いたことにはならないのだろうか。

八〇年代から風力発電に熱心な三菱重工をのぞくと、東芝も日立も、太陽光発電や風力発電、自然エネルギーへの関心が乏しい。

一方ドイツに本社を置くシーメンス社は、二〇〇一年に原子力部門をアレバ社の前身に売却し、〇九年一月には三四％保有していた同社の持ち株もアレバ社にすべて売却し、原子力部門は新たにロシアの国営企業ROSATOMと提携した。〇四年一二月にはデンマークの風力発電の製造メーカー・ボーナス社を買収し、シーメンス・ウインド・パワーを設立した。同社は〇九年時点で、世界の風力発電の五・九％（九位）のシェアを持ち、とくに洋上風力発電では世界シェアの半ばを押さえている。このようにシーメンス社は、エネルギー分野では近年風力発電や太陽光発電に力を入れている。温暖化防止コペンハーゲン会議（COP15）が開かれた〇九年一二月、コペンハーゲンでは、風力発電をアピールするシーメンス社の広告が目立った。

日立製作所の原子力のパートナーGEも、近年風力発電に力を入れている。〇二年に経営破綻したエンロン社から風力発電部門を買収し、GEウインド・パワーを設立、九・六％（世界三位）のシェアを誇っている。

東芝は、福島原発事故を受けて、一一年五月にスマート・メーター（後述の通信機能つき電力計）製造大手のスイス企業の買収と、韓国の風車メーカーへの資本参加を表明した。東芝が風力発電に参入するのははじめてである。日立製作所は、四月にイギリスのスマート・グリッド（後述の次世代送電網）の実証実験への参画と、五月にはハワイ州でのスマート・グリッド事業への参加を発表した。原発一辺倒からの両社の軌道修正は、フクシマ事故後にようやく始まりつつある。

「原子力ルネサンス」の現実―フィンランド

では、新聞記事や公開されている情報をもとに、原子力ルネサンスの現実を確かめてみよう[3]。

フィンランドでは二〇〇五年九月から、オルキルオト三号機（一六〇万kW）の建設工事が始まった。二〇〇〇年に建設申請がなされた同機は、西ヨーロッパでの一〇余年ぶりの新規発注で、しかも初の欧州加圧水型炉の原発であり、原子力ルネサンスの先がけとして注目を集めた。フランスのアレバ社が設計・製造を担当した。当初は〇九年五月に運転開始予定だったが、建設工事の途中でたびたびトラブルが見つかり、運転開始は再三延期され、現在は二〇一三年に稼働予定である。コストも当初予定の約三〇億ユーロ（三六〇〇億円）に加えて、工事の遅れで二七億ユーロ（三二四〇億円）の追加費用が必要になり、総費用は二倍近くに膨らむことになった。電力会社は追加負担を拒否、アレバ社側は国際商業会議所に仲裁を申し出ている[4]。トラブルの原因は、「建設を担う関連企業や技術者の不足。（中略）建設には日本など二九ヶ国が関わり、実際の工事は約一五ヶ国の作業員四四四〇人があたるが、言葉が通じず、作業が複雑になっているとの指摘もある」と報じられている[5]。

一〇年四月フィンランド政府は、オルキルオト四号機の建設を許可している。フィンランドは稼働中の原発四基をもち、原子力発電は電力供給量の二八・四％を占めている。エネルギー自給率が低いこともあって、世論調査では六一％が原発を支持し、EU平均の四四％より一七％も高い[6]。

なおオルキルオトはフィンランド東部の小さな島だが、一号機（七九年運転開始）、二号機（八二年運転開始、いずれも沸騰水型炉）が稼働している。二〇〇〇年には、原子力発電所の近くに、使用済み核燃料の地下の埋設施設が建設されることになり、地元自治体も〇三年八月に合意した。掘削工事は〇四年から始まっている。このオンカーロ処分場については、一〇万年も安全性が保てるのか、という視点から、批判的なドキュメンタリー映画が製作され、日本でも上映、NHKの衛星放送でも放映された[7]。

廃炉化のすすむイギリス

この一五年間で、ドイツとともに、実質的に非原子力が大きく進行しているのがイギリスである。一九九七年当時イギリスでは三五基の原子炉が稼働し、電力の二六％を原子力に依存していた。九七年が原子力依存率のピークの年となった。イギリスの原子炉は古く、小型で経済性の低いガス冷却炉が二〇基もあった。本書二一九頁に述べたような経緯により、原子力事業の民営化にともなって一九九六年にブリティッシュ・エナジー（BE）社が設立されたが、新会社の足を引っ張らないように、ガス冷却炉二〇基は新会社に移管されずに順次閉鎖され、すでに一六基が閉鎖されている。二〇一一年六月には二基が、一二年には最後の二基が閉鎖予定である。原子力への依存率は、二〇〇九年には一六％に低下した。

BE社には残り一五基の原子炉が移管したが、同社は設立と同時に、三基の原子炉の建設計画を経済的な理由で撤回した。それでもBE社は大幅な赤字を記録、倒産の危機を迎えた。イギリス政府は二〇〇四年に巨額の公的資金をつぎ込んだが、同社は〇九年一月、フランス電力公社（EDF）によって買収され、一〇年七月からはEDFエナジー社となった。長年のライバル国フランスの電力資本がイギリスの原子力発電を管理する時代を迎えたのである。

一〇年間長期政権を維持し、二〇〇七年六月に退陣したブレア政権は、〇三年のエネルギー白書で、原発を温暖化対策の将来の選択肢から排除しないと表明し、イギリスにも原子力ルネサンスの到来か、と原子力産業を元気づけた。労働党議員の約四五%は、原子力発電に批判的であると見られていたために、政権後半に原子力推進の姿勢を明確にしたことは、産業界や保守派を抱き込もうとする政権延命策とも解釈された。

〇五年四月、イギリス政府は、イギリス核燃料公社（BNFL社）の経営が行き詰まったために、この会社の債務を引き受け、原子炉の廃止措置をおもに担当する原子力廃止措置機関（NDA）を設立した。BNFL社が所有する旧型のガス冷却炉の原子力発電所や、英国原子力公社（UKAEA）の高速増殖炉などの資産と負債が移管され、廃炉や除洗計画がすすめられることになった。原子力廃止措置機関は、廃炉に特化した新しい機関である。このことが象徴するように、イギリスは、当時のブレア政権の期待にもかかわらず、むしろ本格的に廃炉の時代を迎えようとしていた。

〇五年四月一日から原子力廃止措置機関に移管されたばかりのセラフィールドの再処理工場ソープ（THORP）で、同年四月一九日、配管破断が原因で、使用済み核燃料を溶解した硝酸溶液（一万八千リットルの高濃度のプルトニウムを含む）が長期間にわたって大量に漏洩していたことが発見された。そもそも海外との再処理契約が切れる一〇年に閉鎖される予定だったTHORPは、事実上このまま閉鎖されることになった（ただし一一年四月末時点では閉鎖は正式にアナウンスされていない）。営業運転期間はわずか七年あまりだった。原子力廃止措置機関は、THORPからの収益を廃炉化予算全体の歳入としてあてにしていたから、運転再開の見込みがたたないなかで、イギリス政府の廃炉化計画は根本から見直しを迫られている。THORPに日本を含む各国から再処理を前提に運び込まれた計約八〇〇トンの使用済み核燃料にどう始末をつけるのか、再処理せずに各国に返還できるのか。いずれにしろ難題である。

〇六年のエネルギー白書でイギリス政府は、一九年の運転開始を目標に、アレバ社製の一六〇万kW四基の原発建設を勧めたが、当面新規発注はない見通しである。保守党と自由党が連立する現政権のキャメロン首相は野党党首時代から、熱と電気を供給するコジェネレーションなどの分散型電力供給の推奨者で、原子力発電に懐疑的である。八七年に認可され、九五年九月に運転を開始したサイズウェルB発電所を最後に、原子力ルネサンスへの期待にもかかわらず、イギリスでは新規発注は途絶えたままである。

欧州加圧水型炉の建設費高騰、スーパーフェニックスの閉鎖―フランス

原子力発電への依存率が八〇％を超えるフランスは、国策として安定的に原子力推進政策を継続してきた。

この一五年間の動きの中で特筆すべきことは、〇一年、フランス原子力庁傘下の原子炉メーカー・フラマトム社、同じく原子力庁傘下で核燃料サイクル施設を担当してきたコジェマ社が合併してアレバ社を設立、原子力ルネサンスをリードすべく、欧州加圧水型炉の国際的な受注に乗り出したことである。

〇七年には、フィンランドのオルキルオト三号機に続く、二基目の欧州加圧水型炉、フラマンヴィユ三号機（一六五万ｋＷ）の建設を開始した。当初建設費は三三億ユーロ（三九六〇億円）で二〇一三年に運転開始予定だったが、建設費は五〇億ユーロ（六千億円）へと五〇％近くにも高騰、運転開始も遅れることになった。

一九九八年九月には、トラブル続きだった高速増殖炉スーパーフェニックスが閉鎖された。フランス社会党、共産党、緑の党の連立政権の関係閣僚会議は、九六年一二月から運転停止中だった同炉の即時閉鎖を九八年二月に正式決定し、廃炉化事業を開始した。フランスの最高裁が、九四年の研究炉への運転免許の転換を認めなかったことが直接の契機となり、ジョスパン内閣が決断した。一一年間の運転期間の中で実際に稼働していたのは五年三ヶ月で、しかも低出力の時期が多かった。

フランスの原子力発電の実績も決して順風というわけではない。

フクシマ事故後の新しい動きとしては、四月一二日に、ドイツと国境を接するアルザス地方の中心都市で、欧州議会のあるストラスブール市議会で、国内で一番古いフェッセンハイム原発の閉鎖を求める動議が可決された。緑の党が提案したものだが、サルコジ政権の与党、民衆連合も賛成した[8]。

サルコジ大統領は、フクシマ事故後の三月三一日に、アレバ社のロベルジョンＣＥＯとともに、外国首脳としてはじめて来日した。フクシマ事故へのフランス政府およびフランス原子力産業の強い関心を示している。

掛け声倒れの原子力ルネサンス――アメリカの現実

アメリカは世界最大の原発大国だが、本書第四章で詳述したような理由から、歴代の共和党政権がテコ入れをはかったにもかかわらず「非原子力化」が進み、原発の新規発注は一九七八年を最後に途絶え、しかも一九七四年以降発注された原子炉は、一基も完成しなかった（表4・1参照）。したがって、「原子力ルネサンス」に関してもっとも注視されたのは、アメリカで原発の発注が再開され、三〇余年ぶりに建設工事が開始へと至るか、否かだった。

後掲の表6・2を見ると、九五年末から一〇年末までの一五年間で、アメリカでは五基が閉鎖され、建設中は一基ずつである。九五年末時点で建設中だったのは、TVAが所有するウォッツ・バー一号機（九六年五月に運転開始）である。この原子炉が発注され、建設工事が開始されたのは七三年だから、運転開始まで二三年もかかったことになる（本書一六七頁参照）。

一〇年末時点で建設中の一基は、ウォッツ・バー二号機である。この原子炉も七三年に発注され、八〇%まで完成していたが、八五年電力需要の伸び悩みを理由に工事が中断していた（そのため表6・2の九五年末時点の欄からは除かれている）。〇七年TVA理事会は建設再開を決定、一三年の運転開始をめざしている。

〇五年八月、ブッシュ政権は約三〇年ぶりに原発建設を促すために、原子炉運転開始から八年間の法人税控除などの優遇措置を盛り込んだ「新エネルギー政策法」を成立させた。そのため、ブッシュ政権末期までに駆け込み的に原発新設計画が三〇基分もつくられた。〇九年からスタートしたオバマ政権もブッシュ政権を引き継ぎ、電力会社の資金調達コストを引き下げて、原発の新設を後押しするために政府の債務保証額を三倍に増額することにした。しかし、一〇年末段階で、建設工事開始には一基も至っていない。アメリカ原子力規制委員会が、申請された建設計画を審査中だが、リーマンショック以降の景気低迷とそれにともなう電力需要の伸び悩みなどを背景に、凍結やキャンセルが相次いでいる。

とくに二〇一〇年は撤退の動きが目立った。

エクスロン（コモンウェルス・エジソン社などが合併）はシカゴに本拠を置く、全米最大の電力会社で、原発のオーナーとしても全米最大である。イリノイ州を中心に、全米一一ヶ所に稼働中の原発一九基を所有している。一〇年三月同社は、テキサス州に建設予定で、原子力規制委員会に申請中だった二基の原発建設計画を、電力需要の低迷を理由に撤回した。同社は二〇〇八年に、二〇二〇年までに毎年一五〇〇万トン以上の温室効果ガス分を削減するか、オフセット（排出権などの購入によって相殺する）するか、発電設備の置き換えによって対応することを宣言していた[9]。

同社が原発の新設に代わって選択したのは、一〇年八月に発表されたミシガン州の風力発電企業の買収である。同社は三五万二〇〇〇ｋＷの風力発電設備をもっていたが、買収によって七三万五〇〇〇ｋＷ分の設備を追加し、さらに一四六万八〇〇〇ｋＷ分の風力発電設備を新設予定である[10]。全米最大の原発設備をもつ電力会社は、風力発電設備でも最大の発電容量をもつことをめざしている。これらの数字を合わせると、近いうちに同社は、合計二五五万五〇〇〇ｋＷの風力発電設備をもつことになる。日本全体の風力発電設備容量二〇五万六〇〇〇ｋＷ（二〇〇九年）を二五％も上回る規模である。

一〇年一〇月、原発新設計画の中で最初に完成すると見られていたメリーランド州のカルバート・クリフス三号機の新設が凍結された。「政府は『税金で債務を肩代わりすることになるリスクが高い』と見て、事業主体であるコンステレーション・エナジーに対し、建設費の一割を超える保証料八億八千万ドル（約七三〇億円）の支払いを要求した」のに対し、同社が拒否し、新設計画を凍結した[11]。

フクシマ事故後の一一年四月一九日には、大手電力会社のNRGエナジーが、テキサス州に建設予定だったサウス・テキサス・プロジェクト三号機と四号機の建設プロジェクトに対して追加投資を見合わせるとして、撤退を発表した。東京電力も出資し、東芝と合弁で建設する予定になっていたが、フクシマ事故後、東電は海外事業からの撤退を宣言した。東芝は事業を継続する意向だが、NRG社に代わる新しい出資者を見つけられずに、立ち消えになる可能性が高いと見られている[12]。同プロジェクトは、フクシマ事故前から、アメリカ政府の債務保証や建設許可が得られず難航していたが、フクシマ事故が追い打ちをかけた。

なおブッシュ政権は、〇六年二月に、日仏ロ中などと多国間共同で、核燃料サイクルに取り組むグローバル原子力パートナーシップ構想（GNEP）を発表した。しかしオバマ政権は、グローバル原子力パートナーシップ構想には消極的であり、具体的な進捗は見られていない。

オバマ大統領は、フクシマ事故後も原発推進の立場を維持している。しかし電力市場が自由化されているアメリカでは、電力会社は建設コストに敏感にならざるをえない。アメリカでは原子力発電所の建設も投資ファンドが資金の出資者である。今後原子力規制委員会が安全基準を強化し、建設コストの上昇や工期の延長が予想されるから、投資ファンドにとっては原発建設の投資の魅力は大幅に低下した。すでに一〇年時点で暗雲が立ちこめていた原子力ルネサンスに、フクシマ事故は決定的な一撃を加えた。「原子力ルネサンスは一晩で消し飛んだのである」[13]。

「原発全廃」を政策プログラムに―ドイツ

チェルノブイリ原発事故を受けて、原子力政策とエネルギー政策の転換にもっとも真摯に取り組んできたのはドイツである。再処理工場の建設中止（八九年）、カルカー高速増殖炉の閉鎖（九一年）、MOX燃料加工場の閉鎖（九五年）、「エネルギー・コンセンサス」形成のための協議開始（九三年）までは、本書二一一―二頁で紹介した。

「エネルギー・コンセンサス」形成のための協議開始を契機に、二〇〇〇年六月、画期的な合意が成立した。稼働中の原発全基を閉鎖するという「脱原子力合意」である。九八年九月、戦後最長で四期一六年続いたキリスト教民主同盟のコール政権に代わって、シュレーダー政権が誕生した。社会民主党とともに、緑の党がはじめて政権与党となり、連立政権発足にあたって結ばれた公約の一つが脱原子力だった。

二〇〇〇年六月一四日に大手電力会社四社と政府との間で結ばれた「脱原子力合意」は、シュレーダー政権の大きな政治的達成となった[14]。この合意は世界ではじめて、原発全基を運転開始から三二年間稼働させた後に閉鎖するなどとした、画期的なものである。「原発全廃」という理念を、主要な利害関係者間の合意にもとづいて、実行可能な具体的な政策プログラムとして政策化に成功したのである。翌年六月に合意文書が調印され、〇二年二月にはこの合意にもとづいて原子力法が改正された。改正された原子力法では、同法の目的は、従来の「原子力推進」から「原子力発電の計画的な終焉と安全規制」に改められた。その後、ベルギーも類似の脱原発法を制定している。

「脱原子力法」ともいうべき改正原子力法の要点は、

（1）原子炉の運転期間の上限を三二年としたうえで、原子炉ごとに残存発電可能量を計算し、効率の悪い原子炉分は効率のよい原子炉分に譲渡することができるようにした。ドイツでもっとも新しい原発が営業運転を開始したのは八九年四月だから、二〇二一年頃が全原発が閉鎖される目安の年となった（残存発電可能量の譲渡を受けて数年程度延びる可能性がある）。

（2）原発の新規建設の禁止。

（3）使用済み核燃料の再処理の〇五年七月一日以降の全面禁止。

（4）使用済み核燃料は原発敷地近くに中間貯蔵施設をつくって保管する。

などである。この「脱原子力合意」には、三二年では長すぎる、妥協しすぎであるという環境派からの批判も強かったが、他方で原発推進派、保守派からの批判も強かった。野党時代のキリスト教民主同盟と自由民主党は、総選挙で政権を奪取すれば、法改正によってこの脱原子力合意を「翻す」、とくに原発の新設を可能にすると宣言していた。前政権の政治的達成のシンボルであるこの合意を翻すことは、政策差別化のシンボル的な意味合いをもちうるからである。しかし政党側からの政治的シンボルとしての期待は強くても、経済的・政治的リスクが大きすぎて、電力会社側は、新規発注の再開は実質的に困難だろうと見ていた。もっとも可能性が高いと見られたのが、三二年での閉鎖という脱原子力合意の柱をなし崩しにすることである。

二期七年のシュレーダー政権のあとを受けた〇五年九月の総選挙は、大接戦となった。選挙結果を受けて、難産の末にキリスト教民主同盟と社会民主党との大連立政権が樹立され、キリスト教民主同盟の女性党首メルケルが首相に就任した。大連立政権樹立にあたって、キリスト教民主同盟と社会民主党は、合意できない政策課題は棚上げすることにしたから、結果的に「脱原子力合意」は当面維持されることになった。

〇九年九月の総選挙では社会民主党が敗北し、キリスト教民主同盟と自由民主党との連立政権のもとで、二期目のメルケル政権がスタートした。一〇年九月、メルケル政権は平均一二年間の運転期間の延長を認める決定を行ったが、一一年三月一五日、フクシマ事故後にいちはやく、八〇年までに建設され老朽化した原発七基とトラブル続きの一基、計八基の運転停止を決定し、脱原子力へ軌道修正した。この八基はそのまま閉鎖されることになった。

続いて三月二二日には「安全なエネルギー供給のための倫理委員会」設置を発表した。テッパー元環境大臣（キリスト教民主同盟）とクライナー・ドイツ学術振興会会長を委員長に、リスク社会論で国際的に著名な社会学者ベック[15]や環境政治学者シュラーズ[16]ら一七名が委員で、四月二八日に「いかに早く再生可能エネルギーに安全に移行できるか」第一回公開討論会が開かれている。この委員会の答申を受けて、五月三〇日、連立与党は遅くとも二〇二二年までに原子力発電所一七基を閉鎖することを決定した。六月中には、昨年一二月に稼働期間の延長を定めた原子力法を再改定する予定である。

ドイツでは、新政権が運転期間の延長を決めた一〇年秋も、フクシマ事故後の一一年四月二二日・二三日も、全国の主要都市で数万人規模のデモがあった。原発に批判的な運動は、これだけの動員力と社会的な支持を得ている。このような社会的圧力の存在が、脱原子力政策の維持とフクシマ事故後の軌道修正を支えてきたといえる。

シュトゥットガルト市やフライブルク市などのある南西部のバーデン・ビュルテンベルク州では、三月二七日、州議会選挙が行われた。フクシマ事故を受け、原発政策が最大のテーマとなった。緑の党は得票を前回選挙から倍増させ、第二党に躍進し、第三党の社会民主党と連立政権を組むことになった。五月一二日には、一九八〇年の創設以来はじめて緑の党から州首相が誕生した。同州でキリスト教民主同盟が与党の座を降りることになったのは、五八年ぶりだった。

メルケル首相は、政権生き残りのためにも、脱原子力への舵取りを余儀なくされているのである。

世界全体の動向―四〇マイナス三四基

欧米における「原子力ルネサンス」のこのような実像を理解したうえで、表6・2をもとに世界全体の動向を確認しておこう。

二〇一〇年一二月末時点で、世界全体で運転中の商業原子炉は四四三基（ＩＡＥＡによる。「もんじ

表６・２　世界の原子力発電の推移（1995，2010年）

地域・国名	2010.12.31現在		1995.12.31現在	
	運転中基数	建設中基数	運転中基数	建設中基数
西　欧				
フランス	58	1	56	4
ドイツ	17		20	
(西ドイツ)				
(東ドイツ)				
英　国	19		35	
スウェーデン	10		12	
スペイン	8		9	
ベルギー	7		7	
スイス	5		5	
フィンランド	4	1	4	
オランダ	1		2	
イタリア				
小　計	129	2	150	4
北　米				
アメリカ合州国	104	1	109	1
カナダ	18		21	
小　計	122	1	130	1
アジア				
日　本	54	2	51	3
韓　国	21	5	11	5
台　湾	6	2	6	
インド	20	5	10	4
中　国	13	27	3	
パキスタン	3		1	1
イラン		1		2
フィリピン				
小　計	117	42	82	15

地域・国名	2010.12.31現在		1995.12.31現在	
	運転中基数	建設中基数	運転中基数	建設中基数
東　欧				
(ソ　連)				
ロシア	32	11	29	4
ウクライナ	15	2	16	5
リトアニア	0		2	
カザフスタン	0		1	
アルメニア	1		1	
ブルガリア	2	2	6	
ハンガリー	4	2	4	
(チェコスロバキア)				
チェコ	6		4	2
スロバキア	4		4	4
(ユーゴスラビア)				
スロベニア	1		1	
ルーマニア	2			2
ポーランド				
小　計	67	17	68	17
中南米				
アルゼンチン	2	1	2	1
メキシコ	2		2	
ブラジル	2	1	1	1
キューバ				
小　計	6	2	5	2
アフリカ				
南アフリカ	2		2	
小　計	2		2	
合　計	443	64	437	39
総計出力(万kW)	37,537.4		34,674.3	

(注）出典にもとづいて地域別に作成。表４・８（232-3頁）と対比して参照されたい。
(出典）IAEA 資料より作成。

図６・１　日本の原子力発電所一覧（2011年２月末現在）

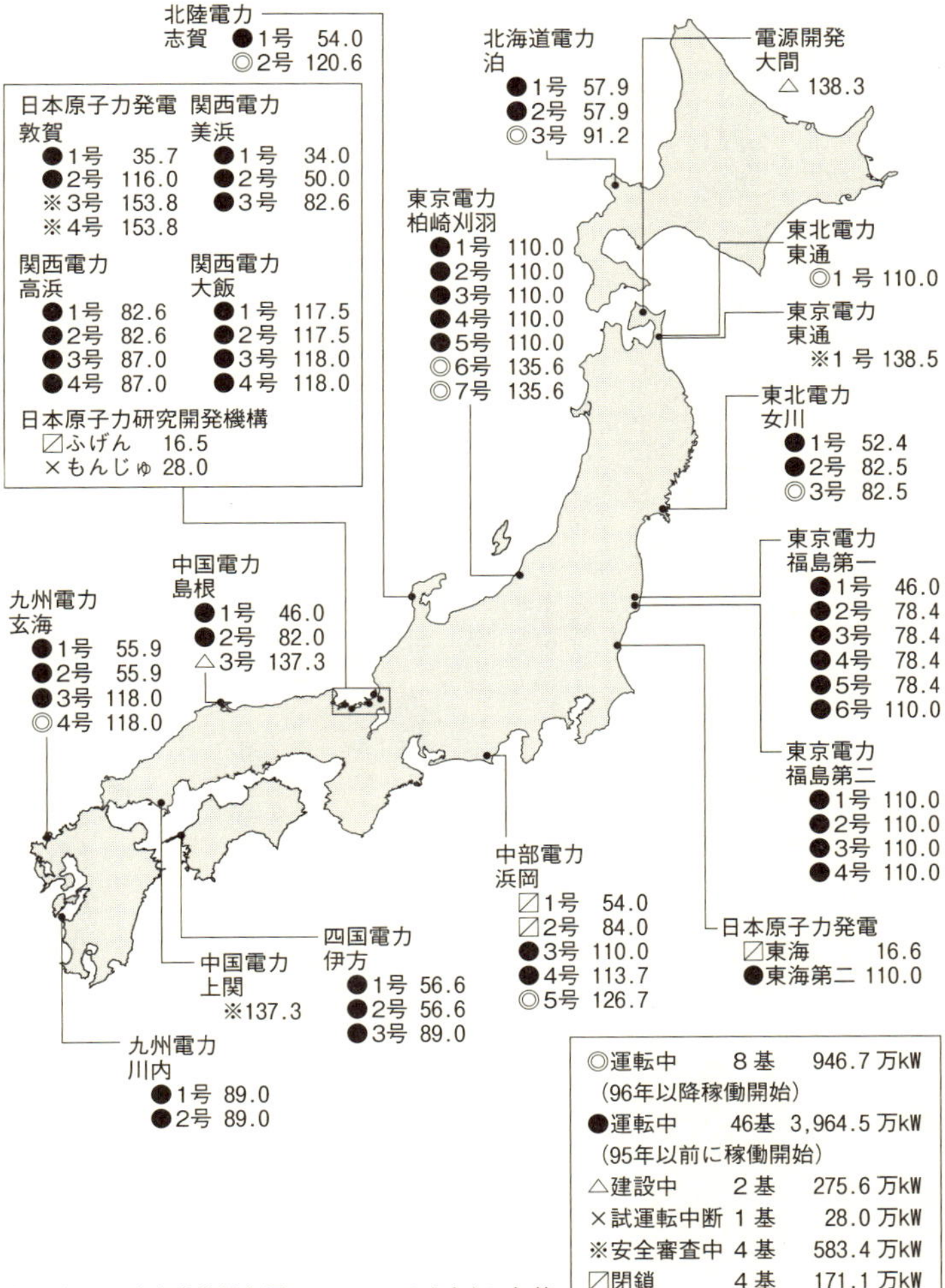
北陸電力
志賀 ●1号 54.0
◎2号 120.6
日本原子力発電
敦賀
●1号 35.7
●2号 116.0
※3号 153.8
※4号 153.8
関西電力
美浜
●1号 34.0
●2号 50.0
●3号 82.6
関西電力
高浜
●1号 82.6
●2号 82.6
●3号 87.0
●4号 87.0
関西電力
大飯
●1号 117.5
●2号 117.5
●3号 118.0
●4号 118.0
日本原子力研究開発機構
□ふげん 16.5
×もんじゅ 28.0
北海道電力
泊
●1号 57.9
●2号 57.9
◎3号 91.2
電源開発
大間
△ 138.3
東京電力
柏崎刈羽
●1号 110.0
●2号 110.0
●3号 110.0
●4号 110.0
●5号 110.0
◎6号 135.6
◎7号 135.6
東北電力
東通
◎1号 110.0
東京電力
東通
※1号 138.5
東北電力
女川
●1号 52.4
●2号 82.5
◎3号 82.5
東京電力
福島第一
●1号 46.0
●2号 78.4
●3号 78.4
●4号 78.4
●5号 78.4
●6号 110.0
東京電力
福島第二
●1号 110.0
●2号 110.0
●3号 110.0
●4号 110.0
中国電力
島根
●1号 46.0
●2号 82.0
△3号 137.3
九州電力
玄海
●1号 55.9
●2号 55.9
●3号 118.0
◎4号 118.0
中部電力
浜岡
□1号 54.0
□2号 84.0
●3号 110.0
●4号 113.7
◎5号 126.7
日本原子力発電
□東海 16.6
●東海第二 110.0
四国電力
伊方
●1号 56.6
●2号 56.6
●3号 89.0
中国電力
上関
※137.3
九州電力
川内
●1号 89.0
●2号 89.0
◎運転中 8基 946.7万kW
（96年以降稼働開始）
●運転中 46基 3,964.5万kW
（95年以前に稼働開始）
△建設中 2基 275.6万kW
×試運転中断 1基 28.0万kW
※安全審査中 4基 583.4万kW
□閉鎖 4基 171.1万kW

（出典）原子力資料情報室編，2010，p. 58をもとに加筆。

ゅ」などの長期休止分をのぞく。福島第一原発の六基などは含む)。表4・8(二三二—三頁)で、チェルノブイリ事故前の一九八五年一二月末、九三年末、九五年末の運転中および建設中の原子炉の数を国別、地域別に示した。九五年末の運転中の原子炉は四三七基だった。この一五年間に運転中の原子炉の数は六基分しか増えていない。

表6・2では、日本では表面的には三基分増えただけだが、詳しく見ると、図6・1のように、八基が新たに運転を開始し、四基(東海一号機、浜岡一・二号機、ふげん)が閉鎖され、高速増殖炉もんじゅが長期休止中である。

増えたのは、韓国、中国、インドがいずれも一〇基ずつである。日本が八基、この四ヶ国で三八基も増えている。パキスタンの二基を加えて、アジア全体では四〇基増だ。

他方、西ヨーロッパでは二一基、北米では八基減っている。著しいのは、前述のようなイギリスの一六基減だ。ドイツは三基減、スウェーデンは二基減である。西ヨーロッパで増えたのはフランスの二基のみである。

世界全体では、結局四〇基増えたが、三四基減って、差引きで六基増にとどまっている。

建設中は六四基。中国が二七基ともっとも多く、ロシア一一基、韓国およびインドが五基ずつで続く。日本は二基である(島根三号機、大間原発)。経済成長の著しいBRICS(ブラジル、ロシア、インド、中国)の四ヶ国の合計は、四四基になる。建設中の原子炉の六九%は、BRICS四ヶ国での建設である。アジアという枠でも、計四二基が建設中である。建設中の原子炉の六六%は、アジアでの

図６・２　世界の商業用原子炉数の推移（1985〜95，2000〜10年）

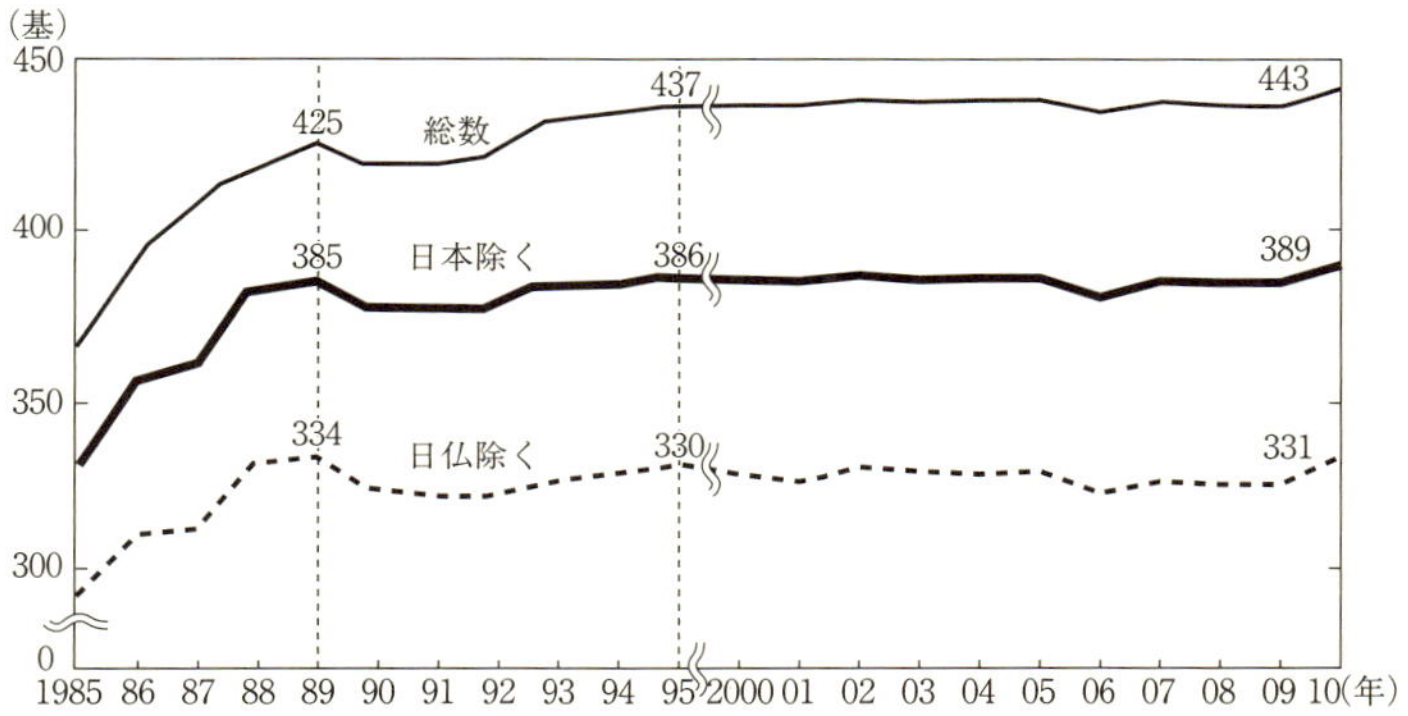

（出典）IAEA 資料より作成。

建設である。しかも三六基、五六％は、台湾を含む東アジアでの建設である。

「原子力ルネサンス」が喧伝されたアメリカだが、建設中は前述のように七三年に発注された一基にとどまり、二〇〇〇年代以降、新たに建設工事を開始した原子炉はない。

一五年前に本書旧版で述べたように、古い原子炉を中心に、先進国における「非原子力化」のトレンドは着実に進行しつつあることがわかる。これまでもアメリカの「原子力ルネサンス」は掛け声倒れの感があった。前述のように「一晩で消し飛んだ」という声があるように、フクシマ事故は「原子力ルネサンス」に大きなブレーキをかけ、欧米での「非原子力化」の流れを加速するだろう。四四三基をピークに、運転中の世界の原子炉の数は今後低下していくはずだ。

福島第一原発の四基、ドイツの八基、イギリスのガス冷却炉四基の閉鎖が確定している。運転中の原子炉の数は、早晩四三〇基を下回るだろう。

図4・2（二一〇頁）では、世界の商業用原子炉の数は九五年末まで一見増えているようにみえるが、日本とフランスの原発をのぞくと、ピークは八九年末であることを示した。図6・2は、これを二〇一〇年まで延長したものである。日仏両国をのぞくと、ピークはやはり八九年末のままである。チェルノブイリ事故の衝撃による信頼性の低下、世論の原子力離れ、電力マーケットの国際化の伸展、経済性の低下などによるものである。

中国などのＢＲＩＣＳ諸国で、また韓国での原発の増大にもかかわらず、世界の原発は日仏をのぞくと、八九年末がピークであることはきわめて興味深い。一九八九年はベルリンの壁が崩壊し、ヨーロッパにおける冷戦終結の年であった。一九九〇年代以降は、先進国における「非原子力化」の進行という異なるステージに入ったことが確認できる。

（3）日本の原子力―フクシマへの道

二七分の八―新規立地の困難さ

では日本の原発はどうなったのだろうか。また原子力政策、エネルギー政策はどう変わったのだろうか。

本書旧版で繰り返し述べたように、九七年当時、政府は、二〇一〇年までに二七基の原子炉の運転を

表6・3　日本の原発新増設計画のゆくえ（2011年5月現在）

発電所名	事業者名	所在地	出　力（万kW）	基本計画決定（予定）	着　工（予定）	運転開始（予定）	炉　型
浜　岡4号	中部電力	静岡県	113.7	1986.10	1989. 2	1993. 9	BWR
志　賀1号	北陸電力	石川県	54	1986.12	1988.12	1993. 7	BWR
女　川2号	東北電力	宮城県	82.5	1987. 3	1989. 8	1995. 7	BWR
柏崎刈羽6号	東京電力	新潟県	135.6	1988. 3	1991. 9	1996.11	ABWR
柏崎刈羽7号	東京電力	新潟県	135.6	1988. 3	1992. 2	1997. 7	ABWR
玄　海4号	九州電力	佐賀県	118	1982. 9	1985. 8	1997. 7	PWR
巻　1号	東北電力	新潟県	82.5	1981.11	断　念	断　念	BWR
女　川3号	東北電力	宮城県	82.5	1994. 3	1996. 9	2002. 1	BWR
浜　岡5号	中部電力	静岡県	126.7	1997. 3	1999. 3	2005. 1	BWR
大　間	電源開発	青森県	138.3	1999. 8	2008. 5	（2014.11）	ABWR
東　通1号	東北電力	青森県	110	1996. 7	1998.12	2005.12	BWR
浪江・小高	東北電力	福島県	82.5	困　難	（2016年度）	（2021年度）	BWR
芦　浜1号	中部電力	三重県	135	断　念	断　念	断　念	―
芦　浜2号	中部電力	三重県	135	断　念	断　念	断　念	―
志　賀2号	北陸電力	石川県	120.6	1997. 3	1999. 8	2006. 3	ABWR
泊　3号	北海道電力	北海道	91.2	2000.10	2003.11	2009.12	PWR
島　根3号	中国電力	島根県	137.3	2000. 8	2005.12	（2012. 3）	ABWR
珠　洲1号	中部・北陸・関西電力	石川県	135	凍　結	凍　結	凍　結	―
珠　洲2号	中部・北陸・関西電力	石川県	135	凍　結	凍　結	凍　結	―
敦　賀3号	日本原電	福井県	153.8	2002. 8	（2012. 3）	（2017. 7）	APWR
敦　賀4号	日本原電	福井県	153.8	2002. 8	（2012. 3）	（2018. 7）	APWR
東通1号（東電）	東京電力	青森県	138.5	2010. 1	2011. 1	（2017. 3）	ABWR
福島第一7号	東京電力	福島県	138	中　止	中　止	中　止	ABWR
福島第一8号	東京電力	福島県	138	中　止	中　止	中　止	ABWR
上　関1号	中国電力	山口県	137.3	2001. 5	（2012. 6）	（2018. 3）	ABWR
川　内3号	九州電力	鹿児島県	159	―	（2013年度）	（2019年度）	PWR
東通2号（東電）	東京電力	青森県	138.5	―	（2014年度以降）	（2020年度以降）	ABWR
浜　岡6号	中部電力	静岡県	140級	―	（2015年度）	（2022年度以降）	ABWR
東　通2号	東北電力	青森県	138.5	―	（2016年度以降）	（2021年度以降）	ABWR
上　関2号	中国電力	山口県	137.3	2001. 5	（2017年度）	（2022年度）	ABWR

（出典）日本電気協会新聞部編『原子力ポケットブック』2010年版, pp. 120-1をもとに加筆。

開始する計画だった。表5・5（二五九頁）で建設中および計画中だった一二基はどうなっただろうか。表6・3は、計画中のものを含め、これを拡充したものである。運転を開始したのは、柏崎刈羽六・七号機、玄海四号機、女川三号機、浜岡五号機、東通一号機、志賀二号機の七基である。このほか、二〇〇〇年に基本計画が決定し、〇三年に着工した北海道電力の泊三号機が、〇九年に営業運転を開始している。二七基のうち目標どおり一〇年までに運転開始できたのは、八基のみであった。

中止になったのは、住民投票結果をもとにした巻原発、住民投票結果をもとに県知事が中止を求め、これを電力会社が受け入れた芦浜原発二基の三基である。東北電力の直江・小高原発は地元の了解が得られず難航していたが、立地点は福島第一原発から二〇キロ以内の地域にあり、今回の事故で大きな被害を被ったから、東北電力も建設を断念せざるをえないだろう。

表6・3中段の一二基の中で、建設中は電源開発の大間原発一基にとどまるが、この原発も地元合意が得られず、炉心近くの用地が未買収のまま建設工事開始が強行されるという異例の経緯をたどっており、今後の動向は予断を許さない。

結局一二基のうち、運転開始した七基はいずれも既設の発電所への増設だった。泊三号機も同様である。

新設の五基（巻、大間、浪江小高、芦浜一・二号機）は、難航している大間原発をのぞくと、断念もしくは事実上の断念に追い込まれた。基本計画決定を目前にしていた志賀原発をのぞくと、チェルノブイリ事故後、新設の原発で運転開始できたのは、東北電力の東通原発一号機のみである。この東通原発の場合には、立地点の東通村が核燃料サイクル施設の立地する六ヶ所村の北隣にあり、しかも用地買収が完了していたという特殊事情がある。

表6・3の下段が、建設中および計画中の原子炉一五基である（浪江・小高と大間は中段）。二〇一〇年六月に策定したエネルギー基本計画では、「二〇三〇年までに、少なくとも一四基以上の原子力発電所の新増設を行う」とされていた。しかし、浪江・小高のほか、福島第一原発事故の影響を受けて、福島第一の七・八号機は中止となった。東電の東通一・二号機も断念せざるをえまい。東海地震の想定震源域の真上にあることから、浜岡六号機の建設もおそらく困難だろう。敦賀地方に原発が集中していることに対して、滋賀県・京都府・大阪府民などの不安感が高いことから、敦賀三・四号機の建設に対する社会的合意も困難なのではあるまいか。

この一五基の計画の中で、とくに批判が強く、地元で強力な反対運動が続いているのは、新設の上関原発と大間原発である。これまで日本政府は、温暖化対策の名のもとに、原子力推進政策をとってきたが、見直しの具体的対象となるのは、論争的な上関原発と大間原発だろう。

今後新たに着工できそうなのは、せいぜい一～三基程度である。原子力に関する見解を異にするにせよ、事実上選択肢は狭められてきた。

「ノーマル・アクシデント」

この一五年で際立つのは、日本の原子力の安全管理体制を根幹からゆるがすようなショッキングな事故やトラブルが相次いだことである。九五年一二月のもんじゅ事故以来のおもな出来事を表6・4にまとめた。素朴で信じがたいようなミスの連鎖による事故が相次いでいる。

組織社会学者で、スリーマイル事故の連邦政府調査委員会の一員としてスリーマイル事故を調査したチャールズ・ペローは、事故原因の分析にもとづいて「ノーマル・アクシデント（normal accident）」という概念を提起した[17]。事故は、決して異常事態ではなく、よくあるような平凡なミスやトラブルの連鎖によって引き起こされる。事故はいつどういう形で起こっても不思議ではない、という警告でもある。

福島原発などをめぐるトラブル隠しと検査データ改ざん

福島第一原発などの部品のひび割れなどのトラブル隠しと検査データの改ざんは、点検作業を行ったアメリカ人技術者が二〇〇〇年七月に内部告発したことによって、二〇〇二年八月に表面化した。

東京電力の原子炉一五基（当時）のうち一三基にかかわる計二九件にわたる組織的な隠蔽や記録の改ざんがあったことが発覚し、当時の同社社長や経団連元会長を含む社長経験者五人が引責辞任し、二〇〇三年四月から一時東電の全原子炉一七基が運転休止するという事態を引き起こした。福島第一原発一号機に関する擬装改ざんはとくに悪質であるとして、原子力安全・保安院は一〇月二五日、同機の一年間の営業運転停止を命じた。商業原子炉が運転停止を命じられたのは同機が最初である。同社および原子力安全・保安院が内部告発から約二年間、問題を放置してきたこと、同社と保安院との癒着ぶりも社

表６・４　日本の原子力施設におけるおもなトラブル・事故（1995.12.8〜2011.3.11）

1995.12.8	高速増殖炉もんじゅで，ナトリウム漏れによる火災が発生
1999.6.18	北陸電力志賀原発１号機で，定期点検中に制御棒３本が脱落し原子炉が起動し，15分間臨界が継続（2007.3.15に発覚）
1999.9.14	関西電力で，高浜原子力発電所３号機に装塡予定だったBNFL社製造のMOX燃料の製造データ改ざんが発覚。同社の労働組合が内部告発
1999.9.30	東海村のJCO東海事業所で，突如臨界状態が出現し，約20時間継続作業員２名死亡，１名重傷，消防署員３名，JCO社員，周辺住民など計667名が被曝
2000.7	福島第一原発・第二原発で，点検作業を行ったアメリカ人技術者が，福島第一原発の検査記録の改ざんを保安院に内部告発。しかし保安院は問題を放置
2001.12.28	六ヶ所村の使用済み核燃料貯蔵プールで，７月からの漏水が判明
2002.8.29	福島第一原発・第二原発などで，部品のひび割れなどのトラブル隠しと検査データの改ざんが表面化
2002.9.2	東京電力の南社長・荒木会長，経団連元会長を含む社長経験者５人が引責辞任
2002.10.25	原子力安全・保安院，福島第一原発１号機に関する擬装改ざんはとくに悪質として，日本で初めて１年間の営業運転停止命令
2002.11	日本原燃で，漏水箇所を特定化し，原因が下請けの不良溶接にあることを確認
2003.6月までに	日本原燃で，16ヶ所で埋込金物の位置ずれ，不正取り付けが発覚。大江工業の下請け労働者が内部告発の手紙で指摘
2003.4.14	擬装改ざん問題により，東京電力の全原子炉17基が運転休止に
2004.8.9	関西電力の美浜原発３号機で，高圧蒸気の配管から蒸気漏れ事故が起こり，作業員４名が高温高圧やけどで死亡，７名が負傷
2005.6.9	六ヶ所村の使用済み核燃料貯蔵プールで，再び水漏れ
2007.7.16	新潟県中越沖地震によって，柏崎刈羽原発全７基に被害。炉心冷却装置の１台が故障し，放射性物質を含んだ水がプールから溢れ出し，火災が発生
2007.11.5	六ヶ所村の再処理工場で，ガラス固化体の製造開始。しかしガラス溶融をめぐってトラブル続出
2008.5.25	渡辺満久東洋大学教授らが，核燃料サイクル施設付近に日本原燃が見落としてきた約15キロの活断層が存在し，沿岸部の大陸棚外縁断層につながっている可能性があると学会報告。日本原燃との間で論争になる
2011.3.11	東日本大震災により福島第一原発１〜３号機で，全電源が喪失し，冷却不能，メルトダウンが起き，大量の放射能が環境に放出される。１号機で水素爆発（3.12），３号機で水素爆発（3.14），運転停止中の４号機でも火災発生（3.15）

会的に指弾された[18]。

原子力発電にかかわる社内的な規制および政府の規制の機能不全、電力会社と規制当局との癒着、経済性を優先し安全性を軽視する東京電力の構造的な体質を強く印象づける出来事であり、福島第一原発事故の前史をなしているといえる。二〇一一年四月二七日付の『ニューヨーク・タイムス』紙は、「原子力ムラ」の典型事例としてこの事件に言及し、内部告発したアメリカ人技術者へのインタビューを掲載している[19]。

政府もメディアも、三月一一日の事故が突然起こったかのように発表し報道しているが、福島第一原発の原因究明にあたっては、このような構造的なトラブルの前史があることを忘れてはならない。

北陸電力の臨界事故隠し

類似の長年にわたるトラブル隠しは、東北電力・中部電力・日本原電でも発覚し、おもに沸騰水型炉の停止が相次いだ。

とくに悪質でショッキングだったのは、九九年六月に北陸電力志賀原発一号機で、定期点検中だった原子炉が起動してしまい、一五分間臨界が続いたという事故である。ウランやプルトニウムなどを一定量以上一ヶ所に集めると、急激に核分裂の連鎖反応が起きて、大量の放射線や熱を発生する。これが「臨界」である。停止状態の原子炉内にあった制御棒八九本のうち、三本が抜けたまま入らなくなり、誤って原子炉が起動し、手動で制御棒を原子炉内に戻し、一五分後に緊急停止させたという事故である。定期点検中だったから、原子炉格納容器や圧力容器は上蓋を外していた。しかも二〇〇二年にトラブル隠しや検査記録の改ざんがこれだけ問題になったにもかかわらず、北陸電力は検査記録を改ざんしたままま、原子力安全・保安院に対しても事故を隠し続けた。この事件が発覚するのは、八年後の〇七年三月一五日である。東京電力などでデータ改ざん、隠ぺいが相次いだため、保安院がすべての電力会社に、過去の不正などをすべて調査し、三月末までに報告するように指示した。原子炉緊急停止の隠ぺいは、この指示を受けた北電の社内調査で、一人の社員が告白して発覚した。

北電は事故から二ヶ月後の九九年八月に、二号機増設について地元合意を得た。隠蔽の背景には、すみやかに増設への地元合意を得たいという動機があったと見られる。

ＪＣＯ事故

九九年九月三〇日には、茨城県東海村の住宅地の中にあった住友金属鉱山の子会社ＪＣＯの東海事業所で、突如臨界状態が出現し、約二〇時間にわたって継続するという、世界の原子力事故史上でも類例のない異常事態が生じた。

同事業所は、核分裂を引き起こすウラン２３５を四％程度含む低い濃度のウランを原子力発電所で燃やすための燃料に加工する工場だったが、一般の住宅地の中に目立たずに存在していた。無防備な設備のもとで、十分に知識を与えられず、訓練もされていない作業員による初歩的な作業ミスが重なったために、住宅地の中に突如臨界状態が出現したのである。

事故が起きたのは、高速増殖炉「常陽」燃料用の中濃縮ウランを硝酸溶液に加工する過程においてである。動力炉核燃料事業団（現・独立行政法人日本原子力研究開発機構）が発注し、ウラン235が一八・八％含まれていた。同事業所では、効率化・作業時間の短縮などのために、裏マニュアルがつくられ、許可条件から逸脱した作業工程や法規違反が日常化していた。

一〇時三五分の事故発生から四四分後に、監督官庁だった科学技術庁はＪＣＯから「臨界事故の可能性あり」という通報を受けたが、無策に終始し、県や村に対して何らの指示も行わなかった。一五時、国や県からの指示がまったくないなかで、村上達也東海村村長は独自に三五〇メートル圏内の住民に自主的な避難を呼びかけ、一六〇人が避難した。

強い放射線被曝によって作業員二名が死亡し、一名は重傷を負い、臨界事故と知らされずに無防備のまま救援に呼ばれた消防署員三人も被曝した。ＪＣＯの社員等二〇九人が被曝するとともに、周辺住民も被曝を余儀なくされた（事故調査委員会によれば周辺住民を含む六六七人が被曝した[20]）。

そもそも核燃料加工施設が一般の住宅地の中に立地していたこと、しかも臨界事故の発生をまったく想定しておらず、放射線の遮蔽も検出装置も不備であったこと、原子力安全規制や原子力安全教育が形骸化していることなどが明らかになった。しかも原子力先進地と謳われ、原子力開発のモデルとされてきた東海村と茨城県の間に緊急時のホットラインすらないなど、原子力防災体制の根本的な不備をＪＣＯ事故は露呈した。事業許可取消処分を受けたＪＣＯとともに、科学技術庁、原子力安全委員会、ＪＣＯの実力や実態を認識していたはずの発注元の動燃の道義的・社会的責任がきびしく問われることになった。

美浜原発での死亡事故

〇四年八月九日には、関西電力の美浜原発三号機で、高圧蒸気の配管から蒸気漏れ事故が起こり、作業員四名が高温高圧の蒸気を浴びてやけどで死亡、七名が負傷した。原因は運転開始から二七年間、一度も点検していなかったためにこの配管の腐食を見逃していたというお粗末なものである。しかも本来原発を停止して行うべき作業を、点検期間短縮のために運転を継続して行ったために、死亡事故に至ってしまった。

「原発震災」の警告と中越沖地震

阪神淡路大震災を契機に、原発の耐震性があらためて問われるようになった。「原発震災」という概念を提起し、その危険性を専門家として本格的に提起し、福島第一原発事故のような震災による過酷事故を予言したのは、増補まえがきでも述べたように、地震学者の石橋克彦氏である。同氏が『科学』の九七年一〇月号に発表した「原発震災―破滅を避けるために」は大きな反響を呼んだ。

驚くべきことに、八〇年代、九〇年代の地震工学の大幅な進展にもかかわらず、政府は、原子力発電所の耐震設計の審査指針を七八年に策定して以降、八一年に一部改訂したのみで、二〇年間一度も見直さなかった。二〇〇一年、原子力安全委員会に耐震指針検討分科会がつくられ、石橋氏も委員に就任する。しかし〇六年八月、同氏は審査指針の改訂内容が不十分であるとして、改訂案が了承される直前、抗議の意思を表明するために委員を辞任した。

石橋氏はその時、新指針は「既存の原発が一基も不適格にならないように配慮された」感があり、活断層の評価や地震の想定に恣意的な過小評価を許すものになっていると批判した。「最後の段階になって、私はこの分科会の正体といいますか本性といいますか、それもよくわかりました。さらに日本の原子力安全行政というのがどういうものであるかということも改めてよくわかりました」という言葉を残して辞任した[21]。

改訂された耐震設計審査は一四頁だが、日本ではすべての原発が海岸に立地しているにもかかわらず、津波への言及は末尾に一ヶ所あるのみで「地震随伴事象に対する考慮」として、次のわずか七四文字にとどまっている。

「⑵施設の供用期間中に極めてまれではあるが発生する可能性があると想定することが適切な津波によっても、施設の安全機能が重大な影響を受けるおそれがないこと」[22]。

〇七年七月一六日には、新潟県中越沖地震（M６・８）によって、柏崎刈羽原発が大きな被害を受け、炉心冷却装置の一台が故障し、放射性物質を含んだ水がプールから溢れ出し、火災が発生した。柏崎刈羽原発では旧指針のもとで最大四五〇ガルの揺れを想定していたが、この地震ではその四倍近い一六九九ガルの地震動があったと推定されている（一号機での東京電力の推定）。

核燃料サイクル・プルトニウム利用路線の行き詰まり

こうしたトラブルや事故が相次いだことによって、政府が九九年から導入を計画していたプルサーマル計画も大幅に遅延した。プルサーマルとは、ウランに約一割プルトニウムをまぜたMOX燃料を軽水炉で燃やすことをさす。

本書二七〇－三頁にかけて詳述したように、日本の原子力政策の大前提となる国際公約は余剰プルトニウムを持たないことである。しかし日本は使用済み核燃料はすべて再処理する方針であり、再処理すればプルトニウムが生まれる。一〇年度末で、日本は三一・五トンのプルトニウムを保有している[23]。再処理をするまで使用済み核燃料は原子力発電所で管理されるが、古い原子力発電所の場合には、貯蔵能力に限界がある。使用済み核燃料をどう処理するかは、原子力発電所の基本的な難題である。

日本政府が弥縫策として採っているのがプルサーマル計画である。日本の原発をリードし、格上である東京電力か関西電力が、プルサーマル計画も先陣を切ると見られていた（電事連会長は、原則としてこの両社のいずれかの社長が務めることになっている）。

九九年九月、関西電力の高浜原子力発電所三号機に装塡予定だったBNFL社製造のMOX燃料の製造データに改ざんがあったことが、同社の労働組合の内部告発により発覚した。〇四年には前述の美浜原発事故が起き、関西電力はプルサーマルの導入延期を余儀なくされた。

柏崎刈羽原発では、〇一年五月、刈羽村でプルサーマルの可否をめぐる住民投票が実施され、反対が五三・六％を占めた。

福島原発では、〇二年八月に表面化した前述の東京電力のトラブル隠しに対して、佐藤栄佐久福島県知事はプルサーマル計画への同意を撤回し、〇六年八月の同知事の在任中は同意を与えなかった。

プルサーマルがようやく実施されるのは、計画から一〇年遅れた二〇〇九年一一月、玄海三号機においてである。伊方三号機、福島第一原発三号機、高浜三号機が続いた。

トラブル続出の核燃料サイクル施設

トラブルの続出は、青森県六ヶ所村の核燃料サイクル施設においても例外ではなかった。

九二年三月の操業以来、ウラン濃縮工場の遠心分離機は、トラブルによる停止が相次いでいる。七系統ある生産ラインは六系統が停止し、運転しているのは一系統のみである。

もっとも深刻な事件の一つは、〇一年一二月に表面化した六ヶ所村の使用済み核燃料貯蔵プールの水漏れ事故が引き金になってあらわになった、不正溶接事件である。

〇一年七月一〇日、検知装置が作動し出水が確認され、一時間に約一リットルもの水漏れが生じた。出水量は通算で五二〇〇リットルにも達していたが、日本原燃は一二月末までこの事実を公表しなかった。漏水箇所を特定化し、原因が下請けの不良溶接にあることを確認できたのは、水漏れが起きてから一年四ヶ月後の〇二年一一月だった。使用済み核燃料貯蔵プールは、原発には必ず付帯する設備だが、世界中にある約五〇〇基の貯蔵プールでも、水漏れ事故はほとんど起きていない。日本の原子力技術が優秀だというのは作為的な幻想か「神話」であり、このような初歩的なミスを頻発させてきたのである。

このミスを起こした下請け企業、大江工業の施工にはほかにもミスがあった。同社の下請け労働者から日本原燃宛の内部告発の手紙が届いたが、その指摘どおり、〇三年六月までに一六ヶ所で、埋込金物の位置ずれ、不正取り付けが発見された。日本原燃は、使用済み核燃料の貯蔵施設で五万ヶ所、再処理工場本体で五〇万ヶ所、類似の埋込金物を点検し、必要な補修を行った。日本原燃の施工監理体制の甘さがきびしく問われた事件である。

〇五年一月には再処理工場のガラス固化体関連建屋で設計ミスが発覚、六月には使用済み核燃料貯蔵プールで再び水漏れが起こった。

〇三年には電力業界に近い研究者など、原子力推進陣営の側からも、経済性への疑問にもとづいて再処理事業の凍結論・核燃料サイクル計画の見直し論が提起されるようになった。しかし経済産業省と原子力委員会は見直し論を振り切り、〇四年一二月からウラン試験を、〇六年三月からは使用済み核燃料を用いたアクティブ試験を開始した。けれども大小のトラブルが相次ぎ、営業運転開始予定はその後もたびたび延期され、一一年四月末現在、試運転終了、営業運転開始の見通しはたっていない。現在もなお、ガラス固化体の製造実験が難航しており、不具合の原因すら特定できていない。溶けにくい白金族元素が炉底に堆積してガラスが流れにくくなるなど、ガラス固化体をつくるためにもっとも肝心なガラス溶融がうまく行かない事態が三年近くも続いている。

再処理工場の操業開始予定は、当初計画では九七年一二月だったが、一三年以上遅れている。

再処理工場は、そもそも北隣の東通村に立地予定だったが、むつ小川原開発の救済のために当時の北村正哉青森県知事の強い要請で、急遽六ヶ所村に変更になったのである。地質学的な立地適性には軟弱な地盤であるとして、当初から批判が強かった。〇八年五月には、核燃料サイクル施設付近に日本原燃が見落としてきた約一五キロの活断層が存在し、しかもこれが長さ八四キロに及ぶ大陸棚外縁断層（活断層研究会編『新編日本の活断層』（一九九一）にも記載されている）につながっている可能性があり、その場合には活断層の長さは約一〇〇キロに達し、マグニチュード8クラスの大地震が起きる怖れがあること、日本原燃は耐震審査をやり直すべきだという研究報告が、変動地形学の渡辺満久氏らからなされ、日本原燃との間で論争になった[24]。日本原燃は、大陸棚外縁断層は古い断層であり、国の原発耐震指針の評価対象外だとしている。

日本の原子力推進政策の見直しにあたって最大の争点の一つは、現時点で技術的な完成の目途が立たず、経済性にも問題があり、危険度の高い核燃料サイクルの継続か、凍結か、中止か、という選択である。

科技庁との二元体制から経産省一元化へ

日本の原子力開発体制は初期から、商業用原子炉などの実用化段階以降を担当する経済産業省と、研究段階を所管する科学技術庁という二元体制で進められ、両者の間での長年の緊張関係、確執が伝えられてきた（本書一七八頁、二六五－八頁）。もんじゅ事故、とくにＪＣＯ事故を契機に、二〇〇一年一月の省庁再編にともなって経済産業省（旧通産省）の中に、科技庁原子力安全局の機能を移管するかたちで原子力安全・保安院が新設された。科学技術庁は文部省に統合され、文部科学省となった。科学技術庁が担当してきた高速増殖炉や核燃料サイクル施設も経産省の所管となった。原子力委員会の事務局は、科学技術庁の原子力局が、原子力安全委員会の事務局は、同じく原子力安全局が担当してきたが、ともに内閣府が担当することになった。原子力委員長は科学技術庁長官が兼務することになっていたが、〇一年以降は民間人が就任している。日本の原子力政策の最高意思決定機関とされてきた原子力委員会の地位の低下を示している。

これらは本書旧版執筆当時、筆者が予想していなかった事態であり、日本の原子力行政の表面上、組織上の大きな変化である。文部科学省に残った規制権限は、大学などの研究機関が核燃料を扱う場合に限られることになった。ある意味では経産省は、九五年のもんじゅ事故、九九年のＪＣＯ事故をたくみに利用して、大きな抵抗を招くことなく、しかも社会的な論議も少ないなかで、積年の悲願だった原子力行政の一元化に成功したのである。図６・３は、省庁再編にともなう原子力行政の変化である。原子力安全・保安院主導の体制になったことは、そもそも存在感の乏しかった原子力安全委員会の影をさらに希薄にした。「官僚主導の保安院が圧倒的に強くなった」と、中川秀直元科技庁長官も述懐している[25]。

- 経済産業省
  - 製造産業局 ── 原子力安全課
  - 資源エネルギー庁
    - 電力・ガス事業部
      - 政策課
      - 電力市場整備課
      - 電力基盤整備課
      - 原子力政策課
        - 原子力国際協力推進室
      - 原子力立地・核燃料サイクル産業課
        - 核燃料サイクル産業立地対策室
        - 原子力発電立地対策広報課
        - 原子力地域広報対策室
      - 放射性廃棄物等対策室
  - 原子力安全・保安院
    - 企画調整課
      - 国際室
    - 原子力安全広報課
    - 原子力安全技術基盤課
    - 原子力安全特別調査課
      - 訴務室
    - 原子力発電安全審査課
      - 耐震安全審査室
    - 原子力発電検査課
      - 高経年化対策室
      - 新型炉規制室
    - 核燃料サイクル規制課
    - 核燃料管理規制課
    - 放射性廃棄物規制課
      - 総合廃止措置対策室
      - クリアランス対策室
    - 原子力防災課
      - 核物質防護対策室
      - 原子力事故故障対策・防災対策室
    - 火災対策室
    - 電力安全課
      - 電気保安室
  - 【独立行政法人】
    - 日本原子力研究開発機構（文部科学省と共管）
    - 原子力安全基盤機構
  - 【認可法人】
    - 原子力発電環境整備機構

- 環境省
  - 水・大気環境局 ── 大気環境課
    - 廃棄物・リサイクル対策部 ── 適正処理・不法投棄対策室

図6・3　日本の原子力行政（2009年12月31日現在）

- **内閣府**
  - 原子力委員会
  - 原子力安全委員会
    - 総務課
    - 審査指針課
    - 管理環境課
    - 規制調査課
  - 国家公安委員会
    - 警察庁
      - 生活環境局
        - 保安課
      - 警備局
        - 警備課
  - 食品安全委員会
  - 政策統括官（科学技術・イノベーション担当）
    - 原子力政策担当室
  - 政策統括官（防災担当）
  - 政策統括官（共生社会政策担当）

- **外務省**
  - 総合外交政策局
    - 軍縮不拡散・科学部
      - 不拡散・科学原子力課
        - 国際原子力協力室
        - 国際科学協力室
      - 軍備管理・軍縮課
  - 経済局
    - 経済安全保障課

- **文部科学省**
  - 科学技術・学術政策局
    - 原子力安全課
      - 原子力規制室
      - 防災環境対策室
      - 放射線規制室
      - 保障措置室
  - 研究振興局
    - 基礎基盤研究課
      - 量子放射線研究推進室
    - 研究振興戦略室
  - 研究開発局
    - 開発企画課
      - 立地地域対策室
    - 原子力計画課
      - 放射性廃棄物企画室
    - 原子力研究開発課
    - 研究開発戦略官
  - 水戸原子力事務所
  - 【独立行政法人】
    - 放射線医学総合研究所
    - 理化学研究所
    - 日本原子力研究開発機構（経済産業省と共管）

（出典）日本電気協会新聞部編『原子力ポケットブック』2010年版，p. 512-4より一部省略。

再生可能エネルギー——中国の急増と日本の停滞

日本のエネルギー政策の中で、資源エネルギー庁や電力会社の狙いどおりの効果をあげた政策がある。二〇〇三年度から施行された「電気事業者による新エネルギー等の利用に関する特別措置法」である。表面上は、風力発電・太陽光発電などの導入促進を謳い文句にしていたものの、この法律では、イギリスなどが一〇%を義務づけているのに、二〇一〇年に一・三五%という現状追認型の低い目標にとどまった。その後、二〇一四年の目標を一・六三%に改訂したが、この目標もEU二七ヶ国が二〇一〇年に平均二一%を目標にしているのに対して著しく低い。途上国二六ヶ国を含む、世界の五九ヶ国の中で、ロシアとともに、もっとも低い水準の目標をかかげている[26]。

しかも特別措置法の施行以前はキロワット時あたり一一・五円、十七年間の長期契約で買電できていたものが二千キロワット未満の風力発電については、電気部分三円程度でしか購入しないという条件になった。ある日を境に、突然約四分の一の値段に買いたたかれるというような制度が、二〇〇三年度からやすやすと導入され、経済産業省や電力会社の思惑どおり、日本の風力発電や太陽光発電は停滞することになった。

九五年と最近の世界ランキングを比較してみると、日本の系統連係の太陽光発電の設備容量は、二〇〇四年まで維持してきた一位から落ち、〇九年は三位である。風力発電の設備容量も八位から一三位（一〇年）に後退している[27]。

中国については、前述のような原子力発電の設備容量の伸びばかりが指摘されるが、実は世界最大の

図6・4　風力発電の伸び（上位6ヶ国と日本）（2003〜10年）

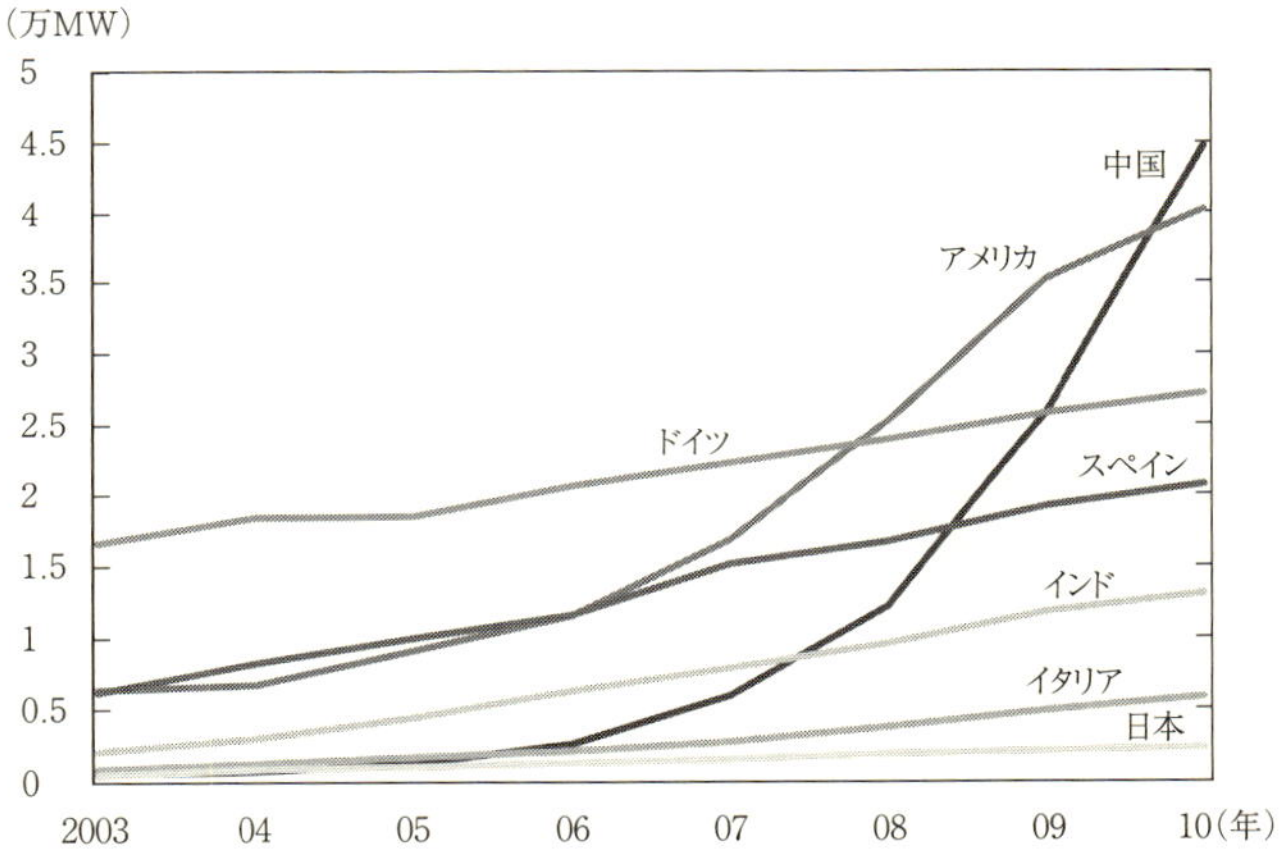

（出典）World Wind Energy Report 各年版による。

風力発電大国でもある。〇二年までは日本の方が多かったが、〇三年には日本を抜き（中国は九位、日本は一〇位）、一〇年末までにはアメリカを抜き、中国はたちまち世界最大の風力発電大国に躍り出た。図6・4のように、毎年倍倍ゲームのように増え続けている。一〇年に新しく建設された世界の風力発電の半分は、中国での建設だった。アメリカ、ドイツ、スペイン、インドと続く。中国は〇三年に比べると、八〇倍も風力発電の設備容量を増やしている。その間、日本は四倍増えたのみである。

太陽光発電も、中国内モンゴルに、世界最大二〇〇万kWの太陽光発電所が建設されることが一〇年五月に発表された。太陽光発電でも中国は牽引役となっている。

（4）サクラメント電力公社の現在

カリフォルニア電力危機とサクラメント電力公社

本書第1章から第3章で論じたサクラメント電力公社（ＳＭＵＤ）はどうなっただろうか。一九八九年六月の住民投票直後は存続さえ危ぶまれるほどだったが、トラブル続きの原発を閉鎖したＳＭＵＤはフリーマン総裁らの好リードも得て、エネルギーの効率利用と自然エネルギーに力を入れる新しい電力事業者のモデルとして、住民からも、電力業界からも高い評価を得た（本書第3章）。

本書一五六頁でも述べたように、一九九六年からカリフォルニア州では電力の規制緩和、電力自由化政策が進んだ。しかし制度設計のミスや投資バブルに乗って急成長したエネルギー企業エンロンによる不正な価格操作や空売りなどが加わり、州内の電力の需給バランスが崩れ、停電や輪番停電がたびたび生じた。とくに二〇〇一年一月一七日には、カリフォルニア大停電が起こった。サクラメント電力公社は七日間の停電だけでこの電力危機を乗り切った。

大手電力会社として、卸売市場からの電力購入を義務づけられていたパシフィック・ガス電力会社（ＰＧ＆Ｅ社）は、購入価格が需要家への販売価格を上回る逆ざや状態に陥り、〇一年四月六日に倒産した。再建するのは〇四年である。サザン・カリフォルニア・エジソン（ＳＣＥ）社も、同様に倒産寸前の経営危機に陥った。エンロンも不正経理・不正取引が発覚し、〇一年一二月に経営破綻した。

ちなみにこのカリフォルニア電力危機を最大限に利用し、安定供給が難しくなることを理由に、発送電の分離に抵抗し、電力自由化を最小限で食い止めたのが、東京電力をはじめとする日本の電力会社と資源エネルギー庁である。

サクラメント電力公社（SMUD）は、現在安定期を迎えている[28]。一般消費者対象の二〇一〇年の満足度調査で、カリフォルニア州内では九年連続でトップであり、全米では五位だった。企業対象の満足度調査では、カリフォルニア州内では第一位、全米で二位だった。PG&E社よりも電力料金は二四・八％も安く（一一年一月現在）、カリフォルニア州内のおもな電力供給事業者の中ではもっとも安い。二〇〇九年には、格付会社スタンダード・プア社の債権格付けは、AからA＋に上昇した。ライバルのPG&E社が経営再建後も、財務面を重視し需要家へのサービスを犠牲にしていると不評を買っているのと対照的である。PG&E社のCEOは一一年四月末に辞任したが、サクラメント・ビー紙は、社説でCEOの交代は同社が正しい軌道に乗る第一歩であると酷評した[29]。

本書七九頁に述べたように、トラブル続きのランチョ・セコ原発を抱えていた七〇年代後半から八〇年代、SMUDの理事選挙は激戦となったが、現在では争点の乏しい選挙戦となっている。七選挙区から一人ずつ理事が選ばれ、任期四年で、二年おきに半数ずつ改選される。〇八年には三選挙区で、一〇年には四選挙区が改選期を迎えたが、いずれも対立候補が立候補したのは一選挙区のみで、計五議席は現職が無投票で当選した[30]。

カリフォルニア州政府は、州内の電気事業者に二〇一三年までに電力供給の二〇％を、二〇二〇年までに三三％を再生可能エネルギーでまかなうことを求めている。ＳＭＵＤは、州内の大きな電力事業者としてはじめてこの目標を達成し、二〇一〇年に二〇％を再生可能エネルギーで供給した。

九〇年に始まった「緑のエアコン」として、省エネルギーのために南側に植樹する百万本植樹計画（本書一三三ー八頁）も、ＳＭＵＤは五〇万分を担当していたが、樹木財団と協働で四七万五千本を提供した。

「スマート・サクラメント」

ＳＭＵＤは「スマート・サクラメント」の名のもとに、オバマ政権とエネルギー省が力を入れるスマート・グリッドにも積極的に取り組んでいる。「スマート・メーター」は情報機器を活用した電力計である。これを〇九年から一一年末までの間に、管内の約六〇万件の事業者や各家庭に無料で配備し、カリフォルニア州立大などと協働で、エネルギーの効率利用に取り組むプロジェクトである。二〇一〇年には、エネルギー省から一億二七五〇万ドル（約一〇二億円）の助成金を得ており、八万件の需要家で、一八ヶ月間のテストを終えている。

スマート・メーターの導入と配備は、スマート・グリッドの第一段階である。

日本では今もなお電力使用量の検針は、基本的には六〇年前と同様に月一回人間が読み取っている。しかも電力会社も経済産業省もなぜか最近まで、スマート・グリッドやスマート・メーターの導入に消極的だった。オバマ大統領就任直後の〇九年二月、経済産業省の望月晴文事務次官（当時、前職は資源エネルギー庁長官）は記者会見で「スマートグリッドというのはどちらかというと、米国の送電網が相当つぎはぎだらけで、よく大停電を最近起こしていましたから、そういった面でインフラ整備をしなければいけないということも一つだと思います。送電網の整備、系統運用のところだと思います」と述べた[31]。経産省の当時の認識不足とおごりを露呈したあまりにも恥ずかしい発言である。オバマ大統領らアメリカ側は失笑したに違いない。

これまでの電力計をスマート・メーターに替えると、これまで手作業に依存し、月一回しか集計できなかった需要家ごとの電力使用量を、電力会社は瞬時に集約することができる（ＳＭＵＤの計画では一日四回集計）だけでなく、需要家の電力消費のパターンを詳細に把握することができるようになる[32]。しかも需要家の側も、パソコンやスマートフォンなどを通じてウェブサイトにログオンすることによって、リアルタイムで自分の電力使用量（時間単位でも、日単位でも、月単位でも集計可能）や電気料金、電力消費パターンを把握できるようになる。いわば電力需要を、電力会社側も需要家の側も「見える化」できるようになる。時間帯別などの料金体系と組み合わせれば、消費者は電気代の安いオフピーク時に洗濯機を使うなどして、効果的に節電と電気代の節約が可能になる。自分のライフスタイルなどに合わせた節電プログラムと電気料金プログラムを選べるようになる。しかもスマート・メーターは、外出先からエアコンのスイッチをオン・オフにするなど電力機器の遠隔操作も可能にする。旧来の節電の呼びかけのように、やみくもにエアコンのスイッチを切るのではなく、もっとも効果的な時間帯を意識して節電し、しかも財布も節約することができるようになるのである。

スマート・グリッドは、送電線網の高機能化によって、需要家に近いところで配電ネットワークを制御する機能をもつことになる。将来的には、プラグイン・ハイブリッド車や電気自動車の家庭での充電管理、太陽光発電など再生可能エネルギーを電力系統に接続する際の制御などに役立つだろう。

本書二九一頁に、「『原発か』『豊かさか』という二者択一的な問いかけ方からは、政策論としての成熟はありえない。もとめられているのは、（中略）健康的な『涼しさ』や『暖かさ』を社会的に実現できるシステムづくりである」と記したが、スマート・メーターとスマート・グリッドは、そのようなシステムづくりを担う技術であり、社会システムである。

スマートフォン市場を制覇したように、近い将来、アメリカ発のスマート・グリッドが次世代送電線網の世界標準となるかもしれない。一一年内に全需要家へのスマート・メーターを配備し終えるSMUDは、アメリカの電力事業者の中でもトップランナー的な位置にある。

約六〇万の需要家を抱え、カリフォルニア州の州都サクラメント周辺で電力サービスを行うSMUDは、原発閉鎖後は、地域密着型の公営電力企業として再生し、電力ビジネスの新しいモデルを提示し続けている。

一方、経済産業省前事務次官の認識に代表されるように、東芝や日立製作所、三菱重工に示されるように、原子力偏重と電力会社の地域独占を温存してきたがゆえに、日本政府や日本企業は、次世代送電網や送配電ネットワーク制御の面でも、革新能力を失って後塵を拝してしまった。

東京電力は今後一〇年計画で全戸にスマートメーターを配置する予定だが、巨額の賠償金の支払いによって実現が危ぶまれている。SMUDに一〇年以上遅れをとることになる。

行き場のない使用済み核燃料と高レベル放射性廃棄物

九七年に始まったランチョ・セコ原発の廃炉化作業は〇九年に完了し、冷却塔の中も、原子炉建屋内も空っぽになった。原子炉から取り除かれた核燃料と高レベル放射性廃棄物は、敷地内に新たに設置された一エーカー（一二〇〇坪）の中間貯蔵施設の中で管理されている。周辺は公園として公開されている。一九八二年制定の核廃棄物政策法によって、核燃料と高レベル放射性廃棄物の永久処分は、エネルギー省の責任であり、SMUDは、これらの除去と処分について、エネルギー省と契約を結んでいる。

一九八七年以来、ネバダ州のユッカマウンテンに予定されていた放射性廃棄物貯蔵施設の建設計画は、州政府の反対により、〇九年に中止された。代わりの場所は見つかっていない。ランチョ・セコ原発から取り除かれた核燃料も高レベル廃棄物も、当面行き場のない状態である。

原発を夢見た時代（本書五九―六三頁）の負の遺産は、先の見通しのないまま、中間貯蔵の名のもとに、廃炉になった原発の敷地内で管理され続けるのである。

電力を「グリーン化する」―世界最初のグリーン電力制度

サクラメント電力公社の取り組みは、国際的にも大きな反響を呼んだ。従来のように単に電気を売るだけでなく、エネルギーの効率利用の方法などをアドバイスする、電気にかかわるサービスを提供する新しい電気事業者像を提示した。なかでも一九九三年にスタートした、太陽電池設置のために南向きの屋根を提供し、しかも月四ドルの割増料金を払う「PVパイオニア」（一五二―三頁）は、世界最初のグリーン電力制度と評価されている。

大規模な水力発電にせよ、大気汚染や二酸化炭素の排出をもたらす火力発電にせよ、重大事故の危険性や放射性廃棄物という難題を抱える原子力発電にせよ、発電事業がもたらす環境負荷は大きい。それゆえ、風力や太陽光などの再生可能エネルギーを活用して電力を「グリーン化する」ことは意義深い。課題は、安くなったとはいえ、発電コストが割高なことである。グリーン電力は、「再生可能エネルギーによる発電を普及させるための需要家もしくは納税者の負担と直接結びついた社会的しくみ」である。その後、さまざまのタイプが創出された。PVパイオニアは、再生可能エネルギーの相対的に高い発電コストを、希望する需要家が自発的に負担する「寄付金方式」である。そのほか、出資額に応じて配当が得られる「出資金方式」、再生可能エネルギー一〇〇％（価格に応じて五〇％なども）のグリーン電力商品として提供する「商品方式」、グリーン電力であることを保証する証書を購入する「グリーン証書方式」、需要家全員に強制的にひろく薄く割増額を負担させる「目的税方式」がある[33]。

「寄付金方式」は、わかりやすく少額からも可能であり、グリーン電力の初期的な形態といえる。一九九六年一〇月一五日、本書に興味をもった生活クラブほっかいどうの方々から札幌市での講演に招かれ、それが契機となって、九九年七月、月々電気料金の五％分を拠出して基金化する寄付金方式に依拠して、NPO法人「北海道グリーンファンド」が誕生した。北海道グリーンファンドは二〇〇一年九月、一口五〇万円の出資金を募って、日本発の市民風車を建設し運営にあたっている。市民主導型の市民風車は、全国で延べ三八〇〇名以上が出資し、一一年四月末現在計一二基（合計定格出力一万七七七〇kW）が運転している[34]。横浜市のみなとみらい地区の風車ハマウィング（定格出力一九八〇kW、二〇〇七年に運転を開始）のように、自治体が市民に公募債を発行して建設した自治体主導の市民風車もある[35]。

市民版グリーン電力に刺激されて、〇〇年一〇月からは、電力会社が一口五〇〇円程度の寄付金を徴収し、電力会社も寄付金額以上の額を拠出して、風力発電および太陽光発電の普及をめざす電力会社版グリーン電力基金制度が始まった[36]。

このようにサクラメント電力公社は、電力を消費するだけの受け身的な消費者像に代わる、必要なコストを積極的に負担して、電力源の選択に積極的にかかわろうとする新しい消費者像を提示し、日本の市民運動や電力会社、自治体にも間接的に影響を与えている。

（5）ふたたび日本の選択

日本はどうすべきか

では日本はどうすべきだろうか。本書旧版では、サクラメント電力公社が劇的に経営再建に成功しえたのは、ランチョ・セコ原発の閉鎖を余儀なくされたからであり、カリフォルニア州も、デンマークも、原発の新設断念を契機として新しいエネルギー政策に踏み出したことを述べ、「真夏の停電は、日本における電力問題のショック療法の機会であり、全国民が問題を直視する絶好のチャンスである」と述べた（二八五頁）。

フクシマ事故は、きわめて不幸な、悲惨な出来事ではあるが、全国民が原子力発電が抱える危険性と日本の原子力偏重のエネルギー政策の脆弱性を直視する、得難い機会でもある。

では日本はどうすべきか、ということも、本書の二八六―九二頁に述べておいた。「社会的合意」の原則、社会的合意にもとづく「非原子力化」の原則、真夏の電力ピークカットを最優先する「ピーク需要のゼロ成長」の原則、「再生可能エネルギー最優先」の原則、の四つの基本原則である。

エネルギー政策をめぐる社会的合意の基礎は、原発推進的な人びとにも、批判的な人びとにも異論のないだろう「①安くて（価格）、②クリーンで（環境負荷）、③安定的に供給できる（供給の長期的安定性・確実性）エネルギー源によるべきである」という三点である。この三点をふまえて、長期的なエネルギー政策のあり方について、包括的なリスク・コスト計算とオールタナティブの比較考量にもとづく〈エネルギー・アセスメント〉によって、電力供給とエネルギー供給のベスト・ミックスのあり方をめぐって、成熟した討論がなされるべきである（本書二八七―八頁）。

大震災を受けて、日本学術会議に設けられた「東日本大震災対策委員会エネルギー政策の選択肢分科会」では、現在、「①ただちにすべての原子炉を停止、それによって生じる電力不足を企業と国民が受け入れる、②総発電量のうち原発に依存する三十％部分については、五年程度で再生可能エネルギーと省エネで代替する、③この三十%部分を二十年程度で再生可能エネルギーのみで代替する、④原子炉を国民から受容される安心、安全なものとし、将来最有力な低炭素エネルギーとして位置付け直す」。この四つのシナリオを検討中という[37]。

この四つのシナリオも、国民的な論議のたたき台になりうるだろう。それぞれの長所・短所について短期的・長期的コストも含め、十分なデータが公開されたうえで、論議がたたかわされるべきである。国民的な論議にあたって注意すべき点がある。不毛なオール・オア・ナッシング的な議論に陥らないことである。

一歩も譲らない硬直性からの脱却を

菅首相が浜岡原発の停止を求め、中部電力がこれに応じて四号機と五号機を停止したことに関して、原発推進論の側からは、なぜ浜岡だけ特別扱いするのか、浜岡を停止するのならば、全原発を停止すべきであり、全原発を停止できない以上、浜岡も停止すべきでない、という批判がなされた。

これは典型的な「全面波及論」であり、本書二七八頁で述べたように、名古屋新幹線公害訴訟はじめ、公共事業の差止めを阻止するロジックとして、日本の事業者や政府、裁判所がよく用いる論法である。日本の公共事業は、このように一歩でも譲歩したら、全面的に譲歩することになる、一基を止めれば全基が止まることになる、というロジックによって、一歩も譲らない、一基も止めないという硬直的な政策が採られてきた。フクシマ事故で露呈した「安全神話」やさまざまの過小評価、安全対策の不作為の背後にも、重大事故の可能性を一歩でも認めたら、影響は原子力政策全体に波及しかねないという過剰な防衛的心理、ドミノ（将棋）倒しを警戒する心理があったのではないか。

温暖化容認か、原子力か―忌まわしい二者択一

温暖化容認か、原子力かという、二者択一的な議論もきわめて不毛で一面的な議論である。リスク社会論の提唱者で世界的に著名であり、フクシマ事故後にメルケル政権がつくった「安全なエネルギー供給のための倫理委員会」の委員でもある社会学者ベックは、明確に次のように述べている。

「原子力依存か気候変動か、というのは忌まわしい二者択一です。温暖化が大きなリスクであることを大義名分に『環境に優しい』原子力が必要だという主張は間違いです。もし長期的に責任ある政策を望むのであれば、私たちは制御不能な結果をもたらす温暖化も原発も避けなければなりません」[38]。

温暖化の抑制も、原子力発電の抑制も、同時に追求しようとするのが倫理的な態度である。

日本政府は、図6・5を提示し、原子力発電所の稼働率が高ければ温室効果ガスは五％程度低減できたはずである。原発の稼働率を高め、原発建設を急ぐべきだ、原子力発電所を止めればそれだけ温室効果ガスの排出が増えるという根拠としている。一見わかりやすいが、事態はそれほど単純ではない。

図6・5で用いられている稼働率八四・二％という数字は、図6・6のように、この一八年間でもっとも高かった例外的な数字であり、二〇〇一年以降は八〇％を下回っている。図6・5は、図6・6と

図6・5　日本の温室効果ガス排出量（2008年度）

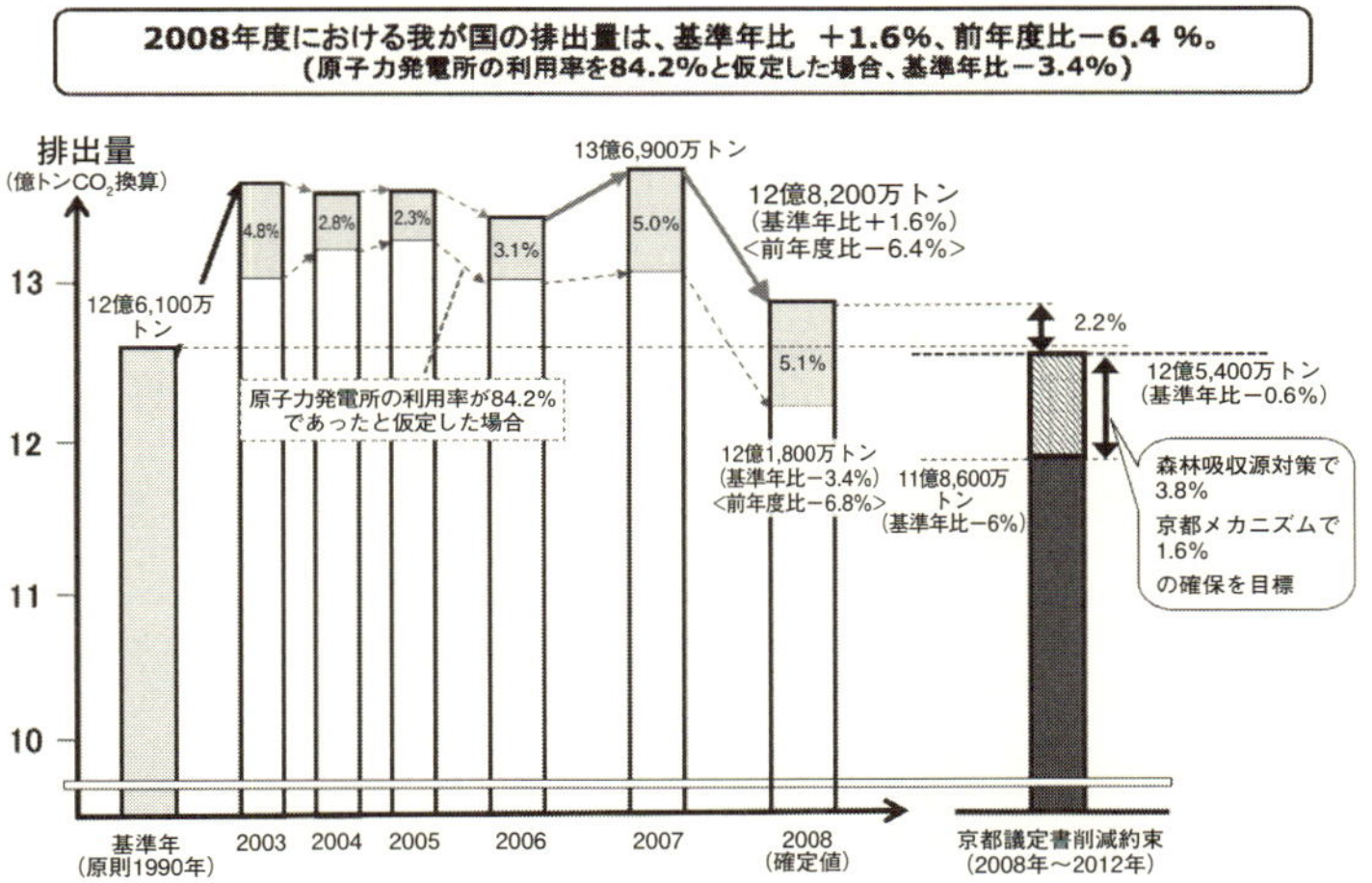

（出典）環境省「2008年度（平成20年度）の温室効果ガス排出量（確定値）について」
（http://www.env.go.jp/earth/ondanka/ghg/2008ghg.pdf）

図6・6　原子力発電所の利用率の推移（1990〜2008年度）

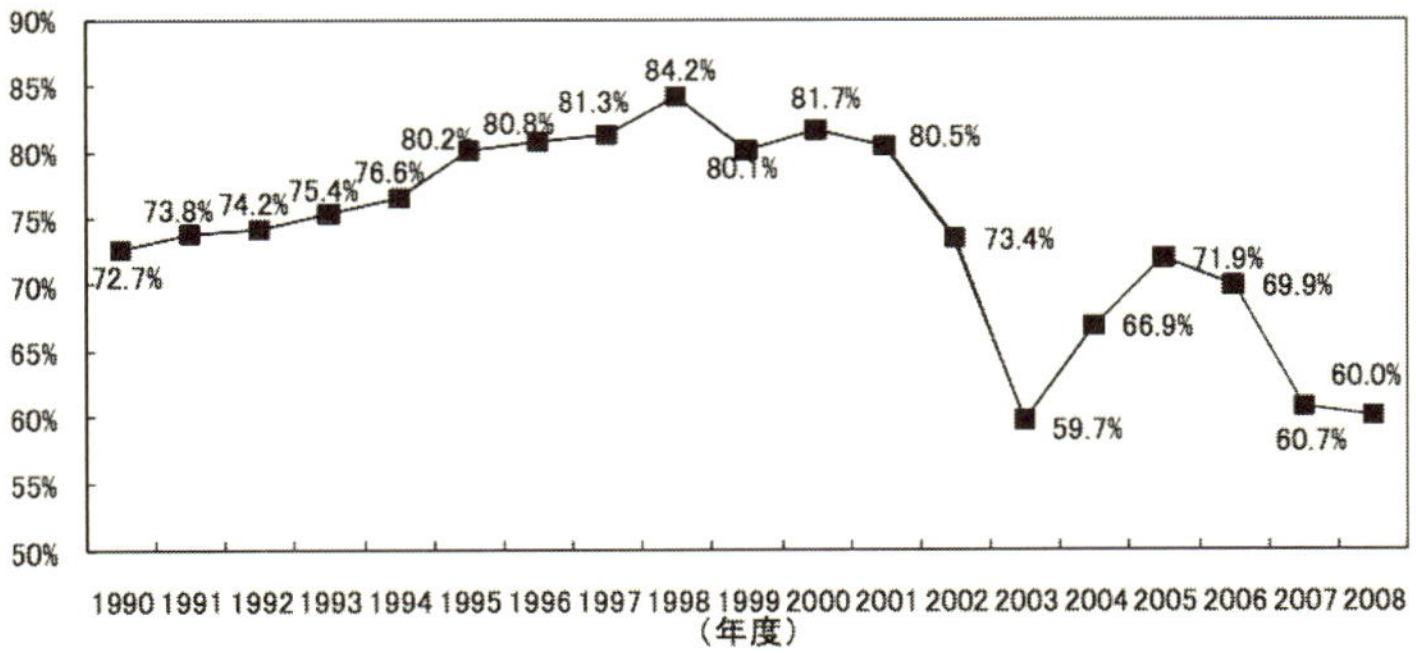

（出典）同上

セットで読み取られるべきであり、稼働率の不安定な原子力発電所頼みでは温暖化対策は進捗しないのだということをこそ、学習しなければならない。

実際、停止した原子力発電所の穴埋めに、原発のバックアップ用に、温室効果ガスの排出量の多い石炭火力発電所を動かす結果、温室効果ガスが増えてしまうのである。

原発のないデンマークや、脱原子力政策を段階的に実施してきたドイツ、一六基の原発を閉鎖してきたイギリスが温暖化対策をリードしてきたことは、温暖化対策と脱原子力政策が矛盾しないことの何よりの証左である。温暖化対策を口実に原子力推進を主張するのは、まやかしか知的怠惰である。

原子力発電のミニマム化を—過酷事故のリスク

フクシマ事故をふまえて筆者があらためて提起したいのは、原子力発電をミニマム化していくという選択である。なぜミニマム化すべきだと考えるのか、基本的な理由は以下のとおりである。

第一の理由は、地震大国日本にとって、原子力発電はあまりにもリスクが大きいからであり、フクシマ事故が示したように、過酷事故の広域的・多面的な影響が大きいからである。仮に地震や津波等によって、もう一度環境に放射能が漏れ出すような事態を引き起こしたならば、日本社会に再び過酷な被害をもたらしかねないだけでなく、国際社会における日本の信用は再び大きく損なわれることになるだろう。日本は原子力発電に関して、再び重大事故を起こしてはならない立場にある。浜岡原発のほかにも、敷地内に活断層がある敦賀原発をはじめとする若狭湾周辺の原発、中央構造線の上にある伊方原発、津波被害が繰り返されてきた女川原発および福島第二原発、敷地内に活断層のある可能性の高い六ヶ所村の再処理工場については、とくに危険性が指摘されている[39]。

若狭湾周辺には高速増殖炉もんじゅを含む一四基の原子炉があるが、万一過酷事故が起きた際には、近畿地方の水源地である琵琶湖が放射能によって汚染されることが危惧される。福島県飯舘村が高濃度に汚染されたように、四方を山に囲まれた琵琶湖がホットスポットになる怖れがある。

フクシマ事故に対してドイツとともに、いちはやくもっとも敏感に反応したのは、イスラエルである。ネタニヤフ首相は事故発生の数日後、原発建設計画を見直す考えを示したが、フクシマ事故を契機に、テロの危険性を怖れたためと見られている[40]。フクシマ事故は、テロによる全電源喪失の危険性をも示したのである。

なぜ原子力「発電」か—再生可能エネルギーの選択肢

第二の理由は、原子力発電のそもそもの目的は「発電」にあるという単純な事実である。原子力発電というと何か神秘的な響きがあるが、熱エネルギーから電気エネルギーを取り出すための手段にすぎない（本書二九七頁）。熱エネルギーの七〇％近くは温排水などの形で海に捨てられている。原子力発電は安全で、安く、クリーンな発電であるという「神話」は、本書で見てきたように、国際的には一九七〇年半ばにはすでに破綻していた。

しかも原子力発電の出発点は、原爆開発にある。一九五三年、アイゼンハワー大統領が唱えた「平和

表6・5　ヨーロッパ主要国の再生可能エネルギーの実績（2008年）と2020年の導入目標

	電力消費に占める割合（2008年）	最終エネルギー消費に占める割合（2008年）	最終エネルギー消費に占める導入目標(2020年)
スウェーデン	55.3%	44.4%	49%
フィンランド	30.8	30.5	38
デンマーク	28.6	18.7	30
フランス	14.3	11.0	23
スペイン	20.6	10.7	20
EU27ヶ国平均	16.9	10.3	20
ドイツ	15.3	8.9	18
イタリア	16.3	6.6	17
イギリス	5.7	2.2	15
オランダ	8.9	3.2	14

（出典）Europe's Energy Portal（http://www.energy.eu/）より作成。

のための原子力」には、アメリカがライセンス料や核燃料を他国に売り込むと同時に、原子力協定を通じて核武装も阻止する両面のねらいがあった。圧倒的な核のエネルギーを民生用に利用する方法として、原子力船や原子力製鉄などさまざまなアイデアがあったが、商業ベースで唯一実用化できたのは原子力発電である。

私たちは、代替的なエネルギーの開発・普及に努めるべきであり、すでに多くの具体的な選択肢がある。

国際的に常識となっている基本原則は、原子力発電所を閉鎖したサクラメント電力公社が、九〇年代初頭から推進してきたように、「省エネ」にとどまらない、広範なエネルギーの効率利用と再生可能エネルギー（自然エネルギー）の活用、過渡的には、温室効果が相対的に少ない天然ガス火力発電の利用である[41]。

ドイツでは二〇二〇年に最終エネルギー消費の一八％、電力消費の三五％を、水力を含む再生可能エネルギーによってまかなうことを目標としているが、二〇一〇年の実績は最終エネルギー消費の一一％、電力消費の一七％を供給している。

デンマークでは、最終エネルギー消費の一九・七％、電力消費の二七・四％は再生可能エネルギーが供給しており、そのほとんどは風力発電によるものである。

表6・5は、ヨーロッパ主要国の再生可能エネルギーの実績と導入目標である。

進展しない放射性廃棄物問題

第三の理由は、放射性廃棄物の処分問題が未解決だからである。前述のようにフィンランドで、またスウェーデンで処分場の立地点が確定したのみで、処分場問題の実質的な進展は、この一五年の間にもほとんど見られていない。処分場の選定・確保は用意ではないし、実際に一〇万年以上にわたって、安全に埋設できるのか、という根本的な課題がある。

核拡散の危険性

第四の理由は、核拡散の危険性である。

原子力をめぐる一五年前との大きな状況の相違は、途上国が原子力発電所の建設計画をもち始めたことである。アフリカの国々では、エジプト、ケニア、ナイジェリア、トルコが、アジアでは、ＵＡＥ（アラブ首長国連邦）、ベトナム、インドネシア、タイなどが原子力発電を計画している。

実際、日本はＵＡＥへの原発輸出において韓国に、ベトナムへの第一期の計画においてロシアに敗れたために、菅政権は国を挙げて原発技術の輸出に力を入れ、ベトナムの第二期計画の受注に成功した。しかしこのような途上国への原子力技術の移転は、核拡散の危険性を増大させる恐れがある。

地域間格差を前提とした立地

第五の理由は、原子力施設の立地過程が、地域間格差を前提としているからである。原子力発電所や核燃料サイクル施設は、地域格差を前提として、過疎的な地域に立地されてきた。福島第一原発・第二原発の立地点や原発の集中する福井県の若狭湾周辺、青森県六ヶ所村はその典型例である。過疎的な立地点とその周辺は、フクシマ事故が示したように、電力を大量消費する大都市圏の犠牲になるという構造がある。大都市圏の人びとは、潜在的なリスクを誰に押しつけているのかを意識しないまま、電力大量消費の恩恵に服しているのである。

新潟県巻町が住民投票で巻原発建設を阻止できた構造的な背景は、巻原発が過疎地立地型の原発ではなかったことにある[42]。

ウラン採石場の汚染問題をはじめとして、原子力発電所は、さまざまなレベルで、またさまざまのプロセスで、格差問題、差別問題を内包しており、社会的弱者に不利益を押しつける構造をもっている。

情報公開や透明性の確保になじみにくい

第六の理由は、原子力発電はそもそも情報公開や透明性の確保になじみにくい。「機微」な技術であり、核ジャックやテロの危険性が潜在的にあることからも、核物質の輸送経路や日時などは公開できにくい。逆にいうと、機微な技術であることが、情報公開や透明化などを抑制する動機づけ要因となっている。

原子力発電に技術革新の未来はあるのか

第七の理由は、この三〇年近く、技術革新が乏しいからである。本書刊行直後の一九九六年九月一八日、筆者は、第一一回、最終回の原子力政策円卓会議に招かれたが、その折、近藤駿介東京大学工学部教授（現在、原子力委員会委員長）、鈴木篤之東京大学工学部教授（その後原子力安全委員会委員長）、松浦祥次郎日本原研副理事長（その後原子力安全委員会委員長）らを前に「バックエンド技術というのは、この一〇年ぐらいにどれだけ技術の進展があったのか」とたずねた。鈴木氏は、フランスの再処理工場における廃棄物の量の低下を抽象的に答えたのみだった[43]。それからさらに一五年、原子力発電について、使用済み核燃料の処分技術について、原子力発電の安全性について、どのような技術革新があったのだろうか。一つの例は、欧州加圧水型炉の開発かもしれない。しかし、本章で見てきたように、フランスが国を挙げて売り込みをはかってきた欧州加圧水型炉は、フィンランドでも、フランスでも、コスト面でも、トラブル続出による工期の遅れという点でも、高い評価を得てはいない。

ＩＴ産業の急速な技術革新と比較したとき、またハイブリッド・カーや電気自動車の急速な普及と比較したとき、「原子力ルネサンス」の掛け声に比して、原子力産業の一五年は、なぜこんなにも技術革新の内実に乏しいものなのだろうか。

第三者的な視点から公平に見たとき、原子力発電にはたして「明るい」未来があるのだろうか。原子力発電を追求していくときその延長上にあるのは、過酷事故におびえるリスクへの不安であり、累積する放射性廃棄物の悪夢であり、核拡散の危険性であり、周辺的な地域へのリスクのしわ寄せであり、秘密主義であり、技術的な停滞と閉塞状況ではないのか。

以上のような理由から、温暖化防止会議のたびごとに、原子力を持続可能な技術と認定し、「クリーン開発メカニズム」（ＣＤＭ）の対象として承認するよう日本が長年主張してきたにもかかわらず、原子力は持続可能な技術とは認定されていない。フクシマ事故によって今後も承認されることはないのではないか。

日本政府の狙いは、政府がＯＤＡとして資金を提供し、電力会社が技術援助するような形でベトナムやインドあるいは中国に原発を建てて、その分は日本のＣＤＭとして削減量にカウントするというようなストーリーにあると考えられる。しかしそもそもＣＤＭは、途上国で経済性の乏しい技術を先進国が経済援助することではじめて可能になるようなプロジェクトを対象とする枠組みであり、日本の主張には、本国では原発が安いといいながら、途上国では原発は高くつくことを証明しなければならないという矛盾がある[44]。

いまこそ社会的選択を

フクシマ以後の「選択」のために、筆者の具体的な提案は、国民的な論議をふまえて、日本政府が速やかに原子力政策の転換を宣言することである。

1. 二〇二〇年などのように、向こう一〇年程度をめどに、年限を区切って、すべての原子力発電所を閉鎖する。
2. 建設中・計画中の原子力発電所の建設は速やかに中止する。
3. 浜岡原子力発電所の運転は再開しない。
4. 稼働中の原子力発電については、予想される地震の規模、活断層との関係、三〇キロ圏までの「避難人口」の大きさ、原子炉の運転期間、過去のトラブルの歴史などをふまえ、優先順を付けて順次閉鎖していく。
5. 使用済み核燃料を再処理する核燃料サイクル計画は中止し、当面、使用済み核燃料は各原子力発電所の敷地近くの安全な場所で管理する。
6. 核燃料サイクルを前提とする、休止中の高速増殖炉もんじゅは運転再開を断念し廃炉とする。
7. 同じく核燃料サイクルを前提とする、軽水炉でウラン燃料とプルトニウムを一緒に燃やすプルサーマルは中止する。

あわせてエネルギー利用の効率化と再生可能エネルギーの普及に努めることである。

日本は、フクシマ事故を契機として、ドイツのメルケル政権にならって、原子力大国から「脱原子力大国」への転換を宣言すべきである。日本が政策転換を宣言することは、原子力ルネサンスに完全に終止符を打ち、ドイツとともに日本が旗手となって、二一世紀の技術立国として生き残る道である。「停電か、原子力か」と国民を脅すのは、後ろ向きの選択である[45]。

日本の政策転換は、野心的な原子力推進計画をもつ中国や韓国、インド、ロシアなどにも大きな影響を与えるだろう。

本書が旧版以来提示してきた、「エネルギー利用の効率化、電力消費量の抑制、節電技術の向上、コジェネレーション、天然ガスの重視、太陽光発電などの組み合わせによって原発を不要にしていくというシナリオ」(三〇七頁)は、この一五年間に、ドイツやサクラメント電力公社では着実に進展しつつある。このシナリオに立ちはだかる最大の壁もまた日本の場合、電力会社であり続けている。「電力会社の地域独占と地域支配こそは、原発を支えてきた社会的装置でもある」(三〇八頁)。

本書が先駆的に指摘したように、「国家の位置に近い電力ほど旧来の電力経営を志向し、硬直的で大型の設備投資を、つまり原子力発電を好み、市民・環境団体に近い電力ほど脱原子力と再生可能エネルギーに熱心である」(三〇九頁)。地域独占をあらため、発電と送・配電を分離分割することが、「消費者の主権を取り戻し、消費者の意思がより反映するような電力政策を実現させる具体的な方策となりうるのである」(三一二頁)。

フクシマ事故はきわめて不幸で悲惨な出来事だったが、フクシマ事故からの再生の道は、このような「脱原子力社会の選択」の宣言と、電力の自由化、発電と送・配電の分離分割を含む電力政策の抜本的な転換、電力供給システムの再編成以外にはありえないのではないか。

増補註

1　長谷川公一「住民投票の成功の条件」（二〇〇三）参照。詳細な社会学的研究としては、中澤秀雄『住民投票運動とローカルレジーム』（二〇〇五）がある。

2　森喜朗の祖父と父は、ともに町長で国会議員ではないが、森は祖父・父の地盤を継承している。鳩山由紀夫は、選挙区は異なるが総理大臣だった祖父一郎の孫であり、政治的継承者であることを誇りとしている。

3　原子力ルネサンスについては、長谷川公一「『原子力ルネサンス』とヨーロッパ」（二〇〇七）で、その時点までのヨーロッパの動向を論じた。鈴木達治郎「『原子力ルネッサンス』の期待と現実」（二〇一〇）、鈴木真奈美「脱・国際『原子力村』のすすめ」（二〇一一）などを参照。

4　朝日新聞「（転機の原子力）『ルネサンス』に黄信号　新設の動き、各地で難航」二〇一一年一月七日付。

5　同上。

6　http://en.wikipedia.org/wiki/Nuclear_power_in_finland による（ウェブサイトの閲覧日は、以下いずれも二〇一一年五月二五日）。

7　「地下深く　永遠に　核廃棄物一〇万年の危険」というタイトルで、一一年二月一六日と五月一八日に、ＮＨＫ・ＢＳ１で放映された。同じ映画は、福島第一原発の事故後、『一〇万年後の安全』というタイトルで日本各地で上映されている（http://www.uplink.co.jp/100000/）。

8　朝日新聞「原発是非欧州二分」二〇一一年五月二二日付。

9　http://www.exeloncorp.com/environment/climatechange/Pages/overview.aspx

10　http://green.blogs.nytimes.com/2010/08/31/a-nuclear-giant-moves-into-wind/ および http://www.exeloncorp.com/Newsroom/

pr_20100831_EXC_Deere.aspx

11　註4と同。

12　日刊工業新聞「東日本大震災／米社が原発から撤退―東芝の合弁探し焦点」二〇一一年四月二一日付。

13　Safety first, climate second in shifting US nuclear debate (http://www.abc.net.au/news/stories/2011/03/23/3171383.htm)

14　具体的な経緯と論点については、長谷川公一「グリーン電力をめぐる運動と政策の力学」（二〇〇三）一八九頁で略述した。

15　ベック（Ulrich Beck）は一九四四年生まれのドイツの社会学者で、一九八六年チェルノブイリ事故直後に刊行したベック（一九八六＝一九九八）『危険社会』（原題『リスク社会』）で一躍脚光を浴びるようになった。

16　シュラーズ（Miranda Schreurs）は、ベルリン自由大学教授、環境政治学者。主著にシュラーズ（二〇〇二＝二〇〇七）『地球環境問題の比較政治学―日本・ドイツ・アメリカ』がある。

17　Perrow, Charles (1999) *Normal Accidents: Living with High-Risk Technologies.*

18　詳細は佐藤栄佐久『知事抹殺』第四章（二〇〇九）参照。

19　*New York Times*, 2011.4.26, Culture of Complicity Tied to Stricken Nuclear Plant.

20　ＪＣＯ事故と周辺住民の健康・生活への影響については、筆者も参加したＪＣＯ臨界事故総合評価会議編（二〇〇〇、二〇〇五）参照。同書は、筆者らが二〇〇〇年および二〇〇二年に行った住民の健康と生活への影響調査結果の概要を含んでいる（長谷川公一・田窪祐子・根本がん「東海村住民と那珂町住民の被害・不満・不安」（二〇〇〇）、長谷川公一「東海村住民・那珂町住民の身体的影響・原子力問題への関心―ＪＣＯ臨界事故・第二次住民生活影響調査の分析」（二〇〇五））。

21　第四八回耐震指針検討分科会速記録（http://www.nsc.go.jp/senmon/shidai/taisinbun.htm）。

22　発電用原子炉施設に関する耐震設計審査指針（http://www.nsc.go.jp/shinsashishin/pdf/1/si004.pdf）。
23　『原子力市民年鑑二〇一〇』一七一頁。
24　渡辺満久「原子力施設安全審査システムへの疑問」（二〇一〇）、『原子力市民年鑑二〇一〇』四五―六頁参照。
25　中川秀直「原子力に『役所の論理』」（ＡＥＲＡ臨時増刊『原発と日本人』二〇一一年五月一五日号、三六頁）。
26　Renewables 2010 Global Status Report , p.58, Table R8. Share of Electricity from Renewables, Existing in 2008 and Targets (http://www.ren21.net/Portals/97/documents/GSR/REN21_GSR_2010_full_revised%20Sept2010.pdf).
27　太陽光発電は、註26の資料、p.19, Figure 8, Solar PV Existing Capacity, Top Six Countries, 2009による。風力発電は、World Wind Energy Report 2010による。
28　データはとくに注記のない限り、SMUD, *Annual Report* 2009年版、2010年版（http://www.smud.org/en/about/Documents/SMUD-AR-2010.pdf）によった。
29　*Sacramento Bee*, 2011.4.25 , PG&E should jump at chance to right itself.
30　*Sacramento Bee*, 2010.10.18, Only one of 4 seats contested in SMUD election.
31　望月経済産業事務次官の次官等会議後記者会見の概要（http://www.meti.go.jp/speeches/data_ej/ej090219j.html）
32　http://www.smud.org/en/smartmeter/Pages/default.aspx
33　長谷川公一「グリーン電力をめぐる運動と政策の力学」（二〇〇三、一七八―一七九頁）参照。
34　北海道に四基、青森県に二基、秋田県に三基、茨城県、千葉県、石川県に一基ずつである（http://www.greenfund.jp/community/community_top.html 参照）。市民風車の経緯と意義については、長谷川公一「グリーン電力をめぐる運動と政策の力学」（二〇〇三）参照。
35　横浜市のプロジェクトについては、http://www.city.yokohama.lg.jp/kankyo/ondan/furyoku/ を参照。自治体が公募債

を発行してつくった再生可能エネルギーによる発電施設の例としては、山梨県都留市の小水力発電の例がある。http://www.city.tsuru.yamanashi.jp/forms/info/info.aspx?info_id=2681 参照。

36 長谷川公一「グリーン電力をめぐる運動と政策の力学」(二〇〇三、一七六―一七七頁)参照。

37 毎日新聞「発信箱」(倉重篤郎)二〇一一年五月一九日付。

38 朝日新聞「限界のないリスク　近代社会が生んだ不確実性の象徴」二〇一一年五月一三日付。

39 ＡＥＲＡ「浜岡の次に止める原発」二〇一一年五月二三日号、一八―二二頁。

40 朝日新聞「(ザ・コラム)ヒロシマ・フクシマ　原発が放射能兵器になる時」(吉田文彦)二〇一一年四月一一日付。

41 電力中央研究所によれば、一ｋＷｈあたりの二酸化炭素排出量は、石炭火力が九七五グラムに対して、天然ガス火力は六〇八グラムと、三分の二程度に小さくなる(本藤祐樹「ライフサイクルＣＯ$_2$排出量による原子力発電技術の評価」二〇〇一)。しかも近年は、火力発電所から排出される二酸化炭素を九〇％取り除く技術なども開発されつつある。

42 長谷川公一「住民投票の成功の条件」(二〇〇三)参照。

43 原子力政策円卓会議(第一一回)議事録、http://www.aec.go.jp/jicst/NC/iinkai/entaku/nc961022.html

44 「追加性(additionality)」の条件という。座談会「ＣＤＭ低炭素社会をめざして―政権交代と構造転換」における鈴木達治郎・高村ゆかり氏の発言。『環境と公害』三九巻三号(二〇一〇、六一頁)参照。

45 一一年三月に実施された計画停電が本当に必要だったのかについての疑問と、それが社会実験として、また脅しとして機能した点については、長谷川公一「『もう一つのチェルノブイリ』を待たねばならなかったのか」(二〇一一)参照。

増補文献

ベック、ウルリッヒ（Ulrich Beck), 1986, *Risikogesellschaft : Auf dem Weg in eine andere Moderne*, Suhrkamp Verlag, Frankfurt/Main. 東廉・伊藤美登里訳『危険社会―新しい近代への道』法政大学出版局、一九九八。

原子力資料情報室編、二〇一〇、『原子力市民年鑑二〇一〇』七つ森書館。

長谷川公一、一九九九、「原子力発電をめぐる日本の政治・経済・社会」坂本義和編『核と人間Ⅰ―核と対決する二〇世紀』岩波書店、二八一―三三七頁。

長谷川公一、二〇〇三、「住民投票の成功の条件―原子力施設をめぐる環境運動と地域社会」『環境運動と新しい公共圏―環境社会学のパースペクティブ』有斐閣、一四三―一六三頁。

長谷川公一、二〇〇三、「グリーン電力をめぐる運動と政策の力学」『環境運動と新しい公共圏―環境社会学のパースペクティブ』有斐閣、一六五―一九〇頁。

長谷川公一、二〇〇五、「東海村住民・那珂町住民の身体的影響・原子力問題への関心―JCO臨界事故・第二次住民生活影響調査の分析」JCO臨界事故総合評価会議編、二〇〇五、一四一―一六九頁。

長谷川公一、二〇〇七、「『原子力ルネサンス』とヨーロッパ」『科学』七七巻一一号、三八―四一頁。

長谷川公一、二〇一一、「『もう一つのチェルノブイリ』を待たねばならなかったのか」『朝日ジャーナル』二〇一一年六月五日号、六六―六九頁。

長谷川公一・田窪祐子・根本がん、二〇〇〇、「東海村住民と那珂町住民の被害・不満・不安」JCO臨界事故総合評価会議編、二〇〇〇、一六九―二三八頁。

飯田哲也・鈴木達治郎・大島堅一・高村ゆかり・長谷川公一、二〇一〇、座談会「低炭素社会をめざして―政権交代

と構造転換」『環境と公害』三九巻三号、五六―六三頁。

石橋克彦、一九九七、「原発震災―破滅を避けるために」『科学』六七巻一〇号、七二〇―七二四頁。

石橋克彦、二〇〇八、「原発に頼れない地震列島」『都市問題』九九巻八号、五二―六〇頁。

石橋克彦、二〇一一、「福島原発震災の論理的帰結は日本列島の全原発の閉鎖だ」『世界』二〇一一年五月号、一二六―一三三頁。

ＪＣＯ臨界事故総合評価会議編、二〇〇〇、『ＪＣＯ臨界事故と日本の原子力行政―安全政策への提言』七つ森書館。

ＪＣＯ臨界事故総合評価会議編、二〇〇五、『青い光の警告―原子力は変わったか』七つ森書館。

中澤秀雄、二〇〇五、『住民投票運動とローカルレジーム―新潟県巻町と根源的民主主義の細道、一九九四―二〇〇四』ハーベスト社。

日本電気協会新聞部編、二〇一〇、『原子力ポケットブック二〇一〇年版』。

本藤祐樹、二〇〇一、「ライフサイクルCO_2排出量による原子力発電技術の評価」『電力中央研究所報告』二〇〇一年。

Perrow, Charles, 1999, *Normal Accidents: Living with High-Risk Technologies*, 2nd ed., Princeton University Press, Princeton.

REN21, 2010, *Renewables 2010 Global Status Report* (http://www.ren21.net/Portals/97/documents/GSR/REN21_GSR_2010_full_revised%20Sept2010.pdf).

佐藤栄佐久、二〇〇九、『知事抹殺』平凡社。

シュラーズ、ミランダ・A（Miranda A. Schreurs）, 2002, *Environmental Politics: Japan, Germany and the United States*, Cambridge University Press, Cambridge. 長尾伸一・長岡延孝監訳『地球環境問題の比較政治学―日本・ドイツ・アメ

リカ』岩波書店、二〇〇七。

鈴木真奈美、二〇一一、「脱・国際『原子力村』のすすめ」『朝日ジャーナル』二〇一一年六月五日号、一〇〇—一〇二頁。

鈴木達治郎、二〇一〇、「『原子力ルネッサンス』の期待と現実—課題は克服できるか」『環境と公害』三九巻三号、二一一—二一七頁。

田中三彦、二〇一一、「福島第一原発事故はけっして〝想定外〟ではない」『世界』二〇一一年五月号、一三六—一四三頁。

渡辺満久、二〇一〇、「原子力施設安全審査システムへの疑問—変動地形学の視点から」『環境と公害』三九巻三号、三五—四一頁。

World Wind Energy Association, 2011, *World Wind Energy Report 2010* (www.wwindea.org/home/images/stories/pdfs/worldwindenergyreport2010_s.pdf).

あとがき

本書の脱稿を目前にしてある研究会で本書の第4章・第5章にあたる部分のエッセンスを報告させていただいたとき、日本の原子力発電に初期から関わってこられた方から、「「戦争は軍人にまかせられない。軍人にまかせておくには高級すぎる」フランスの名宰相クレマンソー（一八四一～一九二九年）の言葉だ。原子力も同じだ。「技術者や官僚にまかせておくには高級すぎる」」というコメントをいただいたときはうれしかった。その点については全く同感であり、我が意を得た思いがした。

本文でも述べたように、日本では原子力問題や電力問題に関する社会科学者による研究や発言はきわめて乏しい。エネルギーの安定的な供給と環境との両立は、二一世紀の日本や東アジア諸国にとって最大の課題の一つであるにもかかわらず、多くの社会科学者はこの問題を避けてとおってきたのである。

近年太陽光発電や分散型発電への関心の高まりとともに、これに積極的な外国の動向が紹介される機会も増えている。私が本書で意図したことは、どのような社会が、なぜどのようにして原発を閉鎖し、あるいは原子力発電所の新増設をストップし、こうした分散型エネルギーへの転換をはかろうとしているのか。この問題を、社会学者のまなざしで当該社会との関連で描き出し、説明することにある。技術やエネルギー源の選択も社会的なものであり、政治的なものであることはいうまでもない。しかし、政治過程によって媒介された、エネルギーや電力と社会との間の相互作用という問題はこれまで国際的にもほとんど論じられてこなかった。

原子力問題は、これまでも日本でさまざまな論議を呼んできたが、「推進側」は原子力の安さを前提に議論を組み立ててきた。したがって議論は、基本的に推進側の説く「原子力の経営的合理性」対批判者の側の説く「安全性、環境への影響」という構図でなされてきたといってよい。議論の次元が異なりすぎるがゆえに、両者の間の議論はかみあわず、深められてはこなかった。このような議論の硬直性から脱却するために、これまでの日本では乖離していた〈経営〉と〈運動〉という二つの視点を交差させて、原子力発電をめぐる〈政策転換〉のプロセスを、具体的な事例に即して、社会学的に解明すること、それが本書の課題だった。〈経営〉の論理と〈運動〉の論理を媒介し、公共政策の転換をはかることは、二〇世紀末から二一世紀初頭にかけての世界史的課題であるといっても過言ではない。原動力となっているのは、ヨーロッパやアメリカにおける政策提案志向型のNPOである。本書で明らかにしたように、原子力政策は、日本の公共政策のなかでもっとも硬直的で閉塞的な政策の代表的な例である。他方、運動の側もまた政策決定過程に対して実質的な影響力を維持し発揮していくためには、社会システムおよび当該NPO自身の運営に対する経営的な感覚を要請されている。〈経営〉と〈運動〉という二つの視点を交差させ、媒介することは、政策当局者にとっても、運動側にとっても必要不可欠な課題である。

社会学の場合、日本ではこれまで欧米の最新の理論動向や研究方法を学び、日本やアジアの現実に適用するというタイプの研究が主流を占めてきた。欧米は理論を学ぶ場であり、先生なのであり、欧米の社会そのものは研究の対象ではなかった。現場を歩くのはもっぱら日本国内やアジア、という「先進─後進」の構図が支配してきた。そのことは、欧米でも研究が少ない原子力問題や電力問題に日本の社会学者が取り組もうとしない原因の一つでもある。日本やアジアは欧米の研究者にとってもフィールドワークの場であり、研究の客体であって理論を学ぶ場ではない。このような文化帝国主義的な非対称の構図がある。

九〇年七月から九一年五月まで、カリフォルニア大学バークレー校で文部省在外研究をはじめたとき、私が意図したのは、逆に日本で育んできた私の問題意識や研究方法をアメリカに持ち込んで、カリフォルニアの社会を研究することだった。新幹線公害問題やむつ小川原開発・核燃料サイクル施設問題を調査してきた研究手法で、サクラメント電力公社のケーススタディに取り組んだのである。こうして、サクラメント電力公社とランチョ・セコ原発問題をとおして、私はサクラメントとカリフォルニアの社会を理解することになった。
日本の原子力問題の硬直性、原子力に批判的な社会運動が直面する制度的な壁、地域社会の壁の大きさを見てきただけに、住民投票の翌日に原発を閉鎖し、しかも原発閉鎖によって、電力公社が息を吹き返したという話は新鮮でならなかった。九一年春当時は公社の前途はまだまだ不透明であったけれど。本書の原型となったストーリーを頭の中で組み立てながら、「Just academic gold! I found it.」、九一年四月サクラメントからの帰途、フリーウェーを走りながら、突然そんなセリフをつぶやいたことが、そのときの高揚感とともになつかしく思い出される。今日ではサクラメント電力公社は本書で紹介したように国際的な声望を獲得したが、私が研究を開始した頃は、そうではなかった。それだけに、この数年間のダイナミックな変化に、〈危機と再生〉の物語に小説以上のドラマを感じずにはいられない。アメリカの研究者に先がけて、サクラメント電力公社に注目した最初の社会科学者であることを私は誇りにしている。

本書のフィールドワークを、日本での共同研究をのぞいて、私はひとりで遂行した。「日本からの客はいつも数人以上のグループで来る。おまえはひとりか、珍しいな。今度通産省が視察に来るが、その先兵か」。九四年三・四月、電力プールを管理運営するイギリスの電気規制局（ＯＦＦＥＲ）を訪れたとき、続いてドイツの電気事業連合会をたずねたとき、同じセリフを言われて苦笑したこともなつかしい思い出である。

本書をどのようなスタイルで執筆すべきか苦慮したが、編集者の助言も参考に、最終的にはこのようなスタイルをとることにした。原発推進、反対のいかんを問わず、電力政策や原子力問題をめぐる日本の文献にこの数年間だいぶ目をとおしたが、主としてそれぞれの「業界」の内側向けに書かれてあるように思われてならなかった。私は本書が原子力問題やエネルギー・電力問題、環境問題に関心をもつ広範な人びとに読んでいただけるように、できるだけ特殊な業界用語（英語ではジャーゴンと呼ぶ）は避け、また社会学の専門用語や社会学者にしか興味がなさそうなたぐいの話題は極力避けて、平易に叙述するように心がけた。私自身がフィールドワークをとおして得たカリフォルニアの社会への驚きと発見をヴィヴィッドに骨太に描こうと努めたが、その意図ははたしてどれだけ成功しているだろうか。大きな構図を全体として描き出すことを最優先したために、ディテールに立ち入れなかった論点も少なくない。それらについては他日を期したい。

事実関係の正確さについては細心の注意を払った。インタビューから得られた知見についても、文書資料で裏づけをとるようにつとめた。また極力公開されている最新のデータを盛り込むように努力した。本書にも思わぬ誤りがあるやもしれない。お気づきの点はご指摘いただきたい。

本書の執筆過程であらためて痛感したことの一つは、社会調査や取材活動の基本ではあるが、現地を足で歩き、直接関係者の話を聞き、現場の（現場にできるだけ近い）資料を入手することの重要性である。統計データでも、日本で加工したものには、日本サイドのバイアスがある。

そもそも本書の研究が可能になったのは、公営電力であるＳＭＵＤが経営情報の公開にきわめて積極的だからであり、カリフォルニア州公益事業規制委員会やエネルギー省、原子力規制委員会もまた情報公開や資料提供に積極的で協力的だったからである。私は一九八二年頃富永健一教授（東京大学教授、当時）らと日本企業の事業所レベルでの組織変動の調査を企画し、研究を開始した。しかし「当時のデータは処分した」という趣旨の返事が多く、一〇年前のデータすら満足に得られず、愕然としたことを覚えている。東京電力ロンドン事務所、海外電力調査会欧州事務所、動燃パリ事務所でもインタビューや情報収集をおこなったが、日本の電力業界や原子力業界が今後学ぶべき課題として異口同音に出たのは、チェルノブイリ事故後のイギリスやフランスにおける原子力情報の透明化の努力だった。

またＦＡＸの普及、パソコン通信やインターネットの発達によって、本書のような研究は格段にやりやすくなった。アメリカの場合主要な地方紙は、おおむね一九八八年以降の全記事をパソコン通信をとおしていつでも机上に呼びだすことができる。いながらにして、サクラメント電力公社やカリフォルニアの電力規制緩和政策の最新の動静をフォローし続けることができるのである。アメリカの地方紙の地元記事の詳細さは、日本の地方紙の比ではない。アメリカ社会におけるインフォメーション・ソースとしての、また世論形成にはたす地方紙の重要性も日本ではほとんど理解されていない。日本ではニュースバリューのあるCNNやインターネット、ニューヨーク・タイムズ紙やワシントン・ポスト紙は脚光を浴びるものの、アメリカ社会のなかに地方紙が生き続けていることはほとんどかえりみられないのである。

官僚や関連業界、学界、マスメディアの情報の独占という状態は崩れつつある。各国の電力政策や原子力政策の動向、プレスリリースを、市民サイドで直接情報収集し、交流できる時代が到来した。日本の原子力関係者や電力関係者は、そのことの意味をかみしめるべきである。読者は試みに、http: //www. doe. gov/, http: //www. nrc. gov/ にアクセスしてアメリカ・エネルギー省や原子力規制委員会の情報公開の実情を体感されたい。

本書はカリフォルニア大学バークレー校での文部省長期在外研究（一九九〇年七月〜九一年五月）、九二年度国際文化事業財団の助成による渡米調査（九三年二〜三月実施）、九三・九四年度松下国際学術研究奨励金、九三年度東北大学経済学部経和会記念財団助成金による渡欧調査（九四年三〜四月）、九五年度日本証券奨学財団研究奨励金による渡米調査（九五年八月）、これらの研究成果の一部である。記して感謝したい。また本書執筆にあたってはバークレー校社会学部や国際社会学会、アメリカ社会学会、日本社会学会、環境社会学会、東北社会学会、現代経営学研究会などで報告の機会を得、本書で述べたような論点やアイデアに関して多くの方々から貴重なコメントや助言を得ることができた。一々お名前をあげることは控えさせていただくが、深く感謝申しあげたい。勤務校の東北大学文学部でも、数年来講義などで本書の一部を論じている。学生・院生のレポートや質問から得た示唆も少なくない。
東京大学大学院時代の恩師である吉田民人先生、高橋徹先生は、本研究の企画を励ましてくださった。佐藤勉先生、細谷昂先生、海野道郎先生、タッド・ホールデン先生をはじめとする東北大学旧教養部および文学部の先生方、とくに社会学研究室の同僚の先生方からは研究への取り組み方など多くを学んできたが、渡米・渡欧に際してさまざまなご配慮をたまわった。深く感謝申しあげたい。研究室の助手・院生諸君からも、本書の執筆過程での議論をつうじて多くの刺激をうけている。とくに大学院博士課程の高橋徹君は、本書の主要部を読み、貴重なコメントをフィードバックしてくれた。
本書は全面的に新たに書き下ろしたものだが、以下の論考は、本書の執筆過程の副産物でもあり、本書の論旨と重複があることをお断りするとともに、執筆機会を与えてくださり、有益なコメントをいただいた編者や担当の編集者の方々に感謝したい。

「NPO—脱原子力政策のパートナー」『世界』一九九六年六月号、岩波書店、二四四—二五四頁。

「アメリカ脱原発事情（1）—（5）」『反原発新聞』二一一号—二一五号、一九九五—六年。

「都市空間における計画と運動」吉原直樹編『都市空間の構想力』（二一世紀の都市社会学第五巻）勁草書房、一九九六年、一二五—一六三頁。

"A Comparative Study of Social Movements in the Post-Nuclear Energy Era in Japan and the United States" *International Journal of Japanese Sociology* 4, 1995, pp.21-36.

「国際的視点からみた核燃料サイクル計画と日本の原子力政策」地域開発研究会『むつ小川原開発と核燃料サイクル施設問題』一九九二—九四年度科学研究費補助金（総合研究A）研究成果報告書、第三章、一九九五年、四六―六〇頁。

「脱原子力社会への政策転換―カリフォルニア州のとりくみ」三戸公・佐藤慶幸編『環境破壊―社会諸科学の応答』文眞堂、一九九五年、一三〇―一五二頁。

「エネルギーの市民的コントロール―「脱原子力」に向かうサクラメントの実験」平野厚生・野中克彦編『社会・文明・環境』梓出版社、一九九三年、二一〇―二二一頁。

「社会紛争―なぜ原子力をめぐる合意形成は困難か」吉田民人編『社会学の理論でとく　現代のしくみ』新曜社、一九九一年、二四三―二六一頁。


現地調査にあたっては、本文中で引証したインフォーマントの方々をはじめ多くの方々の協力を得ている。バークレー校社会学部のニール・スメルサー教授は、筆者の指導教官として本研究の相談にのってくださった。また学部長（当時）のマイケル・ハウト教授からも励ましを得た。

九〇年八月ランチョ・セコ原発の閉鎖問題の意義を筆者に最初に教えてくださったのは、朝日新聞ワシントン支局の吉田文彦特派員（当時）である。とくにお礼を申しあげたい。当時同氏はワシントン州ハンフォードの調査に精力的に取り組まれていたが、『核解体』（岩波新書、一九九五年）を著しておられる。

インフォーマントや情報提供者として協力くださった方々のなかでも、とりわけサクラメント電力公社のフリーマン総裁（当時）、エド・スメロフ理事、インフォメーション・スペシャリストのダイス・ウドリス氏、サクラメント・ビー紙のダグ・ダンプスター記者（当時）、SAFEのマイケル・レミ代表、カリフォルニア州公益事業規制委員会のジェイ・モース氏、アメリカ原子力規制委員会（NRC）のグレッグ・クック氏からはひとかたならぬ協力と配慮をいただいた。なかでもロッキー山脈研究所のエイモリー・ロビンズ博士は、本書の構想を心底から励ましてくださるとともに、本書のもととなったアイデアをアメリカの電力政策全体のなかに位置づけるにあたって、多くの貴重な助言をいただいた。

ジェフリー・ブロードベント教授（ミネソタ大学）、ライリー・ダンロップ教授（ワシントン州立大学）、ユジーン・ローザ教授（ワシントン州立大学）は、アメリカの環境社会学の中心的存在だが、本研究を励まし、エネルギー問題や原子力問題に関する国際的な研究動向をご教示くださった。バークレー在住のマーシー・マクゴウは、筆者のインタビューの主要なものについて膨大な量のトランスクリプションを作成してくださった。彼女の正確なテープ起こしにどんなに助けられたかしれない。

本書の口絵写真と写真1は、撮影者のサクラメント・ビー紙のディック・シュミット写真部員と著作権者である同紙のご好意で、また本文中に挿入した風刺画はジョン・クロス氏のご好意で、特別に使用を許されたものである。SMUDからも写真の提供をうけている。本書はこうした方々の国際的な友情によって支えられている。以上の方々に心から篤くお礼を申しあげたい。本書を上梓することができて、ようやく積年の約束をはたせた思いがしている。

トム・クマイ氏はバークレー校に留学する日本人研究者の住居や生活の世話を長年にわたって献身的になさってこられた。一九九〇～九一年当時私たち夫婦もたいへんお世話になった。この場を借りて感謝申しあげたい。

仙台は魯迅ゆかりの地であり、名作『藤野先生』の舞台となった場所である。オークランド市に住むラッド・ガードナーは、バークレー校真向かいの「ユニバーシティＹＷＣＡ」で長年日本人や中国人研究者・留学生などを相手に英語学習の無償ボランティアを続けてきた。渡米三回のべ一一ヶ月余りに及ぶ現地調査と資料収集はかれの励ましと周到なアドバイスなしには、到底なしえなかった。かれは私にとって、バークレーでの「藤野先生」であり、本書執筆の最大の恩人である。本書を〈脱原子力社会〉の到来を願うすべての人びとに、とりわけ市井の人ラッド・ガードナー、コニー・ガードナー夫妻に捧げたい。

筆者はまた一九八八年以来舩橋晴俊教授（法政大学）、飯島伸子教授（東京都立大学）とともに日本のむつ小川原開発・核燃料サイクル施設問題に関する共同研究をおこなってきた。本書は、この共同研究の副産物でもある。藤川賢氏、石毛聖子氏（東京都立大学大学院生）を含む共同研究のなかから教えられたことは多かった。深くお礼申しあげたい。なおこの共同研究に関しては、地域開発研究会（一九九五）をもとに、別途共著の刊行を準備している。そのため青森県六ヶ所村はじめ日本の原子力施設の立地点が具体的にどのような問題状況に直面してきたのかについては、本書ではふれなかった。

本書執筆にあたって青森県六ヶ所村や宮城県女川町の現実が頭を去ることはなかった。日本の原子力問題に対して社会学者としてどう取り組み、発言するのか、それに関する一つのレポートとして本書を執筆した。むつ小川原開発・核燃料サイクル施設問題および原子力発電所をめぐる諸問題の渦中で、各地で長年この問題と格闘し、ご苦労されてきた方々にとって、本書が一つの希望の灯となるならば、筆者の喜びはこれに過ぎるものはない。

本書の編集を担当くださったのは小田亜佐子さんである。大きな課題を前にして、ともすればたじろぎ、遅筆になりがちな筆者を辛抱強く励ましてくださり、幾つもの有益な提案をいただいた。筆者のさまざまな注文を受けとめていただき、ご苦労をおかけした。深く感謝申しあげたい。

最後に両親および妻まりかに感謝の言葉を捧げたい。本書は九〇～九一年湾岸危機と湾岸戦争下、労苦をともにしたカリフォルニアでの生活から生まれたものである。

一九九六年四月二六日　チェルノブイリ事故から一〇年目のこの日　奇しくも脱稿

長谷川　公一

増補あとがき

増補の章をほぼ書き終えようとしていた五月二一日は、六年生の息子の運動会の日だった。仙台市郊外の小学校だ。八時頃まで降っていた雨が止んで、八時五〇分から、運動会は予定どおり始まった。元気に走り回る子どもたちの姿にほっと胸をなで下ろした。幸い雨はすっかり上がり、朝降ってくれた雨のおかげで土ぼこりもそれほどたたなかった。子どもたちの内部被曝は、最小限ですんだのではないか。

仙台市郊外の学校ですら、運動会の天気に、一喜一憂しなければならない。

三月一一日、七〇日前に大きな揺れを経験した子どもたち。仙台市西北の丘陵部のこの地域は、幸い建物への被害は少なかった。それでも子どもたちは暗闇の中で幾晩かを過ごし、暖かいものも食べられず、水も満足に飲めずに、幾日もひもじい思いをし、トイレもふだんのようには使えず、風呂にもしばらく入れない生活を強いられた。

グランドの放射線量を測ると、値は、〇・一〇マイクロシーベルト時。低いとはいえ、事故前の二から四倍以上の値だ。震災後であるがゆえに運動会をやる意義はいつも以上に大きい。しかしどの親も教員も、内心は複雑だろう。

宮城県南部の放射線量も、福島県境に近いほど高くなる。ましてや福島県内の放射線量の比較的高い地域の親たちは、教員は、この五月、どんな思いで運動会を迎えたのだろうか。

外遊び、給食、プール、飲料水、家庭での食材選び等々。政府も自治体も情報隠しが見え隠れするだけに、親も教員も「安全性」に煩悶し自衛を余儀なくされている（あるいは忘れたふりをするか）。日本全体が人体実験のようだ。疑問や不安、要望をどこにどのように伝えるべきか、まるで踏絵のような日々が続いている。

震災以来、日本の希望は、東北地方の再生の希望は、どこにあるのだろうか、と思わない日はない。子どもたちや学生たちにどんな希望のメッセージを伝えればよいのだろうか。

思い出すのは、二〇〇九年一二月、国連の温暖化防止会議COP15で訪れたデンマークの首都コペンハーゲンである。コペンハーゲンは「商人たちの港」という意味だという。Cの文字をHに替えて、コペンハーゲン（Copenhagen）を「希望の港に（Hopenhagen）」というキャンペーンのポスターが街中にあふれていた。女性市長は、開会式の挨拶を「これからの二週間、コペンハーゲンを希望の港にしましょう」としめくくった。

そうだ、希望の港だ。どんな時にでも、どんな嵐の中でも、私たちは「希望の港」を探し続けねばならない。そして希望の港は、つねに足元にあるはずだ。

原子力発電に頼らない低炭素社会をつくりあげていくこと、そこにこそ希望がある。フクシマから世界への希望のメッセージになるのではないか。サクラメント電力公社とドイツが、力強いメッセージを発信してきたように。

一五年前に刊行した本の増補版を出すこと自体は、著者としてはうれしくないわけではないが、今回だけはとても重苦しい。福島第一原発の事故から一〇日後ぐらいに、新曜社の小田さんから、「記述はちっとも古びていません、増補版を出しましょう」と提案されて、全文をあらためて読み返してみた。確かに、予想以上に古びていなかった。フクシマ事故後の日本の文脈で読み直してみると、トラブル続きのランチョ・セコ原発を住民投票で閉鎖に追い込んだサクラメントの市民たちの必死な思い、閉鎖できたあとの解放感、安堵感をあらためて追体験する。同時に、この一五年間の日本の原子力政策・エネルギー政策のカタツムリのような歩みをも再認識する。「失われた一五年」だ。しかもこの一五年の原子力発電をめぐるトラブルやスキャンダルはおびただしい。

原子力発電とともにあることの重苦しさ、危うさを、わが事として日々体感しながら、この一五年の動きを増補として書き継いだ。本書が、日本の原子力政策・エネルギー政策を根底から考え直す一助となれば、「希望の港」のありどころを示す一つの羅針盤となれば幸いである。

二〇一一年五月二六日

長谷川　公一

図表一覧

ま行

や行

ら行

わ行

な行

は行

た行

さ行

事項索引

人名索引

著者紹介

長谷川 公一（はせがわ こういち）

1954年　山形県生まれ
1977年　東京大学文学部卒業（社会学専修課程）
1983年　東京大学大学院社会学研究科博士課程単位取得退学
現　在　東北大学大学院文学研究科教授　博士（社会学）
カリフォルニア大学バークレー校客員研究員（1990～91, 93年）
ミネソタ大学客員教授（2004～05年）
著　書　『環境運動と新しい公共圏』有斐閣，2003年
Constructing Civil Society in Japan, Trans Pacific Press, 2004
『紛争の社会学』放送大学教育振興会，2004年
共著書　『新幹線公害』有斐閣，1985年
『高速文明の地域問題』有斐閣，1988年
『核燃料サイクル施設の社会学――青森県六ヶ所村』有斐閣，2011年
共編著　『講座環境社会学１～５』有斐閣，2001年
『リーディングス環境１～５』有斐閣，2005～06年　ほか

新曜社

脱原子力社会の選択　増補版
新エネルギー革命の時代

初 版 第１刷発行　1996年７月10日

増補版第１刷発行　2011年７月10日

著　者　長谷川 公一
発行者　塩浦　暲
発行所　株式会社 新曜社
〒101-0051 東京都千代田区神田神保町 2-10
電話(03)3264-4973㈹・Fax(03)3239-2958
e-mail info@shin-yo-sha.co.jp
URL http://www.shin-yo-sha.co.jp/

印　刷　星野精版印刷(株)　Printed in Japan
製　本　イマヰ製本
ISBN978-4-7885-1245-0 C1036